Parvin Darabi und Romin P. Thomson

Du wolltest fliegen

Parvin Darabi
Romin P. Thomson

Du wolltest fliegen

Leben und Sterben
der iranischen Ärztin
Homa Darabi

Aus dem Amerikanischen von
Peter A. Schmidt

Gustav Lübbe Verlag

Originalausgabe

Lektorat: Helmut Feller
Textredaktion: Diethelm Kaiser, Bonn
Schutzumschlag: DYADEsign, Düsseldorf
Satz: Dörlemann Satz, Lemförde
Gesetzt aus der Baskerville Book
von Berthold
Druck und Einband:
Friedrich Pustet, Regensburg

Printed in Germany
ISBN 3-7857-0835-1

3 2 1

Für unsere Schwester und Tante

Inhalt

Ein einsamer Vogel ist der Käfighocker,
der glückliche Vogel fliegt frei herum.
Doch der glücklichste Vogel ist jener,
der seinem Käfig konnt' entfliehn.

Aber wenn der Käfig geöffnet wird,
nachdem zuvor die Flügel man ihm brach –
was nützt's?

Sadegh Sarmad

Ein Opfergang

Schlimmer noch als der Tod …

Das Klingeln des Telefons weckte mich in aller Herrgottsfrühe. Schlaftrunken griff ich nach dem Hörer. Es war Onkel Hossein, der aus dem Iran anrief. Seine Stimme bebte.

»Parvin?«

»Hossein, was ist los?«

»Schatz, es ist wegen deiner Schwester, sie …« Die Stimme versagte ihm.

Schlagartig war ich hellwach. »Was ist mit Homa? Geht es ihr gut?« Ich hatte mir schon die ganzen letzten Monate große Sorgen um sie gemacht. »Ist sie tot?« schrie ich ins Telefon.

Durch das Rauschen in der Leitung konnte ich meinen Onkel weinen hören. Im Hintergrund war meine Mutter zu vernehmen. Sie war völlig außer sich. Die beiden hatten eine Auseinandersetzung, worum es dabei ging, konnte ich nicht genau verstehen. Ich begriff nur, daß es mit meiner Schwester zu tun hatte.

Ich machte mich auf etwas Schreckliches gefaßt. Ich wußte, daß meine Schwester in einer tiefen seelischen Krise steckte und mit ihrem Leben im Iran überhaupt nicht mehr zurechtkam. Ich befürchtete daher das Schlimmste und versuchte weiter, aus meinem Onkel etwas herauszukriegen, aber er konnte einfach nicht aufhören zu weinen. Eine panische Angst ergriff mich, während ich mir auszumalen versuchte, was vorgefallen sein mochte. »Ist sie tot? Ist sie tot?« fragte ich wieder und wieder.

Schließlich faßte er sich einen Moment. »Ja«, sagte er nur und begann aufs neue zu weinen.

Dann berichtete mein zweiundsechzigjähriger Onkel mit stockender Stimme, daß Homa und meine Mutter gestern zusammen zu Mittag gegessen hatten. Nach dem Essen waren sie auf ihre Zimmer gegangen, um sich etwas hinzulegen.

Nachdem Mutter eingeschlafen war, hatte sich Homa offenbar mit einem leeren Reservekanister in der Hand aus dem Haus geschlichen. Sie war zu ihrem Auto gegangen und in den Stadtteil Tajrish im Norden von Teheran gefahren.

Nur mit Mühe brachte mein Onkel die nächsten Worte hervor. »Sie muß unterwegs irgendwo an einer Tankstelle angehalten und den Kanister gefüllt haben.«

»Aber wozu bloß?« Ich begriff überhaupt nichts.

»Ach Liebes, es ist so furchtbar, ich würde es dir am liebsten gar nicht erzählen. Sie ist doch deine Schwester. Daß es soweit kommen mußte!«

»Aber was ist denn passiert?«

Eine Zeitlang war er zu keiner Antwort fähig. Jedesmal, wenn er einen Anlauf machte, gingen seine Worte in einem Schluchzen unter. Es war nicht leicht für mich, ihn so hilflos zu erleben.

»Laß dir Zeit«, versuchte ich ihn zu beruhigen. »Ich kann warten. Du kannst mir alles erzählen, sobald du dich gefangen hast.«

Er schluchzte noch eine Weile, bis er sich schließlich so weit gefaßt hatte, daß er fortfahren konnte.

»Liebling, deine Schwester hat sich in Tajrish einen belebten Platz gesucht, ist dort mit ihrem Benzinkanister ausgestiegen und hat sich selbst angezündet. Hunderte von Menschen waren dort. Sie brannte – und alle haben zugesehen.«

Ich vernahm zwar seine Worte, ihr Sinn aber wollte nicht zu mir dringen, mir war, als hätte er überhaupt nicht zu mir gesprochen. Ich hatte nur das Gefühl, als habe mir jemand das Herz herausgerissen; ich war vollkommen unfähig, mich zu bewegen oder auch nur einen Gedanken zu fassen – wie in einem Koma.

Erst allmählich begriff ich die Bedeutung dessen, was er gesagt hatte, und eine gewaltige Woge des Schmerzes riß mich mit sich fort. Es war mir nicht mehr möglich, noch länger zuzuhören. Zu Beginn des Anrufs hatte ich vor allem wissen wollen, ob Homa tot war. Daß es noch etwas Schlimmeres geben könnte, erschien mir undenkbar, lag einfach jenseits meiner Vorstellungskraft. Ich war ja so naiv.

Ich bat meinen Onkel, mich mit meiner Mutter sprechen zu lassen.

Als sie an den Apparat kam, klang ihre Stimme rauh und belegt. Man konnte merken, daß sie stundenlang geweint hatte. Sie war am Boden zerstört und konnte auch jetzt nur unter Tränen sprechen. In den immer gleichen Wendungen berichtete sie von dem Vormittag, den sie mit ihrer Tochter verbracht hatte, bevor Homa in den Freitod ging. Sie hätten zusammen zu Mittag gegessen, und Homa sei bei der

Mahlzeit guter Dinge gewesen. Mutter hatte sich jedoch Sorgen gemacht, als sie nach ihrem Mittagsschlaf Homa nicht mehr im Hause vorfand.

Der Reihe nach zählte sie auf, wo sie überall angerufen hatte, um Homa ausfindig zu machen. Aber all ihre Bemühungen waren vergeblich gewesen. Am Abend hatte ihr dann Homas Mann telefonisch Bescheid gegeben.

Mutters Schluchzen verstärkte sich, als sie mir berichtete, wie sie in das Krankenhaus geeilt war und dort erfahren mußte, daß die Ärzte Homa bereits aufgegeben hatten.

Sie wiederholte ihren Bericht mehrmals, ohne daß ich eine Möglichkeit fand, ihren Redefluß zu bremsen. Ich konnte lediglich zuhören und darauf warten, daß sie sich etwas beruhigte, was mir allerdings schwerfiel. Ich werde es wohl nie verkraften können, meine Mutter weinen zu hören.

Schließlich wurde sie vom Schmerz übermannt. Unfähig weiterzureden, reichte sie den Hörer an ihre Mutter weiter, die noch verzweifelter zu sein schien. Weinend vertraute Großmutter mir an, wie stolz sie gewesen sei, daß sie mit ihren 86 Jahren noch nie ein Kind oder einen Enkel hätte zu Grabe tragen müssen. Was mit Homa geschehen war, hatte sie völlig aufgewühlt. Ich versuchte sie zu trösten, aber aus der Ferne konnte ich wenig ausrichten.

Ich hörte den Klagen noch ein Weilchen zu, doch irgendwann mußte ich schließlich auflegen. Es war ein schrecklicher Moment. Eine ungeheure Traurigkeit ergriff von mir Besitz. Mein Mann war wach geworden und wollte wissen, was geschehen war.

Ich erzählte ihm alles, und während ich sprach, wurde mir nach und nach das ganze Ausmaß der Tragödie bewußt. Allmählich begriff ich, daß meine Schwester für immer fortgegangen war. Vom Schmerz überwältigt, begann ich heftig zu weinen. Mein Mann sagte zwar nicht viel, aber er war ebenfalls bestürzt. Den ganzen Vormittag über kümmerte er sich liebevoll um mich.

Die Nachricht vom Tode meiner Schwester war für mich ein gewaltiger Schock. Sie zählte zu den bedeutendsten und bekanntesten Fachleuten auf dem Gebiet der Kinderpsychiatrie im Iran. Sie besaß nicht nur die ärztliche Zulassung für ihr Heimatland, sondern auch für 49 Staaten der USA. Sie war verheiratet und hatte zwei Töchter zur Welt gebracht, die beide tüchtig und erfolgreich waren. Es gab so vieles, für das zu leben sich gelohnt hätte.

Sie war die erste Ärztin aus dem Iran, die in das »American Board of Psychiatry and Neurology«, den Fachverband der amerikanischen Psychiater und Neurologen, aufgenommen wurde. Sie gründete die erste iranische Spezialklinik für die Behandlung von psychischen Störungen bei Kindern, die bis dahin als unheilbar galten. Es dauerte nicht lange, und sie war eine der angesehensten Fachärztinnen für Psychiatrie im Iran. Sie war Dozentin an der Universität von Teheran, arbeitete an der Universitätsklinik und führte darüber hinaus auch noch eine eigene Praxis.

Ihr ganzes Leben war jedoch davon überschattet, daß sie nirgendwo eine wirkliche Heimat fand. In den Vereinigten Staaten hatte man sie in den Jahren, die sie dort verbrachte, stets sehr entgegenkommend behandelt, aber in diesem Land vermißte sie die Geborgenheit, die sie im Iran in den kleinen Wohnvierteln ihrer Kindheit und Jugend genossen hatte. Außerdem band sie ein starkes Verantwortungsgefühl – daß es nämlich ihre Pflicht und Schuldigkeit sei, etwas für das Land zu tun, in dem sie aufgewachsen war – an den Iran.

Der Iran jedoch ließ es an jeglicher Geste fehlen, die ihr gezeigt hätte, daß sie als Person willkommen war oder ihr Einsatz anerkannt wurde. Sie sah sich in einer Gesellschaft gefangen, die den Rechten der Frauen keinen großen Wert beimaß. Sie konnte tun und leisten, was sie wollte, in einem Lande, in dem Frauen nichts zu melden haben, blieb sie immer nur die unbedeutende Frau.

Ihr Leben lang führte sie einen Kampf gegen die Ungleichheit und die Willkür, denen alle Menschen im Iran ausgesetzt sind, aber am Ende war sie all jenen Kräften, die sie behinderten und einschränkten, nicht mehr gewachsen, mochten sie ihr in Gestalt eines rechthaberischen Ehemanns, dem es an Einfühlungsvermögen fehlte, oder eines mächtigen Staates begegnen, der nichts als Mißachtung für sie übrig hatte. Dabei war mir ohnehin schon immer rätselhaft, woher sie die Energie für ihren langen, grausamen Kampf genommen hatte – diese zarte, zerbrechliche Person, die schon bei ihrer Geburt zu schwach schien, um überleben zu können.

Im weiteren Verlauf des Tages raffte ich mich dazu auf, bei der iranischen Emigrantenzeitung »Khavaran« in San Jose anzurufen, um eine Todesnachricht in das Blatt setzen zu lassen. Auf die Frage, wie meine Schwester denn gestorben sei, gab ich an, man solle nur schreiben: »unerwartet«.

Am Nachmittag rief der Herausgeber noch einmal bei mir an und erkundigte sich, ob meine Schwester Dr. Homa Darabi, die bekannte Kinderpsychiaterin, mit jener Frau identisch sei, die sich aus Protest gegen das Regime der Islamischen Republik und gegen die Unterdrückung besonders der Frauen in diesem Land in einem der nördlichen Stadtteile Teherans selbst verbrannt hatte.

Ich antwortete, daß ich über Einzelheiten des Todes meiner Schwester nicht unterrichtet sei, worauf er mir erklärte, daß seine Zeitung diese Nachricht von der BBC London und dem Israelischen Rundfunk erhalten hatte.

Flammen der Freiheit

Daraufhin rief ich meinen Onkel in Teheran zurück; ich mußte erfahren, was wirklich geschehen war. Die Geschichte vom Tod meiner Schwester begann erschreckende Ausmaße anzunehmen.

Mein Onkel sagte, daß auch er nicht über sämtliche Einzelheiten im Bilde sei, da ja zum fraglichen Zeitpunkt niemand aus unserer Familie bei meiner Schwester gewesen war, er könne nur das wiedergeben, was er von Bekannten erfahren habe, die sich zufällig am Ort jenes furchtbaren Ereignisses aufgehalten hatten. Diese Augenzeugen berichteten, daß Homa ihr Kopftuch und ihren Mantel abgelegt hatte, sich ihren Weg durch die Menge bahnte und immer wieder diese drei Parolen rief:

Nieder mit der Unterdrückung!
Lang lebe die Freiheit!
Lang lebe der Iran!

Nach einiger Zeit blieb sie inmitten der Menge stehen, hockte sich auf den Boden und begann die unteren Teile ihrer Kleidung mit Benzin aus dem mitgebrachten Kanister zu tränken. Die Leute, die allmählich auf Homas Tun aufmerksam wurden, wichen zurück und bildeten einen Kreis um sie.

Sie achtete darauf, sich nur von der Taille abwärts mit Benzin zu begießen, denn sie wußte sehr wohl, daß ein Überleben möglich war, wenn sich die Verbrennungen auf die oberen Körperpartien beschränkten, nicht aber, wenn Nieren und Blase zerstört waren. Als sie den Kanister geleert hatte, blickte sie in die Menschenmenge, die sich um sie herum drängte, und stand auf.

Ein weiteres Mal schrie sie ihre Parolen in die Runde. Die Menge stand stumm da, vor Schreck wie gelähmt. Als Homa das Streichholz entzündete, war sie augenblicklich in lodernde Flammen gehüllt. Ein paar Augenblicke lang konnte sie die Qualen aufrecht stehend und ohne einen Schmerzenslaut ertragen, aber dann fiel ihr Kopf nach hinten, und sie brach mit einem fürchterlichen Aufschrei zusammen. Ihr Kopf und ihr brennender Rumpf scharrten über das Pflaster, während sie sich auf dem Boden wand und verzweifelte Anstrengungen machte voranzukriechen. Tränen stürzten ihr aus den Augen, und unablässig stieß sie weitere gräßliche Schreie aus.

Die Menschen in den vorderen Reihen schreckten voller Grauen zurück, was dazu führte, daß ein plötzlicher Ruck durch die Menge ging und viele der Schaulustigen heftig zusammenprallten.

Einer der Umstehenden kam mit einem Wasserschlauch und löschte die Flammen. Das aber machte für Homa alles noch schlimmer, denn sowie der Wasserstrahl sie traf, löste sich der größte Teil ihrer Haut augenblicklich in großen Blasen ab.

Als das Feuer schließlich gelöscht war, lag Homas kleiner Körper rußgeschwärzt und von Nässe triefend auf dem Pflaster. Sie versuchte, sich mit den Armen vom Boden abzustemmen, um ihren Körper in eine Lage zu bringen, die ihr weniger Schmerzen bereitete. Immer wieder jedoch, wenn die Kräfte sie verließen, fiel sie zurück, und ihr Kopf schlug hilflos auf das Pflaster. Dann lag sie gepeinigt da, bis sie etwas Kraft für einen neuen Versuch gesammelt hatte.

Vor aller Augen rang Homa auf dem Boden mit dem Tode. Eine junge Frau aus der Menge, die sie erkannt hatte und wußte, daß Homas Schwägerin Laleh in der Nähe wohnte, rannte dorthin und berichtete Laleh, daß Homa sich selbst in Brand gesteckt hatte.

Laleh stürzte zum Ort des Geschehens, aber als sie dort eintraf, war Homa durch die Verbrennungen bereits so entstellt, daß Laleh ihr Gesicht nicht erkennen konnte. Laleh meinte zu der anderen Frau, daß es sich bei diesem Menschen, vor dem sie standen, unmöglich um jemanden aus ihrer Familie handeln könnte.

Homa, deren Kopf hilflos auf dem Boden hin und her schlug, hörte die beiden sprechen. »Laleh, sie hat recht«, rief sie. Ihre Stimme klang kreidig und hohl. Beim Sprechen troff der Speichel aus ihrem Mund. »Erkennst du mich denn nicht? Ich bin's, Homa. Ich bin Homa!«

Als Laleh Homas Stimme erkannte, wandte sie sich voller Entsetzen ab. Sie rannte nach Hause und rief Homas Ehemann Mohsen und unsere Mutter an.

Inzwischen war auch ein Krankenwagen vorgefahren, aber die Verbrennungen im Bereich der unteren Körperhälfte waren, wie Homa vorausgesehen hatte, so schwer, daß für sie keine Aussicht auf Rettung bestand.

Homa wurde sofort in ein nahegelegenes Krankenhaus gebracht, aber dort sah man sich nicht in der Lage, etwas für sie zu tun. Da die ärztliche Kunst bei ihr nichts mehr ausrichten konnte und weil sie selbst Ärztin war, wurde sie aus der Vorstadtklinik in das zentralere und komfortablere »Arad«-Krankenhaus verlegt. Dort brachte man sie in ein abgeschiedenes Privatzimmer, in dem sie in Ruhe sterben konnte.

Sie bekam schmerzstillende Mittel verabreicht, und ihre Brandwunden wurden mit Verbandmull bedeckt. Dann ließen die Ärzte sie mit ihren Angehörigen und einer Krankenschwester allein, die früher einmal für sie gearbeitet hatte.

Ich weiß nicht, wie ein Körper aussieht, der in Flammen gestanden hat, aber ich stelle mir vor, daß ihre Haut rußgeschwärzt und schrumpelig war. Bestimmt war sie auch an manchen Stellen aufgeplatzt, so daß das rohe, sich zersetzende Fleisch darunter zutage trat. Im Augenblick allerdings war Homas Körper in Mull verpackt, und sie spürte nichts von dem Kampf, der unter ihren Verbänden tobte.

Mit jedem Schlag ihres Herzens muß ihr gesamter Körper pulsiert haben, währenddessen ungezählte weiße Blutkörperchen als Feuerwehr in die verbrannten und entzündeten Regionen ihres Organismus rasten. Und mit jedem Pulsschlag verlor Homa unaufhaltsam mehr und mehr von ihrem Blut und ihrer Wärme.

Ich male mir immer wieder aus, wie diese letzte Szene ihres Lebens wohl ausgesehen haben mag: der kleine, verkohlte Körper, eingewickelt in weiße Binden, darin eine kleine Aussparung, aus der ihr Gesicht hervorlugt. Sie dürfte gestorben sein, wie sie die ersten Tage auf dieser Welt zugebracht hatte – eingehüllt in weißen Stoff. Ihr Gesicht muß genauso aus den weißen Mullbinden herausgeschaut haben wie 54 Jahre zuvor, als man sie in einen mit Watte ausstaffierten Schuhkarton gelegt hatte.

Merkwürdigerweise war sie trotz allem noch in der Lage zu sprechen. Man hatte ihr geeignete Medikamente verabreicht, so daß sie einerseits die Schmerzen ertragen, sich andererseits aber auch noch äußern konnte.

Von Homa ging eine gespenstische Wirkung aus. Sie schien mit sich selbst im reinen zu sein. Bei ihren Worten und bei dem merkwürdig hohlen Klang ihrer Stimme konnte es einem kalt den Rücken hinunterlaufen.

Als ihr Schwager von ihr wissen wollte, warum sie das getan hätte, verweigerte sie die Antwort. Ihre Tat hatte ihn bestürzt und verletzt, und er wußte, daß durch sie für immer ein Makel auf der ganzen Familie lasten würde. Er fragte Homa, ob sie denn jetzt endlich mit sich zufrieden sei, und sie antwortete mit Ja. In der ganzen Familie wird wohl niemand diese Antwort jemals ganz verstehen.

Nach Jahren hoffnungsloser Qualen hatte meine Schwester den Kopf erhoben, und in dem Gefühl, endlich etwas erreicht zu haben, hatte ihr Herz höher geschlagen. Sie war nicht länger der Vogel im Käfig, für den sie sich schon so lange gehalten hatte.

Sie starb um zwei Uhr morgens. Niemand außer der Krankenschwester war bei ihr. Die Angehörigen waren bereits nach Hause gegangen; sie wollten am nächsten Morgen wiederkommen, in der Hoffnung, Homa noch lebend im Krankenhaus anzutreffen.

Statt dessen fand noch am gleichen Tag morgens um neun Uhr das Begräbnis statt. Homas langer Leidensweg war zu Ende. Sie war nicht nur von ihren körperlichen Qualen und ihrem seelischen Schmerz erlöst, sondern auch von dem steten Kummer um ihre Mitmenschen. Sie mußte nun nicht mehr, wie sie selbst einmal sagte, »die Brutalität mit ansehen, mit der die Menschen sich gegenseitig, und vor allem aber die Frauen und die Kinder, behandeln«.

Eine einfache, schlüssige Erklärung dafür, warum sich meine Schwester das Leben vor den Augen so vieler Menschen genommen hat, gibt es nicht. Die Deutung, daß dies eben das tragische Ende einer gestörten Person gewesen sei, würde manch einem durchaus gelegen kommen.

Ich bin jedoch entschieden anderer Meinung, und das ist auch der Grund, weshalb ich Homas Geschichte erzählen möchte. Ich will versuchen, aus meinen persönlichen Erinnerungen an sie dasjenige auszuwählen und darzustellen, was in dem Kampf ihres Lebens richtungweisend war und was vielleicht auch ihrer letzten und äußersten Tat einen Sinn gegeben hat. Es ist mein inniger Wunsch, daß dieses Buch helfen möge, meiner geliebten Schwester Homa Darabi ein dauerhaftes und respektvolles Andenken zu bewahren.

Zeit des Erwachens

Kindheit zwischen Angst und Liebe

An Liebe hat es meiner Schwester und mir in unserer Kindheit nicht gefehlt. Unsere beiden Eltern schenkten uns all die Zuneigung, die sie zu geben hatten. Wir nahmen für sie die erste Stelle ein, lange bevor jemand oder etwas anderes kam.

Unser Vater war in Armut aufgewachsen, obwohl er einer sehr reichen Familie entstammte, welche bei den Königen der Ghajar-Dynastie, die im Iran bis zum Jahre 1906 regierten, in hoher Gunst stand. Als diese Dynastie in jenem Jahr einer konstitutionellen Monarchie weichen mußte, löste der Machtwechsel in der Familie unseres Großvaters eine heftige Fehde aus. Großvater beschloß, sich von seiner Familie loszusagen und, obwohl mittellos, ein eigenes Leben zu beginnen.

Er blieb sein ganzes Leben lang arm. Er hatte sechs Kinder, und die beiden Söhne mußten bereits in jungen Jahren arbeiten, um den Lebensunterhalt der Familie zu sichern. Unser Vater kam als Zwölfjähriger bei einer der angesehensten Baufirmen der Stadt als Maler und Anstreicher unter. Schon in diesem Alter bewies er eine außerordentliche Geschicklichkeit.

Er hat Homa und mich einmal in einen der Paläste des Schah mitgenommen und uns dort die Wände gezeigt, die er bemalt hatte. Wir waren beeindruckt von der Kunstfertigkeit, mit der er einfachen Steintafeln das Aussehen von echtem Marmor verliehen hatte.

Im Laufe der Jahre bildete er sich in seinem Arbeitsgebiet selbst immer weiter fort. Mit 33 Jahren besaß er ein eigenes Baugeschäft, einen Laden für Baubedarf und drei Häuser. Im selben Jahr heiratete er unsere Mutter.

Homa und ich fragten uns manchmal, ob er nicht verbittert darüber war, daß er am Nullpunkt anfangen mußte, wo doch sein Familie soviel Geld hatte. In der Tat wirkte er hin und wieder nicht besonders glücklich. Er konnte sehr jähzornig sein, und wir mußten stets damit rechnen, daß seine Stimmung von einem Moment zum anderen umschlug. Dennoch war er nur ganz selten ernsthaft böse mit uns.

Überhaupt zeigte er sich im Umgang mit Kindern außerordentlich gutmütig. Für nahezu alle Mädchen und Jungen unserer Gegend war er so etwas wie eine Vaterfigur. Er hatte immer Bonbons in der Tasche, und die meisten Kinder wußten das. Wenn er durch unser Viertel zur Arbeit ging, schwärmten sie um ihn herum und warteten darauf, daß er ihnen Süßigkeiten zusteckte.

Jedes Jahr kurz vor dem Neujahrsfest pflegte er zur Bank zu gehen, wo er sich einen Stapel Geldscheine im Wert von einem Tuman aushändigen ließ, die er dann ebenfalls verteilte. Es mußten immer neue Scheine sein, die frisch aus der Druckerpresse kamen. Wir Kinder waren begeistert davon. Ein bunter, knisternder Geldschein hatte für uns einen ganz eigenen Wert, der den aufgedruckten Betrag bei weitem übertraf.

Er erzählte auch gerne Geschichten. Manchmal, wenn er zum Mittagessen heimkam, konnten wir beobachten, wie sämtliche Kinder, die auf der Straße waren, zu ihm hinliefen und ihn bestürmten, er möge ihnen etwas erzählen. Und wenn er Zeit hatte, ging er auf ihre Wünsche ein und trug ihnen eine Geschichte aus dem »Schahnamah« (Königsbuch), dem persischen Nationalepos von Firdausi, vor.

Es war immer ein großer Spaß. Homa und ich wußten sehr wohl, was für ein Glück es für uns bedeutete, ihn zum Vater zu haben. Seine Liebe und sein Mitgefühl schienen unerschöpflich zu sein. Er kümmerte sich sogar um einen herrenlosen Hund namens Mosiou, der in unserem Viertel herumstreunte. Wenn wir Mosiou abends bellen hörten, wußten wir, daß Vater dem Streuner gerade etwas zu essen gab und gleich nach Hause kommen würde; das Füttern des Hundes war ihm zur täglichen Routine geworden.

Nachdem wir unser Abendessen bekommen hatten, schliefen Homa und ich meistens ein bißchen. Sobald Mosiou bellte, wurden wir aber wieder wach und liefen zur Haustür, um Vater zu begrüßen. Er gab uns dann einen Kuß, brachte uns in unser Zimmer und las uns aus dem »Schahnamah« vor, bis wir wieder eingeschlafen waren.

Eine Geschichte gefiel Homa ganz besonders. Fast jeden Abend bat sie unseren Vater, sie vorzulesen. Die Geschichte handelte von einer Tänzerin, die während eines Krieges von einer der Kriegsparteien den Auftrag erhielt, einen Abend in einer Schänke zu tanzen, in der sich gewöhnlich viele gegnerische Soldaten einfanden.

Die Tänzerin war eine Frau von atemberaubender Schönheit, und jeder der erschöpften, hungrigen Männer, die kamen, um der Gewalt des Krieges einmal für eine Nacht zu entrinnen, war von ihrem Tanz gefesselt. Alle sahen ihr gebannt zu, und je später der Abend wurde, desto mehr wurde getrunken.

Während sie tanzte, erblickte sie einen Soldaten im Publikum, der ihr besonders gefiel. Sie fand eine Gelegenheit, mit ihm zu sprechen, schenkte den anderen immer weniger Beachtung und tanzte schließlich nur noch für ihn.

Es wurde tiefe Nacht, die Tänzerin war schon sehr müde und die Menge vollkommen betrunken. In diesem Moment stürmten die Soldaten der feindlichen Armee, von der die junge Frau den Auftrag erhalten hatte, hier zu tanzen, säbelschwingend in die Schänke. Die berauschten Gäste waren unfähig, sich zur Wehr zu setzen, die Feinde hatten leichtes Spiel, und alle wurden enthauptet.

Die Tänzerin war außer sich vor Entsetzen. Sie hatte nicht geahnt, daß man sie als Lockvogel mißbraucht hatte. Sie vergoß heiße Tränen für die Opfer, und ganz besonders weinte sie um jenen Soldaten, in den sie sich auf den ersten Blick verliebt hatte. Es war ein niederschmetterndes Erlebnis für die junge Frau, aber sie ließ sich davon nicht zugrunde richten und ging weiter ihren Weg.

Homa mochte diese Geschichte sehr.

Neben seinen Kindern galt die besondere Liebe unseres Vaters seinem Kanarienvogel. Er hatte es gern, am frühen Morgen vom Gesang des Vogels geweckt zu werden. Nach dem Aufstehen begann sein Tagewerk regelmäßig damit, daß er den Käfig saubermachte. Je älter Homa und ich wurden, um so mehr fühlten wir uns durch den Vogel gestört, der schon mit der ersten Morgendämmerung seine Stimme erhob.

Als Teenager warteten wir immer, bis unser Vater abends eingeschlafen war, holten dann den Käfig mit dem Vogel aus dem Hof herein und deckten ihn mit einer dunklen Decke zu. Mit diesem Trick verschafften wir uns jedoch bestenfalls einige wenige friedvolle Stunden, denn unser Vater pflegte sehr früh aufzuwachen und merkte dann sofort, was wir angestellt hatten. Er stand auf, holte seinen Liebling aus dem Zimmer, in dem wir ihn interniert hatten, und schaffte ihn wieder hinaus ins Freie. Dieses Spiel wiederholte sich über Jahre hin fast jede Nacht im Sommer, und er verlor nie ein Wort darüber.

So liebevoll unser Vater mit seinen Kindern und mit seinem Kanarienvogel umging, so schlecht behandelte er unsere Mutter, er führte sich ihr gegenüber auf wie ein Tyrann. Er pflegte sie regelmäßig zu schlagen, zum einen wegen Dingen, die sie selbst verschuldet hatte, zum anderen aber bestrafte er sie auch für Missetaten, die Homa oder ich begangen hatten.

Einmal, wir waren noch sehr klein, wollte sich Homa in der Küche Spiegeleier braten. Sie wußte schon, daß man ein bißchen Schmalz dazu braucht, und sie wußte auch, wo der Schmalztiegel zu finden war: im Wohnzimmer auf dem Kaminsims. Unser Vater hatte am vorhergehenden Abend einen neuen Topf mit nach Hause gebracht und dort hingestellt. Sie reckte sich mühsam empor, aber als sie den Tiegel endlich mit den Fingerspitzen erreicht hatte, war ihr das Gefäß viel zu schwer, und es kippte herunter.

Homa wurde von oben bis unten mit dem halbflüssigen Schmalz übergossen, und auch der Teppich in unserem Wohnzimmer bekam seinen Teil ab. Homa erschrak fürchterlich, und als unsere Mutter sie wieder saubermachte, heulte Homa die ganze Zeit und versicherte ihr immer wieder, wie sehr ihr das Mißgeschick leid tue. Sie wußte, daß unser Vater sehr böse werden würde, wenn er den beschmutzten Teppich sah, und sie ahnte schon, daß sich der Zorn unseres Vaters keineswegs gegen sie richten würde, die doch den Schaden verursacht hatte.

Nachdem Mutter Homa gesäubert hatte, legte sie den Teppich vors Haus und bedeckte ihn mit saugfähigem Erdreich.

Als Vater nach Hause kam und den Teppich im Vorgarten liegen sah, war er sofort im Bilde. Laut schimpfend kam er herein und fiel, kaum hatte er unsere Mutter entdeckt, schon mit Fragen wegen des Teppichs über sie her. Als sie ihm etwas entgegnen wollte, begann er sie mit schnellen Schlägen auf die Arme und ins Gesicht zu traktieren. Er ließ mit seinem Verhör nicht locker und quittierte jeden ihrer Erklärungsversuche mit weiteren Schlägen.

Homa und ich standen dabei, aber wir waren noch zu klein, um etwas unternehmen zu können.

Das einzige, was uns blieb, war zu weinen. Homa wollte unserem Vater begreiflich machen, daß sie schuld hatte, immer wieder schrie sie, daß sie es gewesen war, die den Teppich ruiniert hatte. Aber Vater reagierte überhaupt nicht darauf, er fuhr ungerührt fort, unsere Mutter zu mißhandeln.

Die häßliche Szene endete damit, daß sich unser Vater von seiner Frau, die mittlerweile im Flur zu Boden gesunken war, abwandte und sich in sein Zimmer verzog. Mutter lehnte mit dem Rücken gegen die Wand. Homa, immer noch schluchzend, ging zu ihr.

»Es tut mir ja so leid«, hörte ich sie sagen. »Mama, ich wollte dir nicht weh tun. Bestimmt nicht. Es war doch nur ein Unglück!« Die beiden hockten noch einige Zeit beisammen und versuchten sich gegenseitig zu trösten, und ich ließ sie allein.

In unserer Kindheit wurden Homa und ich häufig Zeugen solcher Auseinandersetzungen. Die heftigen Gewaltausbrüche, die in regelmäßigen Abständen ganz plötzlich, fast ohne jede Vorwarnung über uns hereinstürzten, machten uns jedesmal schwer zu schaffen. Es war unbegreiflich für uns, wie ein in jeder Hinsicht so umgänglicher Mann sich in ein solches Scheusal verwandeln konnte, sobald er die Beherrschung über sich verlor.

Horrorszenen einer Ehe

Mit zunehmendem Alter konnten wir immer weniger verstehen, wieso unsere Mutter es bei diesem Mann aushielt. Auch sie sorgte sich liebevoll um uns und wollte nur das Beste für ihre Kinder, aber das Eheleben mit unserem Vater war eine Qual für sie.

Ihr persischer Rufname lautet Eshrat, was soviel bedeutet wie »Liebe zum Leben«. Die bittere Ironie dieser Namengebung springt jedem ins Auge, der Mutter einmal an einem ihrer seelischen Tiefpunkte erlebt hat.

Sie hat im Laufe ihres Lebens eine Art Doppelcharakter entwickelt. Manchmal ist sie heiter und gesprächig, und bei Einladungen habe ich immer wieder erlebt, wie sie die Aufmerksamkeit aller Anwesenden auf sich zog. Wenn sie beispielsweise ihre Geschichten vorträgt, kann sie die Zuhörer in den Bann schlagen wie ein professioneller Unterhaltungskünstler.

Daneben aber hat sie eine deutlich ausgeprägte düstere Seite. Sie kann sehr schwierig und unfreundlich sein. In unserer Kindheit waren Schlafen und Tratschen ihre Lieblingsbeschäftigungen. Und, nicht zu vergessen, Essen. Glücklich war sie eigentlich nur in Gesellschaft von Menschen – manchmal.

Daß wir als Kinder einer solchen Frau groß geworden sind, hat bei uns deutlich sichtbare Spuren hinterlassen. Wir waren zwar ihre Töchter, aber eigentlich fühlten wir uns nicht so – jedenfalls nicht im herkömmlichen Sinn. Eher schon betrachteten wir sie als eine Art Schwester. Besonders die Entwicklung von Homa wurde dadurch entscheidend beeinflußt. Sie hatte kaum sprechen gelernt, da übernahm sie, nach meiner Geburt, schon Verantwortung für ein anderes kleines Wesen. In den folgenden Jahren wurde sie für mich zu einer zweiten Mutter – dabei war sie gerade mal zwei Jahre älter als ich.

Unsere Mutter war einfach viel zu jung gewesen, um sich so, wie es erforderlich ist, um ein Kind kümmern zu können. Als sie Homa zur Welt brachte, war sie erst fünfzehn: Sie war ein Kind, das ein Kind großziehen sollte. Das mag die Ursache dafür gewesen sein, daß Homa ein besonders waches Gespür für Verantwortung ausgebildet hat. Homa mußte in vielerlei Hinsicht ihre eigene Mutter sein. Als ich dann auf die Welt kam, rückte sie relativ mühelos zur Ersatzmutter für ihre jüngere Schwester auf.

Unsere Mutter war aber nicht nur als Elternteil hoffnungslos überfordert, sie war auch nicht im geringsten auf ihre Rolle als Ehefrau vorbereitet. Als sie unseren damals dreiunddreißigjährigen Vater heiratete, war sie dreizehn und spielte noch mit Puppen. Die Hochzeit war für sie ein traumatisches Erlebnis. Immer wieder erzählte sie uns davon.

Es begann an einem kühlen Aprilmorgen, als sie in Teheran noch zur Schule ging. Sie saß mit ihren Klassenkameradinnen im Unterricht, alle lasen in ihren Büchern, und es war ganz still im Klassenzimmer. Diese Stille hat sich unserer Mutter besonders eingeprägt, durch sie erhielt das, was folgte, ein noch größeres Gewicht.

Sie las also in ihrem Buch, als es an der Tür des Klassenzimmers klopfte. Mutter hob den Kopf, um zu sehen, wer zu dieser Zeit den Unterricht störte, aber die Lehrerin hatte die Tür nicht weit genug geöffnet, um den Besuch einzulassen.

Die Lehrerin sprach eine Weile mit der Person,

die vor der Tür stand. Inzwischen spähten fast alle über den Rand ihrer Bücher, denn jedes der Mädchen war neugierig und wollte wissen, was da draußen vorging. Es herrschte erwartungsvolle Ruhe. Schließlich drehte sich die Lehrerin um und schaute in ihre Klasse. Mit einem stolzen Lächeln betrachtete sie Eshrat.

Unsere Mutter sah ihre Lehrerin durch das Klassenzimmer auf ihre Bank zukommen. Jetzt, wo der Blick frei war, konnte sie auch erkennen, wer vor der Tür stand.

»Eshrat, steh auf«, sagte die Lehrerin und zerriß mit ihrer lauten Stimme die Stille, die bis dahin geherrscht hatte. »Nimm deine Bücher. Deine Mutter ist hier, und du mußt jetzt gehen.« Sie lächelte immer noch, aber ihre Stimme hatte den scharfen Befehlston eines Feldwebels angenommen, der seine Soldaten aufmuntert, bevor er sie in die Schlacht schickt.

Eshrat gehorchte ihrer Lehrerin, aber sie begriff nicht, weshalb sie gehen sollte. Es wäre allerdings ungezogen gewesen zu fragen, also packte sie gefügig ihre Sachen zusammen und verließ das Klassenzimmer. Die ganze Zeit überlegte sie, was wohl der Grund sein mochte. Noch ahnte sie nicht, daß es der letzte Schultag in ihrem Leben gewesen sein sollte.

Nachdem sie das Schulhaus hinter sich gelassen hatten, führte ihre Mutter Eshrat in die Stadt zu einem Schönheitssalon. Dort bekam sie die Augenbrauen gezupft, und auch alle sonstige Gesichtsbehaarung wurde entfernt. Dann wurde sie schön zurechtgemacht und in ein weißes Gewand gehüllt. Noch heute erinnert sich unsere Mutter sehr genau, daß sie völlig verwirrt war und während der ganzen Prozedur unentwegt weinte.

Eine Kutsche brachte die beiden nach Hause. Ihre Mutter hatte versucht, sie zu beruhigen, aber Eshrat weinte noch immer. Als sie im Haus waren, gingen die beiden sofort in ein Zimmer, in dem schon ein ganzer Schwarm Frauen auf sie wartete.

Bei Eshrats Ankunft drängten sie alle zur Tür, begrüßten sie freudig, und jede der Frauen gratulierte ihr. Alle lächelten begeistert; niemand schien sich daran zu stoßen, daß die Braut völlig in Tränen aufgelöst war. Eshrat wurde schließlich in der Mitte des Zimmers auf ein Kissen gesetzt, und um sie herum baute man die traditionelle Hochzeitsdekoration auf, ein Arrangement, das *Sofreh Aghd* genannt wird. Auf dem Boden hatte man ein neues weißes Tuch ausgebreitet, darauf lag ein weiteres Tuch aus handgewebter Seide. Ein Spiegel und ein Paar dazu passender Petroleumlampen aus rosa Glas mit rankendem Blattdekor wurden auf die Tücher gestellt. Dazu kamen ein kleines Kohlebecken, ein *Manghal*, in dem die Glut glimmte, ferner ein Tablett mit wilder Gartenraute zum Vertreiben der bösen Geister sowie ein Fladenbrot, auf dem Gewürze in verschiedenen Farben prangten.

Das Kissen, auf das man Eshrat gesetzt hatte, war zur heiligen Stadt Mekka hin ausgerichtet. So blutjung, wie sie war, konnte Eshrat wirklich noch nicht wissen, was auf sie zukam. Aber als sie sich in jenem Spiegel auf der Sofreh Aghd betrachtete, dämmerte ihr wohl, was sich anbahnte.

Ihr Weinen wurde wieder lauter, und sie flehte

alle an, man möge sie doch vor dem beschützen, was ihr bevorstand, aber keine der Frauen schenkte ihr Beachtung. Die ganze Sippschaft hatte sich in die Festlichkeiten gestürzt, von denen die Hochzeitszeremonie begleitet ist. Keiner der ausgelassenen Gäste fand etwas daran auszusetzen, daß die Braut noch ein Kind und der Bräutigam ein Mann von 33 Jahren war. Die meisten von ihnen hatten ihre Ehe ohnehin unter ähnlichen Voraussetzungen geschlossen.

Das Hochzeitsritual begann damit, daß einige der Frauen das zusammengelegte weiße Tuch über dem Kopf der Braut, unserer Mutter, auseinanderfalteten, während eine andere zwei kleine Zuckerhüte gegeneinander rieb – um das künftige Leben des jungen Paares zu versüßen. Eine Ecke des weißen Tuches wurde vernäht, um symbolisch der Schwiegermutter für immer den Mund zu verschließen.

Währenddessen verlas ein Mullah vor unserer Mutter die islamischen Ehegelöbnisse. Dabei erbittet der Geistliche von der Braut die Zustimmung dafür, sie an den Bräutigam verheiraten zu dürfen. Er nennt ihr den Brautpreis, den der Bräutigam geboten hat, wozu eine Ausgabe des Koran, ein Spiegel und ein Paar Lampen gehörten; dazu kommt eine Summe von zweihundert Tuman, die »Merieh« genannt wird und den Preis für die Jungfräulichkeit des Mädchens darstellt. Der Bräutigam muß diesen Betrag entrichten, wenn die Braut es wünscht, aber das Geld wird nur selten tatsächlich ausbezahlt.

Der Mullah bittet die Braut dreimal um ihre Zustimmung zur Ehe. Die ersten beiden Male wird keine Antwort von ihr erwartet, und Eshrat reagierte auch nicht. Beim dritten Mal muß die Braut jedoch mit Ja antworten. Unsere Mutter erinnert sich, daß sie inzwischen begriffen hatte, was vorging, und überhaupt keine Lust hatte, ja zu sagen. Sie saß nur regungslos da und weinte vor sich hin. Damit sie endlich den Mund aufmachte, zwickte die enttäuschte Mutter Eshrat und stieß sie mehrmals in die Seite. Um den schmerzhaften Aufforderungen ein Ende zu setzen, gab Eshrat schließlich doch die gewünschte Antwort.

Daraufhin kam ein älterer Mann ins Zimmer und drängte sich durch die versammelten Frauen; andere Männer waren nicht anwesend, ihnen ist der Zutritt zum Brautzimmer verwehrt. Er setzte sich neben Eshrat auf das Kissen.

Unsere Mutter sah nun zum ersten Mal den Mann, dem sie soeben angetraut worden war. Als sie ihn erblickte, schrie sie laut auf. Ein betretenes Schweigen trat ein, und alle starrten sie an.

Der Bräutigam hatte seine Braut vorher schon einmal gesehen und wußte daher, wie jung sie noch war. Im Gegensatz zu ihr hatte er sich auf diesen Moment vorbereiten können. Er holte ein paar Pistazien aus seiner Tasche, befreite sie von den Schalen und gab die Kerne seiner Braut.

Eshrat hörte auf zu weinen. Aus irgendeinem Grund verflog ihre Angst, und sie faßte Vertrauen zu diesem Mann.

Am Abend wurde zur Unterhaltung im Hof des Hauses ein traditionelles Theaterstück aufgeführt, in dem mit viel Spott das Leben eines reichen Mullah dargestellt wird. Eshrat verfolgte mit großem Vergnügen die Aufführung, bis eine ihrer Tanten sie fortholte und mit sanftem Zwang in ein Schlafzimmer führte.

Auf dem Boden lag eine neue Matratze, das Bettzeug war ebenfalls neu. Die Tante zog Eshrat aus und machte sie zum Schlafengehen fertig. Es war ein langer Tag gewesen. Eshrat schlief sofort ein.

Nur kurze Zeit später kam unser Vater zu ihr in das Zimmer. Der Brauch verlangte, daß der Ehemann seiner jungen Braut so schnell und so zügig wie möglich die Unschuld nahm. Ohne sie vorher zu wecken, begann er den Verkehr: Das war der Vollzug der Ehe – eine Vergewaltigung an einem dreizehnjährigen Kind, das gerade eingeschlafen war. Draußen feierten unterdessen die Gäste – das Theaterstück war beendet – und hörten den Liedern der Musikanten zu.

Eshrat blutete natürlich, wie zu erwarten war, und auch noch lange Zeit, nachdem ihr Ehemann wieder fortgegangen war. Es war üblich, daß der Mann den Raum unmittelbar nach seinem Triumph wieder verließ, damit eine Tante kommen und das blutbefleckte Laken an sich nehmen konnte. Zum Beweis der Jungfräulichkeit der Braut wurden die blutigen Trophäen am nächsten Tag der Familie des Bräutigams präsentiert.

Bei unserer Mutter wollten die Blutungen allerdings nicht mehr aufhören. Damit sie nicht verblutete, mußte sie schließlich zu einem Arzt gebracht werden. Nach dieser ersten Nacht wurde Eshrat noch oft in ähnlicher Weise vergewaltigt. Noch heute, nach vielen, vielen Jahren, überkommt sie bei dem Gedanken, sie müßte mit einem Mann das Bett teilen, ein Zittern.

Die wenigsten Frauen aus meiner Familie haben jemals Freude an der Sexualität gehabt. Ich bin allerdings keineswegs sicher, ob es bei den Männern nicht genauso trostlos aussieht.

Einer meiner Vettern hat mir einmal von seinem ersten sexuellen Erlebnis in einem iranischen Bordell erzählt. Er sagte, das Etablissement hätte eher wie eine Arztpraxis mit Einzelkabinen und einem Wartezimmer ausgesehen. Die Männer mußten dort ausharren, bis sie an die Reihe kamen, dann wurden sie von einer der Frauen abgeholt und auf ihr Zimmer geführt. Kaum dort angekommen, zog die Frau ihren Morgenrock aus und forderte den Mann auf, er solle jetzt anfangen und sich beeilen, draußen würden noch andere Kunden auf sie warten.

Mein Vetter meinte, er hätte damals überhaupt nicht verstehen können, was am Geschlechtsverkehr eigentlich so schön sein soll. Als er heiratete, hätte er seiner Frau kein einziges Mal Befriedigung verschaffen können. Es hätte Jahre gedauert, bevor es ihnen möglich war, gemeinsam zu einem Höhepunkt zu gelangen und Erfüllung in der Sexualität zu finden.

Die Heirat unserer Eltern ist von heute aus gesehen nur als ein scheußlicher und brutaler Vorgang zu bezeichnen, für unsere Mutter gab es aber wohl damals keine andere Wahl. Ihre Familie lebte in drükkender Armut, und in einem Land der dritten Welt mit seiner unentrinnbaren wirtschaftlichen Not gab es kaum Hoffnung auf sozialen Aufstieg für sie. Eshrat war eines von vier Kindern, von denen drei

Mädchen waren. Bei dem wenigen Geld, das meine Großeltern hatten, war es ihnen kaum möglich, alle Kinder durchzufüttern. Einen Mann zu finden, der bereit war, ihnen die Sorge für eine der Töchter abzunehmen, bedeutete für sie eine erhebliche Entlastung. Da dieser Mann zudem noch über einige Geldmittel verfügte, waren sie davon überzeugt, ihrer Tochter mit dieser Verheiratung einen großen Gefallen zu tun. Ehepaare, bei denen zwischen den Partnern ein krasser Altersunterschied bestand, waren etwas ganz Alltägliches.

Nach der Hochzeit nahm unser Vater seine junge Frau mit in sein Haus. Einige Monate darauf bekam Eshrat ihre erste Menstruation, und im nächsten Monat war sie schwanger. Zunächst schien es, als würde alles normal verlaufen, aber im sechsten Monat, ihr Bauch hatte sich schon deutlich gerundet, setzten Blutungen ein. Als die Frucht entfernt wurde, stellte man fest, daß es ein Mädchen war.

Vier Monate darauf kam die nächste Schwangerschaft. Sie trug das Kind sieben Monate. Am 8. Januar 1940 um neun Uhr abends kam Homa vorzeitig zur Welt. Sie war winzig, und die Ärzte gaben ihr kaum eine Überlebenschance.

Sie wurde dick in weißen Baumwollstoff gewikkelt, weil der kleine Körper, der noch eine gelbliche Haut hatte und nur drei Pfund wog, nicht in der Lage war, die Körperwärme zu halten. Außerdem gab es sowieso keine Babykleidung, die klein genug gewesen wäre. Dann wurde sie in einen mit Watte ausstaffierten kleinen Schuhkarton gelegt. Homa verbrachte die ersten beiden Monate ihres Lebens in dieser Schachtel. Man stellte sie in einem kleinen Zimmer des Hauses unter den *Korsi*, eine Art Kohleofen. Der Januar ist kalt im Iran.

Der Korsi war in jenen Tagen die einzige Heizung in unserem Haus. Dabei handelte es sich um ein vierbeiniges Holzgestell von ungefähr einem halben Meter Höhe. Der Korsi wurde meist mitten im Zimmer aufgestellt, so daß man ringsherum vier Matratzen legen konnte. Dann wurde eine große Steppdecke – groß genug, um alles zu bedecken – über den Korsi und sämtliche Matratzen gezogen.

Unter dem Korsi befand sich eine runde Blechplatte, auf die ein Kohlebehälter gestellt wurde. Dieser Behälter, der sogenannte Manghal, war aus Gußeisen und hatte vier Zentimeter dicke Wandungen; in ihn wurde die Glut gefüllt. Um die Glut in Gang zu halten, mußte man jeden Morgen ein Brikett aus Kohlenstaub nachlegen.

Diese Briketts stellten wir selbst her. Vater ließ sich im Sommer Kohle liefern, die dann von Mutter in großen flachen Pfannen geschlämmt wurde. Unsere Großmütter halfen ihr dabei; ihre Aufgabe war es, größere Kohlebrocken auszusondern. Auf dem Boden der Pfanne bildete sich ein Satz von Kohleschlamm. Das Wasser wurde abgegossen, und aus dem Schlamm formte man Bälle, die in der Sonne getrocknet wurden.

Wenn es Winter geworden war, machte sich unsere Mutter jeden Morgen als erstes am Manghal zu schaffen. Sorgfältig trennte sie die Asche von der Glut, die von der vorigen Nacht noch übriggeblieben war. Dann legte sie einen frischen Kohleball in die Mitte und umgab ihn mit den Resten der Glut. Der Manghal wurde aus dem Zimmer genommen, bis alles wieder richtig glühte, dann deckte man die Glut mit Asche ab und stellt den Manghal wieder unter den Korsi.

Homa verdankte es diesem Kohleofen, daß sie die ersten Monate ihres Lebens überstand. Für ihr winziges Körperchen war der Korsi wie ein Brutkasten. Wie man mir erzählte, hat das Neugeborene nur selten geschrien, meistens hat es nur leise gejammert und gehüstelt. Ich kann mir sehr gut vorstellen, wie die Geräusche des armen Würmchens gedämpft unter dem Korsi hervordrangen.

Wenn unsere Mutter Homa die Brust geben wollte, nahm sie das Baby aus seinem wärmenden Wattebettchen und legte es auf ihre Handfläche. Sie konnte den kleinen Körper vollständig mit der Hand umfassen und wärmen. Homa war noch nicht einmal so groß wie die Brust, aus der sie trank.

Unsere Eltern umsorgten ihre Tochter in diesen ersten Monaten mit all ihrer Liebe und Behutsamkeit, und Homa überlebte. Daß sie durchkam, galt als ein kleines Wunder. Sie hat allerdings den Rückstand, den sie von Anfang an hatte, nie aufholen können. Es war, als hätte sie auf einer niedrigeren Stufe als alle anderen anfangen müssen. Ihr ganzes Leben blieb sie schmächtig und fragil, was besonders dann ins Auge sprang, wenn man sie gemeinsam mit unserer Mutter sah, die mit ihrer kräftigen und untersetzten Figur geradezu als ihr Gegenbild erschien.

Als Homa neun Monate alt war, wurde unsere Mutter wieder schwanger. Am 16. September 1941 brachte sie mich zur Welt. Im Gegensatz zu meiner Schwester war ich ein voll ausgetragenes Baby und wog bei meiner Geburt acht Pfund.

Offensichtlich hatte unsere Mutter zum Zeitpunkt meiner Geburt ihre Pubertät gerade abgeschlossen. Und doch hatte sie bereits drei Schwangerschaften hinter sich: Mit dreizehn erlitt sie eine Fehlgeburt, mit fünfzehn hielt sie sieben Monate lang durch, und es erfolgte eine Frühgeburt, und erst als sie mit mir schwanger ging, war sie reif genug, um ein gesundes Baby zu gebären. Die Reife bestand freilich nur in biologischer Hinsicht; als erziehende Mutter wie auch als Ehefrau war sie noch vollkommen überfordert.

Gefährliche Spiele

In der Zeit, als Homa und ich geboren wurden, bekamen auch die Familien, die in unserer Umgebung wohnten, Nachwuchs. Wir waren insgesamt fünf Kinder in der Nachbarschaft, alle miteinander verwandt, der Altersunterschied betrug insgesamt etwa vier Jahre. Homa war die Älteste. Dann kamen ein Junge namens Hormoz, ich und schließlich noch zwei Mädchen, Heideh und Nahid.

Nahid, Hormoz und Heideh verbrachten einen großen Teil ihrer Zeit bei unserer Familie. Heideh und Nahid waren Geschwister. Ihr Vater war gestorben, als sie noch ganz klein waren. Auch Hormoz hatte den Vater verloren, und unsere Familie hatte die drei sozusagen adoptiert. Unser Vater fühlte sich verpflichtet, den leeren Platz auszufüllen, der in den Familien dieser Kinder entstanden war.

Im Laufe der Jahre wurden wir enge Freunde, wir waren fast unzertrennlich. An den Nachmittagen stromerten wir miteinander durch unser Viertel, um zu spielen und uns die Zeit zu vertreiben. Homa als die Älteste hatte stets ein Auge auf uns. Sie achtete darauf, daß unsere Spiele nicht zu riskant wurden und wir nicht in ernsthafte Schwierigkeiten gerieten.

Homa blieb auch gar nichts anderes übrig, als die Verantwortung zu übernehmen. Unser Vater ging tagsüber seiner Arbeit nach und hatte keine Zeit, sich um uns zu kümmern. Unsere Mütter waren selbst noch viel zu jung, um ihrer Verantwortung gerecht werden zu können. Sie hockten meist beieinander, kochten und bereiteten Mahlzeiten vor, putzten oder saßen einfach nur zusammen. Wir waren als Kinder größtenteils uns selbst überlassen.

Zu Nahid hatte Homa ein besonders inniges Verhältnis. Nahid war leicht behindert, sie konnte ihre linke Hand und den unteren Teil ihres linken Beines nur eingeschränkt benutzen. Ich merkte schnell, daß Homa sie gerade deshalb ins Herz geschlossen hatte. Homa hielt sich immer in ihrer Nähe auf, wenn unser Fünferclub beisammen war.

In unserer Gruppe gab es kaum Streit, nur Homa und ich zankten gelegentlich miteinander, wobei schnell deutlich wurde, daß die so hilfsbereite und fürsorgliche Homa auch zurückschlagen konnte, wenn sie glaubte, daß ihr ein Unrecht widerfahren sei. Bei unserem ersten Krach, an den ich mich erinnern kann, ging es um eine Puppe, die Homa gehörte. Es war eine Puppe mit wunderschönen großen Augen, die ein kleines persisches Mädchen darstellte. Homa nannte sie »Shambeh«. Wenn sie gerade nicht da war, pflegte ich mit dieser Puppe zu spielen. An diesem fraglichen Nachmittag konnte sie ihre Puppe nicht mehr finden und kam deshalb zu mir.

»Parvin, wo ist denn Shambeh?«

»Ich habe sie hinter der Haustür gelassen.«

Dort hatte sie allerdings schon selbst nachgesehen, denn ich ließ Shambeh meistens hinter der Tür liegen. »Aber dort ist sie nicht«, sagte sie.

»Homa, dann weiß ich auch nicht, wo sie ist. Als ich mit dem Spielen fertig war, habe ich sie hinter die Tür gelegt.«

Homa wurde ärgerlich und warf mir vor, daß ich nicht achtsam genug war. »Parvin, du bist schuld, daß meine Puppe weg ist! Immer verlierst du alles! Erst hast du deine eigene Puppe verschlampt, und jetzt ist meine auch noch weg!«

Ihre harten Worte ließen mich in Tränen ausbrechen. Ich hatte wirklich keine Ahnung, was mit Shambeh geschehen war. Ich hatte sie, als ich kurz mit Hormoz zum anderen Ende der Straße ging, direkt hinter unsere Haustür gelegt, aber die Tür war offen gewesen. Ich war noch zu klein, um zu begreifen, daß es auch Leute gab, die etwas einfach mitnahmen. Dabei hätte ich es wissen müssen, denn meine eigene Puppe war mir zuvor ebenso gestohlen worden.

Das Ganze war auch deshalb so schlimm, weil wir als Kinder sonst überhaupt kein Spielzeug besaßen;

unser Vater hatte für so etwas kein Geld. Im Bazar hatten wir einmal wunderschöne Puppen in einem Schaufenster gesehen. Danach lagen wir unserem Vater unentwegt in den Ohren, er möchte uns doch so eine Puppe kaufen. Sie waren natürlich sehr teuer und zudem keineswegs leicht erhältlich.

In den vierziger Jahren war es in einem Land wie dem Iran schon schwer genug, für ein Dach über dem Kopf zu sorgen und die dringendsten Bedürfnisse des Lebens zu erfüllen. Damals stellte es für viele Eltern manchmal schon ein Problem dar, überhaupt ein vernünftiges Essen auf den Tisch zu bringen. Spielzeug gehörte in den meisten Haushalten gewiß nicht zu den Dingen, die an erster Stelle rangierten, und auch bei uns war das nicht anders.

Aber wir waren noch Kinder und konnten das nicht verstehen. Also bettelten wir bei unserem Vater, er möge uns Dinge kaufen, die er sich einfach nicht leisten konnte. Unsere Tränen müssen ihm sehr zu Herzen gegangen sein. Er wußte ja, daß wir keinerlei Spielsachen besaßen. Wenn er mittags zum Essen nach Hause kam, sah er, wie wir draußen im Sand spielten. Wir formten kleine Kegel aus Erde und rieben dann mit den Händen von dem Kegel, in dem wir eine Haarsträhne versteckt hatten, Schicht um Schicht wieder ab. Wer zuerst auf ein Haar stieß, hatte gewonnen.

Eines Tages brachte er uns am Mittag etwas mit. Er war ganz aufgeregt und wollte unbedingt gleich zeigen, was er für uns besorgt hatte. Er ließ uns beide ins Wohnzimmer kommen und rief sogar Mutter aus der Küche herbei.

Was er dann vor unseren Augen auspackte, waren zwar keine fertigen Puppen, aber genug Einzelteile und Materialien, um daraus zwei Puppen basteln zu können – und zwar solche, die genauso aussahen wie die, welche wir uns immer gewünscht hatten.

Unsere Mutter und unsere Großmutter brauchten Tage, um die Puppen fachgerecht zusammenzunähen, aber als sie fertig waren, konnte sich das Ergebnis ihrer Mühe wirklich sehen lassen. Wir waren begeistert, endlich besaß jede von uns ihre eigene Puppe. Es dauerte aber nicht lange, und meine wurde gestohlen. Und jetzt hatte Homa durch mich ihre Puppe ebenfalls verloren.

Bis heute kann ich mir nicht verzeihen, daß uns durch meine Schuld diese Puppen abhanden gekommen sind. Unser Vater hat für die Einzelteile bestimmt ein Vermögen hinlegen müssen, und er war gewiß sehr stolz, daß er uns dieses Geschenk machen konnte. Ich muß ihm eine große Enttäuschung bereitet haben, als ich so sorglos mit ihnen umging.

Homas Zorn auf mich war bis zum Abend des Tages, an dem Shambeh gestohlen worden war, immer noch nicht verraucht. Sie wollte es mir heimzahlen, und sie fand bald eine Gelegenheit dafür. Wir spielten damals häufig in dem Gelände um unser Haus herum Verstecken. Wer mit dem Suchen dran war, mußte sich die Augen verbinden und die Hände fesseln lassen und wurde dann lediglich durch die Zurufe des anderen, der sich verborgen hatte, zu seinem Versteck geleitet.

Das Spiel verlangte natürlich die Einhaltung bestimmter Fairneßregeln, denn derjenige, der mit verbundenen Augen die Suche aufnahm, war angesichts der zahllosen Hindernisse, die in der Umgebung unserer Wohnung vorhanden waren, in einer ziemlich gefährdeten Situation. Wer im Versteck saß, war deshalb verpflichtet, den blindlings Umhertappenden zu warnen, sobald er auf gefährliches Terrain geriet. Das war insbesondere dann dringend nötig, wenn man in die Nähe der großen offenen Wasserstelle geriet, die sich in der Mitte unseres Hofes befand.

Wir wohnten damals in einem Haus mit zwei Etagen und einem weitläufigen Hof davor. Unsere Familie bewohnte das Erdgeschoß, eine zweite Familie lebte in der Etage darüber. Das Oberhaupt dieser Familie hieß »Ghasem Agha«, was nichts anderes als »Herr Ghasem« bedeutet.

Wie die meisten iranischen Häuser dieser Zeit hatte auch unser Haus zwei Wasserreservoirs. Das eine lag im Keller des Hauses, von dort führte eine Wasserleitung durch das Fundament nach draußen zu einem Wasserhahn unter der Treppe, wo wir unser Trinkwasser holen konnten. Die andere Wasserstelle war ein großes Becken in der Mitte des Hofes, das mittels einer alten Handschwengelpumpe aus dem Wasserbehälter im Keller gefüllt wurde. Hier entnahm man das Wasser zum Wäschewaschen oder zum Blumengießen. Dieses Becken, das ziemlich tief war, stellte den mit Abstand gefährlichsten Ort dar, vor dem bei unseren Versteckspielen gewarnt werden mußte. Aber wenn Homa aus irgendeinem Grund wütend auf mich war, fiel es ihr besonders schwer, Alarm zu schlagen, wenn ich in den Gefahrenbereich geriet.

So war es auch an jenem Abend, als Homa wegen mir ihre Puppe verlor. Ich mußte die Rolle der Suchenden übernehmen, und sie lockte mich mit ihren Zurufen schnurstracks in das Wasserbecken. Die Sache endete damit, daß Herr Ghasem hineinspringen mußte, um mich herauszufischen.

Ich weiß gar nicht mehr, wie oft Homa und ich damals in das Wasserbecken gefallen sind und wie oft Herr Ghasem uns wieder herausholen mußte. Wir haben allen Grund, Herrn Ghasem für sein beherztes Eingreifen dankbar zu sein, er hat uns vermutlich so manches Mal das Leben gerettet. In der Tat sind zu jener Zeit einige Kinder aus unserem Viertel in solchen Wasserbecken ertrunken. Jedesmal, wenn wieder der triefende Leib eines Kindes in aller Eile ins Krankenhaus geschafft wurde, statteten wir Ghasem Agha insgeheim unseren Dank ab.

Und während ich jetzt hier sitze und mir all das durch den Kopf geht, quält mich der eine Gedanke. Da hat dieser Mann wohl mehrmals Homa das Leben gerettet – aber wozu? Damit sie es selbst fünfzig Jahre später auf eine so furchtbare Weise beendet? Wenn sie ihr Leben so sehr haßte, daß sie sich selbst verbrannte, zu welchen Mitteln hätte sie wohl gegriffen, um zu verhindern, daß sie überhaupt auf diese Welt kam?

Homa und ich lebten bis zu ihrem sechsten Lebensjahr allein mit unseren Eltern zusammen. Dann zog Hormoz zu uns. Seine Mutter war erst achtzehn

Jahre alt. Sie wollte versuchen, sich beruflich auf eigene Beine zu stellen, und Vater hatte ihr angeboten, sich solange um ihren Sohn zu kümmern.

Homa und ich hatten noch nie mit einem Jungen in einem Haus gelebt. Als Hormoz bei uns wohnte, schliefen wir alle drei im gleichen Zimmer. Betten gab es damals nicht. Wir schliefen auf einem Matratzenlager, das jeden Abend von unserer Mutter oder vom Dienstmädchen bereitet wurde. Am Morgen wurden die Matratzen wieder weggeräumt, und das Zimmer konnte für andere Zwecke benutzt werden.

Eines Nachts konnte ich nicht gleich einschlafen.

»Hormoz, schläfst du schon?« fragte ich ihn, aber er schlief wohl schon, denn er antwortete nicht gleich.

»Hormoz, Hormoz, bist du wach?«

Er drehte sich zu mir. »Was ist?«

Ich erinnere mich nicht in allen Einzelheiten an das, was weiter passierte, jedenfalls untersuchten Hormoz und ich uns gegenseitig in einer Weise, die bei Kindern nicht geduldet wird. Homa bekam von alledem nichts mit. Sie war eingeschlafen, noch bevor ich Hormoz angesprochen hatte.

Nach einiger Zeit wollten wir auch Homa betrachten und machten uns daran, der Schlafenden ganz behutsam die Unterwäsche auszuziehen. In diesem Augenblick stürmte unser Vater in den Raum und riß uns aus dem Bett. Es erscheint mir heute rätselhaft, wie er uns alle drei auf einen Schlag fortschleppen konnte, aber irgendwie schaffte er es, uns in wenigen Sekunden aus dem Zimmer zu befördern.

Er verbannte Hormoz in einen separaten Raum, Homa und ich kamen ins Zimmer unseres Vaters.

Meine Schwester wußte überhaupt nicht, wie ihr geschah. Sie hatte fest geschlafen und nicht das geringste verbrochen; sie war völlig verwirrt, als Vater sie plötzlich aus dem Bett riß.

Es dauerte eine Weile, bis wir einschlafen konnten. Hormoz bekamen wir in dieser Nacht nicht mehr zu Gesicht. Er erhielt von Vater offenbar eine ordentliche Tracht Prügel, denn wir hörten seine Schreie durch die Zimmerwand hindurch. Es war schrecklich.

Der eigentliche Schmerz kam aber erst am nächsten Tag. Heute noch, fünfzig Jahre danach, sehe ich ihn vor mir, meinen Cousin Hormoz, wie er klein und verloren auf den Stufen unserer Veranda hockte, das Bündel mit seinen paar Habseligkeiten neben ihm. Er wartete darauf, von Vater zu seiner Großmutter gebracht zu werden.

Der vierjährige Hormoz war aus unserer Familie verstoßen worden, und zwar für etwas, das ich verschuldet hatte. Es wollte mir trotzdem nie in den Kopf, worin das Verwerfliche unseres Tuns bestanden haben soll. Es war kindliche Neugier, die uns bewegte – was war daran so schlimm?

Bedauerlicherweise sahen wir Hormoz nie wieder. Er wurde seither von unserer Familie geschnitten und bei sämtlichen Verwandtentreffen notorisch übergangen. Von nun an waren wir bei unseren Spielen nur noch zu viert.

Das Vorkommnis erfüllte mich mit großem Schuldgefühl, aber Homa nahm die Sache noch viel schwerer. Sie konnte einige Tage nicht aufhören zu weinen; immerhin war sie alt genug, um zu wissen, daß Hormoz bei seiner alten und kranken Großmutter keine vernünftige Erziehung und Förderung bekommen konnte.

Auch später, als wir älter waren, dachte Homa häufig an Hormoz, er blieb ihr lebhaft in Erinnerung. Ich glaube, der Vorfall machte ihr deshalb so sehr zu schaffen, weil sie sich selbst die Verantwortung für uns auferlegt hatte. Zusehen zu müssen, wie Hormoz fortging, war für sie vermutlich genauso schlimm, wie wenn eine Mutter ihr Kind verliert.

Sie hat sich nie damit abgefunden, immer wieder sprach sie über unseren früheren Gefährten und wollte wissen, was aus ihm geworden war. Wir trauten uns beide nicht, unseren Vater danach zu fragen, doch wenn die Familie unseres Vaters an Festtagen zusammenkam, erkundigte sie sich immer bei unserem Onkel. Er sagte stets, daß es Hormoz gutgehe, und teilte uns auch mit, in welcher Klasse unser Cousin sich mittlerweile befand, aber mehr war nicht herauszubekommen.

Die Feuerprobe

Die Wolken, die unser kindliches Glück getrübt hatten, verzogen sich bald wieder. Für mich kündigte sich etwas Neues und Aufregendes an: Ich war endlich alt genug, um in diesem Jahr an den Feiern zum persischen Neujahrsfest teilnehmen zu dürfen. Der höchste Feiertag des iranischen Festkalenders fällt auf die Tagundnachtgleiche im Frühling; an diesem Tag beginnt eine Folge von Festtagen, die sich über zwei Wochen hinzieht.

Homa nahm mich für diese Zeit unter ihre Fittiche. Sie wußte natürlich, daß ich noch nie zuvor an einem solchen Fest teilgenommen hatte. Ein paar Tage vor Neujahr begann sie damit, mich über die Festtagsbräuche und ihren Sinn aufzuklären.

Am letzten Mittwoch des alten Jahres wird ein Fest namens »Chahar-Shanbeh-Soury« gefeiert. Homa erläuterte mir, daß aus diesem Anlaß die Bewohner des ganzen Viertels im Freien zusammenkommen. Man zündet hintereinander im Abstand von jeweils etwa einem Meter mehrere Feuer an, und dann springen die Leute einer nach dem anderen durch die Flammen. Bei jedem Sprung wird der folgende Vers gerufen:

Gib mir deine Glut und deine Wärme,
nimm mir die Mißgunst und die bleiche Haut!

Tagelang mühte sich Homa mit mir ab, damit ich diesen Vers auswendig lernte. Es war alles andere als leicht für mich, aber weil ich unbedingt durch das Feuer springen wollte, wiederholte ich den Vers so lange, bis ich ihn mir schließlich behalten konnte.

Am Vorabend der nächtlichen Feier legte ich mich voller Vorfreude schlafen. Ich konnte es gar nicht erwarten, endlich durch das Feuer springen zu dürfen. Ich hatte mir schon meine Kleider zurechtgelegt, und meinen Vers beherrschte ich auch. Alles war bestens vorbereitet. Ich war so ungeduldig, daß ich kaum schlafen konnte.

Und dann sah ich das Feuer.

Während des ganzen Festes stand ich mit bleiernen Beinen da und beobachtete die Leute, wie sie durch die Flammen sprangen. Vor lauter Angst konnte ich mich kaum rühren. Die Leute amüsierten sich köstlich, und ich stand dabei und konnte nichts anderes tun, als ihnen zuzuschauen. Alle schienen sich schneller zu bewegen als sonst. Jeder lachte und strahlte übers ganze Gesicht. Ich sah nichts als lauter gebleckte Zähne um mich herum.

Niemand schien zu begreifen, was in mir vorging. Das Feuer war riesig und die Hitze fast unerträglich. Die ganze Veranstaltung hatte für mich etwas Frevelhaftes, und ich fragte mich, wieso das außer mir kein anderer bemerkte.

Es war einer der traumatischsten Augenblicke meiner ganzen Kindheit. Homa drängte mich, ich solle doch endlich durch das Feuer springen.

»Parvin«, kreischte sie aus der Lücke hinter dem ersten Feuer. »Keine Angst, es ist ganz einfach. Spring einfach durch. Es geht ganz leicht. Schau doch, wie die anderen es machen!«

Doch ich stand nur wie angewurzelt da und sah heulend zu, wie alle sprangen. Keiner bemerkte meine Tränen, alle schrien durcheinander und hatten einen Riesenspaß. Jedesmal, wenn jemand durch die Flammen flog, zog sich mein Magen zusammen, vor lauter Angst, der Sprung könnte im Feuer enden. Ich glaube, einen solchen Orkan der Gefühle hatte ich noch nie erlebt.

Schließlich war alles Reisig in Flammen aufgegangen, und sie hörten auf zu springen. Homa kam lachend zu mir.

»Was war los? Warum hast du gekniffen?«

Ich glaube, sie hatte keine Ahnung, wie schrecklich mir zumute gewesen war. »Ich habe ja nicht gewußt, wie heiß das Feuer sein würde. Ich hätte doch hineinstürzen können und wäre dann verbrannt!«

»Du wärst schon nicht hineingestürzt. Es ist noch nie jemand ins Feuer gefallen. Die Leute machen das schon seit Jahrhunderten, und keiner ist je hineingefallen.«

»Wie willst du das denn wissen?«

»Na ja, schließlich habe ich mir doch auch nichts getan, oder?« meinte sie. »Ich habe mich nicht verbrannt, und ich bin bloß anderthalb Jahre älter als du. Und jetzt hör auf zu heulen.«

Heute bin ich bestürzt über die bittere Ironie dieses Gesprächs. Wer konnte voraussehen, daß der Körper meiner hübschen Schwester, der damals so leicht über die Flammen hinwegflog, eines Tages in ein solches Inferno taumeln würde? Vor meinem geistigen Auge sehe ich noch die Siebenjährige anmutig durchs Feuer springen wie ein Reh über ein Gatter. Und dann, ein halbes Jahrhundert später: ein Benzinkanister, ein Streichholz ...

Wenn man sich schon das Leben nehmen will, warum dann ausgerechnet so? Warum hat sie sich nicht eine andere Methode ausgesucht? Warum nicht Tabletten oder etwas, das schnell geht, eine Pistole, der Sprung von einer Brücke oder vor einen Zug?

Als ich mich damals wieder einigermaßen gefaßt hatte, griff Homa nach meiner Hand. »Laß uns jetzt gehen. Wir müssen uns fürs ›ghashogh zany‹ fertigmachen.«

»Was ist denn das?«

»Komm mit, ich zeig's dir.« Für Homa war es ein großes Vergnügen, mich mitzuschleppen. Sie genoß es sichtlich, wenn sie jemandem etwas erklären konnte. »Was jetzt kommt, wird dir Spaß machen. Diesmal brauchst du keine Angst zu haben.«

Homa drückte mir einen Blechnapf und einen Löffel in die Hand. »Hier, halt das, ich sag dir später, was du damit machen sollst.« Bald hatten sich auch die anderen Kinder aus der Nachbarschaft eingefunden. Jeder war mit einem Blechgefäß und einem Löffel bewaffnet.

Wir gingen ein Stück die kleine Straße, die *Koocheh*, hinunter, bis zur Haustür eines unserer Nachbarn. Dort angekommen, begannen alle mit den Löffeln auf den Blechgeschirren herumzutrommeln, um die Bewohner des Hauses zu alarmieren.

Homa zeigte mir, wie ich mit meinen neuen Instrumenten am besten umging. Es machte einen Heidenspaß – konnten wir doch Krach machen, soviel wir wollten, ohne daß uns jemand ausschimpfen durfte. Schließlich ging die Haustür auf, die Bewohner des Hauses traten heraus und verteilten Süßigkeiten an die lärmenden Kinder.

Am Abend vor dem Neujahrstag kam die nächste große Feier. In unserem Viertel ging es turbulent zu, trotzdem waren Homa und ich schon bald eingeschlummert. Ich glaube, wir waren schon von der ganzen Aufregung erschöpft. Es war noch dunkel, als unser Vater hereinkam und uns weckte.

»Kinder, auf, auf, ihr müßt jetzt aufstehen«, sagte er mit lauter Stimme.

Homa fing an zu protestieren, während ich versuchte, einfach weiterzuschlafen.

»Aber Papa, es ist doch noch mitten in der Nacht!«

»Das macht nichts. Ihr könnt ja später weiterschlafen. Aber jetzt müßt ihr zwei aufstehen, damit wir das neue Jahr begrüßen können.«

Homa war mit einem Ruck wach. Sie hatte wohl zu Anfang gar nicht daran gedacht, was heute für ein Tag war. Nun war sie ganz aufgeregt und wollte auch mich dazu bringen aufzustehen, aber ich weigerte mich hartnäckig, bis sie mir schließlich verriet, wozu wir eigentlich zu dieser Zeit aus dem Bett sollten.

»Endlich ist es soweit! Wir bekommen neue Sachen zum Anziehen! Mutter hat sie seit Tagen vor uns versteckt, aber nun ist der Moment gekommen, daß wir sie anziehen dürfen, weil nämlich gleich das neue Jahr anfängt!«

Die Iraner begehen das neue Jahr zu dem exakten astronomischen Zeitpunkt der Tagundnachtgleiche. Es ist Brauch, daß jedermann das alte Jahr verabschiedet und das neue willkommen heißt, gleichgültig, zu welcher Stunde des Tages oder der Nacht dieser Moment eintritt. Und um ihn auch gebührend zu feiern, zieht man sich zu diesem Zweck kurz vor dem Jahreswechsel etwas Neues an.

Homa hatte mich schließlich soweit, daß ich aus den Federn stieg. Wir trappelten ins Zimmer unserer Eltern hinüber, wo die neuen Sachen für uns bereitlagen.

Mutter erwartete uns schon, sie hatte auf dem Boden eine Decke ausgebreitet, und darauf lag für jeden von uns etwas zum Anziehen. Noch heute erinnere ich mich genau daran, wie sehr mir Homas Sachen in die Augen stachen. Mutter hatte für sie eine grellrote Bluse mit langen Ärmeln sowie eine bestickte marineblaue Weste geschneidert, die darüber zu tragen war. Dazu gehörte noch ein zur Weste passender Faltenrock. Für mich war es damals das Eleganteste, was ich je gesehen hatte.

So hinreißend Homas Neujahrsgeschenk war, so bescheiden nahm sich dagegen meine Garderobe aus. Der Stoff war zwar der gleiche, aber ich sah sofort, daß alles aus den Resten von Homas Sachen fabriziert worden war: Vor mir lagen ein marineblauer Rock und ein rotes Blüschen mit kurzen blauen Ärmeln.

Kaum hatte ich meine neue Kluft erblickt, bekam ich einen Wutanfall. Ich fing an zu brüllen und ging meinen Eltern so sehr auf die Nerven, daß sie schließlich Homa zwangen, ihre schönen Sachen auszuziehen und mir zu geben. Ich trug das Kostüm während der ersten paar Stunden des neuen Jahres – und konnte es von da an nicht mehr leiden. Mein Neid war dadurch aber keineswegs gemildert. Jedesmal, wenn Homa in den Monaten darauf die Sachen anziehen wollte, machte ich einen neuen Skandal, bis unsere Mutter auf die Idee kam, uns immer das gleiche anzuziehen.

Nachdem wir in jener Nacht die neuen Kleider angelegt hatten, brachte uns Mutter in den großen Wohnraum, wo wir darauf warteten, daß Vater uns den Anbruch des neuen Jahres verkünden würde. Dazu ging er mit einem Teller Plätzchen nach draußen. Einige Minuten später pochte es an der Tür, und wir rannten zu ihm hin.

»Papa, was hast du uns mitgebracht?« fragten wir aufgeregt.

»Gesundheit, Wohlergehen und Glück«, war die Antwort. Jede von uns bekam eine Fünf-Rial-Münze, die er aus den Blättern seines Korans herauszog, und wir gaben ihm und unserer Mutter einen Kuß. Einige Zeit danach schlüpften wir aus den neuen Kleidern und legten uns wieder schlafen.

Das war der Beginn der Festlichkeiten zum Neujahr. Sie dauern noch weitere dreizehn Tage an. In dieser Zeit soll jeglicher Streit begraben werden, der im voraufgegangenen Jahr entstanden ist, und man soll unbelastet davon wieder aufeinander zugehen.

Lektionen

Das kommende Jahr sollte für Homa allerlei Neues bringen. Es war ihr erstes Schuljahr. Ich weiß noch, wie traurig ich war, als Homa eingeschult wurde – ich mußte nämlich noch ganze zwei Jahre warten. Wer im September geboren war, wurde ein Jahr zurückgestellt, weil der Stichtag überschritten war. *Schulpflichtig sind alle Kinder, die bis zum August das Alter von sechs Jahren erreicht haben.* Diese Regelung kam mir sehr willkürlich vor, und es fiel mir äußerst schwer, sie zu akzeptieren. Meine Schwester würde jetzt nicht mehr bei mir zu Hause bleiben. Sie durfte jetzt in die Schule gehen, und dort würde sie andere Kinder treffen. Ich war sehr eifersüchtig und enttäuscht.

Ich fand allerdings eine Möglichkeit, an ihrem

neuen Leben teilzunehmen: Ich begleitete Homa jeden Tag zur Schule und holte sie bei Unterrichtsende auch wieder ab. Gelegentlich tauchte ich aber schon vorher dort auf.

»Parvin, was machst du denn jetzt schon hier?« fragte Homa, als sie Pause hatte.

»Auf dich warten«, gab ich zurück.

»Aber das ist jetzt unsere erste Pause. Der Unterricht ist noch lange nicht zu Ende!«

»Ist mir schon klar.«

»Weiß Mutter, daß du hier bist?«

»Natürlich! Ich habe ihr gesagt, daß ich zu dir in die Schule gehe.«

Homa schaute etwas verwirrt drein. Sie konnte offensichtlich überhaupt nicht verstehen, was ich hier suchte. »Aber es wird noch eine ganze Weile dauern, bis ich zum Mittagessen nach Hause gehen kann.«

»Weiß ich. Ich will bloß hier sitzen und gucken, was ihr macht. Geh du nur in deinen Unterricht.«

Die Unterrichtsglocke läutete, und Homa mußte wieder in ihr Klassenzimmer. Ich verbrachte die nächsten drei Stunden mit Warten. In den kleinen Pausen bekam ich Homa und ihre Freundinnen zu jeder Stunde zehn Minuten lang zu sehen. Als es Mittag geworden war, gingen wir zusammen nach Hause zum Essen.

In jenen Tagen hatte man an sechs Tagen in der Woche jeweils sechs Stunden Unterricht. Jungen und Mädchen wurden getrennt unterrichtet – man wollte jeglichen Kontakt zwischen ihnen unterbinden. Das ging so weit, daß der Unterricht der Mädchen um acht Uhr begann, für die Jungen aber erst um halb neun. Auch in die Mittagspause wurden die Jungen eine halbe Stunde später geschickt, also um halb eins, und Unterrichtsschluß war für sie erst um halb fünf nachmittags. Auf diese Weise wollte man dafür sorgen, daß sich Jungen und Mädchen in der Schule oder auf dem Schulweg nicht begegneten. Man räumte den Mädchen eine halbe Stunde für ihren Nachhauseweg ein, in der sie »sicher« waren.

Um die Schule besuchen zu können, war ich noch nicht alt genug, aber mit meinem Schulweg war ich schon bestens vertraut. Bald begleitete ich Homa jeden Tag und trug ihr die Bücher. Ich ging mit ihr und ihren Klassenkameradinnen bis zur Schule und setzte mich dann dort auf die Stufen, die zum Eingang hinaufführten.

Manchmal, während Homa noch Unterricht hatte, bekam ich Hunger und lief schnell nach Hause, um etwas zu essen. Wenn ich dann zur Schule zurückkehrte, nahm ich immer etwas für Homa mit, damit sie zwischen ihren Unterrichtsstunden auch einen Bissen zu sich nehmen konnte. Von zu Hause bis zur Schule war es nicht besonders weit. Es kann höchstens ein knapper Kilometer gewesen sein, denn innerhalb der fünfzig Minuten, die eine Schulstunde dauert, konnte ich mühelos nach Hause und wieder zurück laufen.

Ich mußte von unserem Haus aus zunächst durch drei Koochehs gehen, dann kam ein langer Pfad über freies Feld, der an der Schule endete. Die Koochehs waren sehr eng und auf beiden Seiten von Wohnhäusern gesäumt. Ein Auto hätte zwar noch durchkommen können, aber die Koochehs waren für den Verkehr gesperrt. Am Morgen wimmelten diese Gassen von Menschen, die einkaufen wollten oder sich auf dem Weg zur Schule oder zur Arbeit befanden. Zu dieser Zeit trafen auch immer die Straßenhändler ein, die Obst und Gemüse feilboten. Sie kamen zu Fuß, mit dem Fahrrad oder mit einem Esel. Bei diesen Händlern kaufte unsere Mutter fast alle ihre Lebensmittel.

Im Laufe des Vormittags leerten sich die Koochehs wieder, und ich hatte die Gasse für mich allein. Die Frauen waren jetzt zu Hause beim Kochen, die Männer bei der Arbeit und die Kinder alle in der Schule – außer denen natürlich, die dafür noch zu klein waren.

In der Mitte der Gasse befand sich ein offener Kanal, durch den das Wasser aus den Bergen in die Häuser der Stadt geleitet wurde. Diesen Rinnstein nannte man »Joob«. Rechts und links davon verliefen unbefestigte Fußwege. In unserer Kinderzeit gab es noch keine gepflasterten Koochehs, lediglich die Durchgangsstraßen waren asphaltiert.

Unser Haus war das zweite in der Gasse. Wir nannten es »Hayat Bozorgeh«, das große Haus. Im Eckhaus am nördlichen Ende der Koocheh wohnten die Eltern meines Vaters. Beide Wohnhäuser gehörten meinem Vater. Er besaß noch ein drittes, es lag gegenüber dem Haus der Großeltern.

Auf unserer Straßenseite wohnte eine Familie von Schwarzafrikanern. Unsere Koocheh hatte zwar einen offiziellen Namen, aber die Gasse hieß bei vielen nur »Koocheh des schwarzen Mannes«. Es kann gut sein, daß die Mitglieder dieser Familie die einzigen

Afrikaner im ganzen Iran waren. Die Leute waren sehr nett, und sie mochten Homa und mich sehr gerne. Wir spielten mit den Enkelkindern und gingen auch mit ihnen zur Schule.

Eine besondere Beziehung verband uns mit dem Großvater. Er hatte vier Kinder, der älteste Sohn wurde Arzt, und auch der andere Sohn absolvierte ein Universitätsstudium. Außerdem hatte er zwei Töchter, von denen die eine Krankenschwester und die andere Lehrerin wurde. Die ganze Zeit, in der sie in unserem Viertel wohnten, blieben sie unverheiratet. Die beiden jammerten immer, daß alle ihre Bekannten weiß wären und daß es nirgendwo einen Afrikaner zum Heiraten gäbe.

Ich habe nie herausgefunden, wovon der alte Mann lebte. Er schien immer nur zu Hause zu sein. Wenn Homa und ich auf dem Schulweg an seinem Haus vorbeikamen, rief er uns manchmal zu sich, und wir bekamen Bonbons oder einen Kaugummi. Er erzählte auch öfter Geschichten aus seiner afrikanischen Heimat. Er beschrieb uns, wie es dort aussah, und erklärte, warum er eines Tages fortgehen mußte und wie er schließlich in unserer Koocheh gelandet war. Wir saßen gerne auf dem Schoß des Alten und hörten seinen Geschichten aus fernen Ländern zu. Wir waren natürlich noch zu klein, um etwas von den Verhältnissen in jenen Ländern zu begreifen, und schon gar nicht konnten wir verstehen, wie die Politik in das Leben dieses Mannes hineingewirkt hatte, aber er konnte gut erzählen, und wir hörten ihm gespannt zu.

Wenn man an seinem Haus vorbeigegangen war,

mußte man unsere ganze Gasse in östlicher Richtung hinuntergehen, dann nach links in eine andere Gasse einbiegen und sich schließlich wieder nach rechts wenden, bis man an das freie Feld mit dem Pfad zu Homas Schule kam. Das Feld gehörte einem Mann, der Al-Agholi hieß. Mit Ausnahme der Häuser meines Vaters und dem des Afrikaners stand unser ganzes Viertel auf dem Grund und Boden von Al-Agholi.

Besonders am Morgen war es sehr schön, über dieses Feld zu gehen. Der Pfad war von Feigenbäumen und Beerenbüschen gesäumt, gewaltige Platanen spendeten Schatten, und überall standen wilde Blumen am Wegesrand.

Der Pfad endete am Schulhaus. Es war ein einstöckiges Backsteingebäude, umgeben von einer hohen Mauer aus gestampftem Lehm und Stroh. Die Schule hatte eine massive Holztür, an der ein eiserner Ring befestigt war. Wenn der Unterricht begann, wurde die Tür geschlossen, und alles, was drinnen vorging, entzog sich meinen Blicken.

In den Pausen machten Homa und ihre Klassenkameradinnen die Tür wieder auf und sahen nach, ob ich noch draußen auf den Stufen saß. Meistens waren sie darauf aus, etwas Eßbares von mir zu ergattern.

Jeden Mittag konnte man dann einen Schwarm von Schulmädchen durch die Gassen laufen sehen. Alle trugen, wie es sich gehörte, ihre Schultracht, außer einer einzigen kleinen Göre, die hinter ihrer Schwester herlief und einen Stapel Bücher schleppte, der fast soviel wog wie sie selbst.

Sobald wir zu Hause waren, lief Homa schnurstracks in die Küche und jammerte, während sie sich die Schultracht auszog, unserer Mutter vor, wie furchtbar hungrig sie sei.

Sie blieb sehr schmächtig, ein zartes Geschöpf, das schnell müde wurde. Nach dem Essen mußte sie sich immer erst ein Weilchen hinlegen, bevor sie sich wieder auf den Weg zurück in die Schule machen konnte.

Unsere Eltern gaben sich alle erdenkliche Mühe, Homa so zu ernähren, daß sie kräftiger wurde. Mittags bekam sie von unserer Mutter meistens ganz junge Hühnchen vorgesetzt. Diese Hühnchen, fast noch Küken, galten damals als Delikatesse und waren das teuerste Fleisch im Iran. Sie wurden mit Getreide gefüttert und hatten so gut wie kein Fett. Die Hühnchen waren erst zwei bis drei Wochen alt, wenn sie geschlachtet wurden. Unsere Mutter kaufte sie allerdings schon als frisch geschlüpfte Küken und fütterte sie selbst, bis sie sie schlachten konnte. Das war billiger.

So vernünftig dieses Vorgehen auf den ersten Blick auch erschien, die Sache hatte doch einen Haken: Wenn die Küken längere Zeit im Haus waren, fing Homa an, sich an sie zu gewöhnen und sie liebzugewinnen.

Einmal kaufte Mutter ein Küken mit ganz besonders kurzen Beinchen. Aufgrund dieser Mißbildung schloß Homa es schnell ins Herz, es wurde ihr Schmusetier. Das Tierchen aber wuchs heran, und Mutter war der Ansicht, daß es nun bald in den Topf kommen müßte. Jedesmal, wenn sie die Sprache darauf brachte, fing Homa an zu heulen. Das Hühnchen lebte so eine ganze Weile in unserem Haus und wurde immer größer. Eines Tages kam der Moment, an dem unsere Mutter nicht mehr mitmachte. Das arme Tier wurde geschlachtet und in den Kochtopf gesteckt.

Homa war am Boden zerstört. Als wir uns zu Tisch setzten, weigerte sie sich zu essen. Zuerst starrte sie nur voller Wehmut auf das zerlegte Hühnchen, das in einer kräftigen Soße schwamm. Dicke Tränen, die aus ihren Augen kullerten, waren das einzige, was sich in ihrem Gesicht bewegte.

Schließlich streckte ich die Hand aus, um mir etwas von dem Hühnergericht zu servieren. Homas Kopf fuhr herum. Sie sah mir zu, wie ich mir mit dem Schöpflöffel einen Flügel angelte. Als ich damit bei meinem Teller angekommen war, nahm Homa das Fleisch von der Kelle und warf es in die Soße zurück.

Dann sprang sie auf. »Wie kannst du so etwas nur tun?« schrie sie mich an. »Was bist du für ein Tier! Ihr seid alle nichts weiter als Tiere!« Zeternd versuchte sie uns die Terrine fortzunehmen, aber Mutter fiel ihr in den Arm.

»Dann ißt du eben nichts«, schrie sie. Auch sie war inzwischen in höchster Erregung. Sie legte stets großen Wert darauf, daß wir aßen, was wir vorgesetzt bekamen. Außerdem hatte sie sich mit dem Kochen Mühe gegeben und wollte nicht dulden, daß Homa darüber hinwegsah und ohne zu essen zu Bett ging. Homa jedoch stritt sich nicht weiter mit ihr herum und rannte in ein anderes Zimmer.

Die Stimmung sank auf einen Tiefpunkt. Keiner

hatte mehr Appetit, und sogar unserer Mutter wollte es nicht mehr so richtig schmecken. Sie fing an, den Tisch abzudecken, und beschwerte sich dabei unentwegt über die Undankbarkeit ihrer Tochter.

Aber Homa konnte nicht anders. Sie hatte ein weiches Herz, und besonders bei Tieren war ihr Mitgefühl grenzenlos. Einmal zog ich ihren Zorn dadurch auf mich, daß ich den Schwanz ihrer Katze zum Spaß in eine große Streichholzschachtel klemmte – aber sie vergoß auch tagelang Tränen, als eben diese Katze eines ihrer Täubchen fraß.

Das sechste Lebensjahr war für Homa ein hartes Jahr. Sie wollte nicht richtig wachsen und war viel kleiner als ihre Klassenkameradinnen. Sogar ich überholte sie zu dieser Zeit. Damit sie weitere Aufbaustoffe zu sich nahm, bekam sie neben den Hühnchen häufig Leber zu den Mahlzeiten. Darüber hinaus preßte Mutter einmal in der Woche frische Leber aus. Der Tran wurde Homa in einem Glas vorgesetzt, und sie schluckte ihn klaglos hinunter. Ich hätte das nicht über mich gebracht, ich konnte ja noch nicht einmal zusehen, wie sie das Zeug trank. Aber sie brauchte die Kraftnahrung.

Inzwischen trabte ich meiner Schwester schon einige Monate lang zur Schule hinterher. Eines Tages, als ich meinen gewohnten Platz auf den Stufen vor dem Schultor eingenommen hatte, erschien dort mein Vater.

»Liebling, was machst du denn hier?« fragte er mich, während er sich eine Stufe tiefer niederließ.

»Ich warte auf Homa.«

Vater sah mich nicht an. Er hatte die Hand auf mein Knie gelegt und blickte geradeaus auf die Straße. »Liebling, was soll das? Wird es dir denn nicht langweilig, tagaus, tagein hier herumzusitzen?« Er sprach mit ruhiger, sanfter Stimme.

»Nein, gar nicht. Ich sitze einfach hier, und eines Tages wird man mich schon hineinlassen, hoffe ich.«

»Das wird man nicht tun«, sagte er.

»Wieso nicht?«

»Du bist noch nicht alt genug, da gibt es Vorschriften. Du wirst erst in knapp zwei Jahren dran sein, Liebling. Kannst du nicht solange warten?«

»Aber Vater, ich will doch in die Schule gehen.«

Bei diesen Worten drehte er sich um und blickte mich eine Zeitlang an. Dann stand er auf und nahm mich bei der Hand. »Liebling, komm jetzt. Laß uns nach Hause gehen.«

»Ich möchte aber hierbleiben!« jammerte ich.

»Liebes, weißt du was? Komm mit, und auf dem Weg nach Hause werde ich dir etwas erzählen. Mir ist da eine Idee gekommen. Du willst doch bestimmt wissen, welche?«

Ich zögerte noch etwas, aber schließlich ging ich mit ihm. Unterwegs redete er dann doch nicht viel. Ich hielt mich an seiner Hand fest, und wir liefen miteinander durch die Gassen unseres Viertels.

Vater starb im Jahre 1984, aber ich habe das Gefühl, daß er immer noch bei mir weilt und mir seine Liebe schenkt wie an jenem Tag, als ich neben ihm herschritt.

Wir waren schon in der Nähe unseres Hauses, als

er endlich seine Idee preisgab. »Was würdest du davon halten, wenn dein Vater dich unterrichtet?«

Ich antwortete nicht. Verständnislos schaute ich zu ihm hoch.

»Wenn ich abends von der Arbeit nach Hause komme, könnte ich dir Unterricht geben – genau wie die Lehrerin deiner Schwester. Es wäre so, als würdest du schon zur Schule gehen, und du müßtest nicht mehr warten.«

»Vater, würdest du das wirklich tun?«

»Ja, wenn du das auch willst und wenn du tüchtig lernst. Aber du müßtest aufhören, deiner Schwester in die Schule hinterherzulaufen.«

Als Homa zum Mittagessen eintraf, erkundigte sie sich bei Mutter, wo ich denn stecken würde. Ich kam aus unserem Zimmer, um sie zu begrüßen, und sie fragte mich, warum ich nicht auf sie gewartet hatte.

»Vater wird mir hier zu Hause Unterricht geben«, erklärte ich.

»Dann kommst du also nicht mehr mit zu meiner Schule und wartest auch nicht mehr dort auf der Treppe auf mich? Es wundern sich sowieso schon alle über dich. Sie wollen wissen, was du dort eigentlich machst.«

Von diesem Tage an lernte ich Lesen und Schreiben und Rechnen. Ich war eine eifrige Schülerin. Vater war allerdings oft schon ziemlich müde, wenn der Unterricht beginnen sollte, aber ich ließ nicht zu, daß die Stunden ausfielen. Sobald er nach Hause kam, fing ich an zu quengeln, bis ich ihn soweit hatte.

Bei den Unterrichtsstunden durfte niemand sonst zugegen sein. Wir gingen in eines der Zimmer und setzten uns zum Lernen auf den Boden. Homa und unsere Mutter erhielten Bescheid, daß sie uns nicht stören sollten. Auch wenn Vater sehr müde war, ließ er es sich nie nehmen, Homa und mir anschließend in unserem Schlafzimmer noch eine Gutenachtgeschichte vorzulesen.

Mein Vater unterrichtete mich etwas länger als ein Jahr, und Homa gab mir gelegentlich Hilfestellung. Als sie acht wurde, erlebte Teheran einen ungewöhnlich kalten und langen Winter. Wir verbrachten die meiste Zeit unter dem Korsi, wo es schön warm war, und lernten zusammen. Für Frischluft ließen wir das Fenster einen Spaltbreit offen.

Eines Nachmittags, Mutter machte gerade einen Besuch bei einer Freundin, half Homa mir wieder einmal bei den Hausaufgaben. Aber sie war unkonzentriert, ich merkte, daß sie auf meine Fragen nicht richtig einging.

»Homa, was ist los mit dir?«

»Ach, ich habe nur so eine Idee«, sagte sie. »Parvin, was hältst du von kurzen Haaren?«

»Oh, Homa, das fände ich toll! Ich kann diese langen Haare überhaupt nicht leiden. Es tut immer so weh, wenn Mutter mich kämmt.«

Damals hatte ich ziemlich krauses Haar. Es war sehr lang und ging mir bis zur Taille, wenn man es glattzog. Homa hatte ebenfalls langes Haar, aber ihres war nur leicht gewellt.

»Wie wär's mit Abschneiden?« meinte Homa.

Ich lachte. »Ach, das ist doch völlig unmöglich! Die Eltern würden uns das niemals erlauben. Da können wir so lange reden, wie wir wollen, wir würden sie bestimmt nie dazu bringen.«

»Klar, das weiß ich auch, aber was ist, wenn wir uns die Haare einfach selbst abschneiden? Dann wäre alles passiert, und sie könnten nichts mehr dagegen machen. Außerdem finde ich das sowieso nicht gerecht, wir müßten doch die Frisur tragen dürfen, die *uns* gefällt. Wenn wir lieber kurze Haare wollen, dann müßte uns das auch erlaubt sein.«

»Es heißt aber immer, daß die Haare einer Frau heilig sind«, wandte ich ein.

»Diesen Spruch kenne ich auch. Aber warum eigentlich? Hat dir jemals einer erklären können, warum? Das stimmt doch gar nicht.«

»Aber was passiert, wenn Vater nach Hause kommt und wir stehen da mit einem Haufen abgeschnittener Haare um uns herum? Meinst du nicht, daß er uns am liebsten umbringen würde? Außerdem wissen wir ja überhaupt nicht, wie man Haare schneidet. Bestimmt machen wir was falsch, und dann sieht es furchtbar aus.«

»Fürs Haareabschneiden wird man nicht umgebracht. Außerdem brauchen wir uns ja bloß im Nakken einen Wust abzuschneiden. Wenn Mutter nach Hause kommt, wird sie es sehen – und dann muß sie es doch irgendwie in Ordnung bringen. Sie wird das restliche Haar genauso kurz schneiden müssen, da bleibt ihr gar nichts anderes übrig.«

»Aber was sollen wir mit den abgeschnittenen Haaren machen?«

»Kein Problem. Wir verbrennen alles im Manghal.«

Homa eilte ins Zimmer unserer Mutter und kam mit einer Schere zurück, die sie aus dem Nähzeug gefischt hatte. Sie packte die Haare in meinem Nacken und schnitt aus der Mitte eine dicke Strähne heraus. Dann griff sie hinter ihren eigenen Kopf und wiederholte die Prozedur.

Wir nahmen die abgeschnittenen Haare und warfen sie in den Manghal unter dem Korsi. Als die Haare Feuer fingen, bekamen wir es doch mit der Angst zu tun, denn sofort breitete sich ein fürchterlicher Gestank im ganzen Zimmer aus.

Wir gerieten in Panik. Wie konnten wir es nur schaffen, den Gestank zu beseitigen, bevor Mutter wieder nach Hause kam? Wir rissen sämtliche Türen und Fenster auf, aber bei der Menge von Haaren, die im Manghal brannten, war es völlig unmöglich, den üblen Geruch rechtzeitig loszuwerden.

Als Mutter zurückkam, verriet ihr der Gestank sofort, was wir angestellt hatten. Sie brachte notgedrungen unsere Frisuren so weit in Ordnung, daß wir uns damit zeigen konnten, und legte uns dann beide kräftig übers Knie.

Das war zwar schmerzhaft, aber wir hatten an diesem Tag etwas Wichtiges gelernt. Wir hatten nämlich begriffen, daß es das beste war, einfach zu tun, was man wollte, ohne lange um Erlaubnis zu fragen. Als wir noch Kinder waren, schien ohnehin alles verboten zu sein. Stets hieß es nur »Nein!«. Wenn wir aber einfach machten, was wir wollten, erreichten wir unser Ziel. Die unvermeidliche Strafe war es uns in den meisten Fällen wert.

Nur ein hilfloses Tier

Es war schon einige Monate her, daß Homa und ich für das eigenmächtige Abschneiden unserer Haare bestraft worden waren, da erlebten wir einen Tag, von dem ich schon damals wußte, daß er mir unvergeßlich bleiben würde. Am Morgen wurde ich durch seltsame Geräusche geweckt. Ich kroch aus dem Bett und schaute zum Fenster hinaus. Was ich draußen zu sehen bekam, verwunderte mich sehr.

»Homa, steh auf und komm her! Das mußt du dir ansehen. Was geht da eigentlich vor?«

Homa lag im Bett und kämpfte noch mit dem Schlaf.

»Das ist nicht zu fassen, sieh dir das an!« rief ich. »Da sind zwei Männer im Hof – mit einem Schaf! Es sieht so aus, als wollten sie ihm die Beine zusammenbinden.«

Das wirkte. Aufgescheucht kam Homa zum Fenster.

»Was machen die da?« wollte ich wissen.

»Ich weiß nicht. Wir müssen Vater fragen.«

Unsere Eltern frühstückten gerade nebenan. Im Nu waren wir bei ihnen.

»Vater, was ist da draußen los?« fragte Homa. »Was wollen die Männer mit dem Schaf? Und warum binden sie ihm die Beine zusammen? Es liegt am Boden und kann sich überhaupt nicht mehr bewegen!«

Vater setzte ein gütiges Lächeln auf und blickte uns an. »Äh, das ist schon in Ordnung. Ihr braucht euch wegen des Lamms keine Gedanken zu machen. Heute ist nämlich ein besonderer Tag«, erklärte er,

»es ist ›Ayd-e-Ghorboun‹. Wir opfern das Lamm und geben das Fleisch den Armen.«

»Was bedeutet ›Ayd-e-Ghorboun‹?« erkundigte sich Homa.

»Es ist ein Feiertag zum Gedenken an den Tag, an dem Abraham dem lieben Gott seinen Sohn opfern sollte. Als Gott sah, daß Abraham wirklich dazu bereit war, hielt er ihn auf, und das Kind war gerettet. Aus Dankbarkeit opferte Abraham dann ein Tier.«

»Was heißt das – opfern?«

»Opfern ist, wenn man dem lieben Gott freiwillig etwas abgibt.«

»Warum müssen wir dem lieben Gott freiwillig ein Tier abgeben?« fragte Homa.

»Nun, unsere Geschäfte sind dieses Jahr sehr gut gegangen, wir sind alle gesund, also haben wir guten Grund, dankbar zu sein. Unsere Religion verlangt, daß wir uns jetzt dafür erkenntlich zeigen«, gab Vater zur Antwort.

»Aber muß das denn hier mitten auf unserem Hof geschehen? Hörst du nicht, wie das arme Tier blökt? Es ist ja furchtbar!« Meine Schwester war schon ganz unruhig.

»Ja, wo denn sonst?« meinte Vater.

Homas Aufregung wuchs. »Bitte, laß nicht zu, daß sie das Schaf töten«, flehte sie unseren Vater an. »Sag ihnen, daß sie aufhören sollen. Müssen wir denn wirklich ein Schaf töten? Es ist doch nur ein hilfloses Tier!« Sie fing an zu weinen. »Papa, bitte, bitte!«

Vater versuchte sie zu besänftigen. »Homa, Liebling, das gehört eben zu unserer Religion. Wir tun das, weil wir Gott dafür danken wollen, daß er uns zur Seite gestanden hat.«

Unser Vater war zwar nie besonders fromm gewesen, aber aus irgendwelchen Gründen hielt er sich doch strikt an einige Gebote, vor allem an jene, die Mildtätigkeit verlangten. In diesem Jahr hatte er beschlossen, an ›Ayd-e-Ghorboun‹ ein Opferlamm schlachten zu lassen.

Ich glaube nicht, daß Homa und ich wirklich begriffen, was hier vorging. Homa konnte nicht aufhören zu weinen und das Lamm zu bedauern. Sie lag Vater unentwegt in den Ohren, er möchte doch das Ganze abbrechen.

Aber Vater hatte das Opfer nun mal bestellt. Ein Rückzieher war jetzt nicht mehr möglich. Also mußten Homa und ich zusammen mit unseren Eltern in unserem Hof den gesamten Vorgang über uns ergehen lassen.

Die Vorder- und die Hinterläufe des Tieres wurden zusammengebunden. Es lag mit der Flanke auf dem Boden und versuchte, während es sich mit dem Kopf immer wieder aufbäumte, die Fesseln loszuwerden. Zwei Männer, beide jung und kräftig, traten an das Opfertier heran. Einer von ihnen kniete sich mit seinem ganzen Gewicht auf das Hinterteil des Tieres und umfaßte mit kräftigem Griff die Vorder- und Hinterbeine. Der zweite Mann trat hinter den Kopf des Tieres und packte es mit einer Hand am Kinn. Er zog ihm den Kopf zurück, bis sich ihm die Kehle so gestreckt wie nur möglich darbot. In der anderen Hand hielt er ein großes Messer. Ich sah noch, wie er über der Kehle des Tieres ausholte, aber als er den tödlichen Schnitt vornahm, mußte ich wegschauen.

Als ich wieder hinsah, war alles schon geschehen. Die Männer traten von dem Lamm zurück, das hilflos auf dem Boden lag und mit durchschnittener Kehle nach Luft rang. Ich schaute zu Homa hinüber. Sie hatte alles mit angesehen, und ihr Blick war nun auf den Kopf des Tieres geheftet. Dieser lag flach auf dem Boden in einer Blutlache, die sich rasch ausbreitete. Das Tier stieß den Kopf mit offenem Maul ruckartig immer wieder nach vorne, die Augen starrten ins Leere.

Nach einiger Zeit begann sich das Lamm plötzlich wie wild zu wehren. Es versuchte immer wieder, seine Beine loszubekommen, wobei es jedesmal mit dem halben Körper in die Luft schnellte. Nachdem der Todeskampf eine Weile gedauert hatte, lag das Tier eine Zeitlang reglos da; dann folgte ein neues Aufbäumen und wieder die Erschöpfung. Die Phasen der Ermattung wurden immer länger, das verzweifelte Aufbegehren immer schwächer – schließlich war das Lamm tot. Inzwischen war soviel Blut aus dem Tier geströmt, daß sich das Fell rot gefärbt hatte.

Homa hatte den ganzen Vorgang wie gebannt verfolgt. Mir hingegen war das meiste entgangen, denn ich hatte den Kopf gegen die Schulter meines Vaters gedrängt. Er hielt mir die Ohren zu wegen der fürchterlichen Geräusche, die das Tier von sich gab. Ich nehme an, daß es aufgrund des tiefen Schnitts durch die Kehle nicht mehr blöken konnte, dafür vernahm man ein schmatzendes Röcheln und das Scharren der Hufe im Todeskampf.

Später kam fast die ganze Verwandtschaft zu uns herüber, um den Festtag zu begehen und sich das frische Fleisch schmecken zu lassen. Als die Onkel und Tanten mit ihren Kindern eintrafen und ich mit meinen Vettern und Cousinen spielen konnte, waren die bestürzenden Ereignisse des Vormittags für mich bald verblaßt. Aus dem Lammfleisch wurden Grillspieße zubereitet, und aus den Haxen kochte Mutter eine »Abgoosht«, eine Suppe mit Bohnen und Kartoffeln.

Das Fest war nach Ansicht aller Anwesenden ein voller Erfolg, nur Homa teilte die Begeisterung nicht. Nach dem Schlachtopfer war ihr übel, sie zog sich in ein Zimmer zurück und wollte allein gelassen werden. Als die Gäste eintrafen, kam sie zwar wieder heraus, aber sie hielt sich bei allen Festaktivitäten zurück und wollte auch nichts essen.

Es war das letzte Mal, daß unser Vater ein Lamm opfern ließ. Ich weiß nicht, ob ihn Homas Reaktion dazu bewogen hatte, dieses Ritual aufzugeben, oder ob er selbst nichts mehr davon hielt. Vielleicht hing es auch damit zusammen, daß seine Geschäfte schlechter gingen. Ich konnte jedenfalls beobachten, daß die ohnehin nicht stark ausgeprägte religiöse Bindung, die mein Vater hatte, im Laufe der Zeit noch schwächer wurde.

Es dauerte ziemlich lange, bis Homa sich von diesem Erlebnis und dem Anblick des sterbenden Lamms erholt hatte. Sie konnte einige Tage das Essen nicht bei sich behalten, und selbst Wochen danach brachte sie noch immer nicht ein Lächeln zustande. Dabei war sie auf niemanden böse, und sie wollte auch nicht, daß man sich ihretwegen Vorwürfe machte. Das Ereignis hatte sie einfach krank gemacht und bei ihr für lange Zeit einen üblen Nachgeschmack hinterlassen.

Menschen zweiter Klasse?

»Parvin, was machst du da?« wollte Homa wissen.

Ich stand hinter dem Radioapparat, von dem ich die Rückwand abgenommen hatte, und spähte hinein. »Ich will nachsehen, ob ein Männchen in dem Kasten sitzt.«

»In dem Kasten sitzt kein Männchen. Und das ist auch kein Kasten. Das ist ein Radio.«

»Weiß ich doch. Aber mich interessiert eben, wie es funktioniert.«

»Dafür mußt du das Radio aber nicht auseinandernehmen.«

»Aber wie soll ich denn sonst herausfinden, wie ein solcher Apparat funktioniert? Ich habe Vater gefragt, und er hat mir gesagt, daß ein Männchen in dem Kasten sitzt und redet.«

»Und das hast du ihm geglaubt?«

»Natürlich nicht wirklich, aber ich möchte es eben genau wissen.«

»Es hat mit Wellen zu tun. Der Radiosender in unserer Stadt sendet die Wellen aus, und unser Radio empfängt sie.«

»Was sind das für Wellen?«

»Sie sind wie die Wellen im Meer, bloß eben in der Luft.«

»Wie bitte?« Ich konnte ihr nicht mehr folgen.

Wir wohnten damals im höhergelegenen Teil von Teheran. Unser Haus befand sich in der »Moshtagh«-Straße, gegenüber von einem Kino, in dem auch Freilichtvorführungen stattfanden. Im Sommer kletterten Homa und ich häufig auf unser Dach und verfolgten von dort die Filme.

Im Vergleich zu unserem vorherigen Wohnhaus war unsere neue Unterkunft sehr modern. Zum ersten Mal in unserem Leben genossen wir den Komfort, fließendes Wasser, Elektrizität und eine Toilette im Haus zu haben. Ich war vollkommen fasziniert davon, daß man nur an einem Schalter zu knipsen brauchte, und schon ergoß sich helles Licht in die Dunkelheit.

»Parvin, laß das!«

»Aber Homa, das ist doch so toll! Eben ist es noch ganz dunkel, und schwupp, schon ist es hell! Es ist nicht zu fassen! Wir brauchen überhaupt keine Laterne mehr!« Ich knipste weiter den Schalter an und aus.

»Ich möchte lernen! Hör auf, mir auf die Nerven zu gehen, und laß es endlich brennen!«

»Aber ist das nicht unglaublich?«

»Dann spiel in einem anderen Zimmer am Schalter. Geh in die Küche.«

»Da wird Mutter böse.«

»Warum bist du nur so eine Nervensäge«, stöhnte Homa.

»Ich bin keine Nervensäge«, erwiderte ich beleidigt.

»Dann laß mich endlich in Ruhe!«

Wir blieben vier Jahre in der »Moshtagh«-Straße wohnen. Die Straße gehörte zu einem Viertel, in dem viele wohlhabende Familien lebten. Ein Stückchen weiter östlich wohnte ein Senator, etwas weiter westlich hatte der Schneider des Schah sein Haus. Sogar der Onkel der Königin residierte hier. Die Straße wurde ständig von der Geheimpolizei überwacht.

Unsere Familie war die mit Abstand ärmste in diesem Bezirk, und die Nachbarn hatten natürlich schnell heraus, daß wir mit ihnen nicht mithalten konnten. Und sie ließen es uns ziemlich unverblümt merken. Wir gehörten eben nicht hierher, und es ist uns tatsächlich nicht gelungen, auch nur ein einziges Mal mit einem Nachbarn ins Gespräch zu kommen.

Homa und ich besuchten damals die Grundschule. Wir gingen am Morgen immer zu Fuß zu unserer Schule, die ein paar Querstraßen weiter den Hügel herunter lag, aber noch zum gleichen Viertel gehörte. Unser Mittagessen brachten wir selbst mit und nahmen es dort in der Schule ein. Mutter bereitete immer für uns Reis und »Khorosht«, ein Ragout aus Fleisch und Gemüse. Das Essen wurde in einen dreistöckigen Henkelmann gefüllt, den wir jeden Tag mitnehmen mußten. Der Apparat war ziemlich schwer und ließ sich nicht besonders gut tragen. Homa beklagte sich ständig darüber.

»Warum stört dich der Henkelmann eigentlich so?« fragte ich sie einmal.

»Weil ich mir damit blöd vorkomme. Mit diesem Ding sehen wir doch albern aus!«

»Aber wie sollten wir es sonst mit unserem Mittagessen machen?«

»Weiß ich auch nicht. Es ist bloß so, daß in unserer Schule niemand sonst einen Henkelmann mit sich herumschleppt. Eigentlich haben wir dort ja auch gar nichts zu suchen.«

»Aber es ist doch die einzige Schule in erreichbarer Nähe.«

»Trotzdem ist sie zu weit weg. Wir sind viel zu lange unterwegs.«

»Findest du das wirklich?«

»Ach, weißt du, es ist alles zusammen. Ich mag diese Gegend einfach nicht. Wir gehören nicht hierher. Sieh dir doch einmal die anderen Kinder an – was die anhaben! Unsere Kleidung ist scheußlich dagegen, viel zu bieder.«

Auf den Gedanken, daß meine Schwester bieder gekleidet sei, wäre ich wirklich nie verfallen. Für mich hatte sie immer den Gipfel der Eleganz verkörpert.

»Das ist hier eine Gegend nur für die Reichen«, fuhr sie fort. »Die rümpfen jeden Tag über uns die Nase. Am liebsten würde ich wieder fortziehen. Sehnst du dich nicht auch zurück in unsere alte enge Gasse?«

»Überhaupt nicht. Unser neues Haus ist doch viel moderner.«

»Das mag ja sein. Aber früher hatten wir wenigstens noch Spielkameraden. Hier kennen wir kein einziges von den anderen Kindern, weil niemand ein Wort mit uns reden will. Für die haben wir einfach nicht genug Geld.« Ihr Ton wurde energischer. »Wir haben zwar genügend Geld zum Leben, aber nach Ansicht dieser Leute bedeutet das überhaupt nichts, es ist wirklich grotesk! Wir sind nun mal nicht reich auf die Welt gekommen.«

»Darüber sollten wir uns nicht den Kopf zerbrechen.«

»Und warum nicht? Alle anderen tun es doch auch! Für diese Leute geht es das ganze Leben lang immer nur darum, wieviel etwas gekostet hat.«

»Das weißt du doch gar nicht so genau«, hielt ich ihr entgegen.

»Und ob ich das weiß! Neulich traf ich eines von den Mädchen, die in dem Haus an der Ecke wohnen – sie hat immer die schicken Sachen aus Paris an. Weißt du, was ich mir ihr gegenüber erlaubt habe?!«

»Was?«

»Ich hatte die Frechheit, ›hallo‹ zu ihr zu sagen! Ist das nicht unfaßbar?« Ihr Sarkasmus war kaum noch zu übertreffen. »Da hat sie mich mit großen Augen von oben herab angesehen und vollkommen schokkiert getan.«

»Aber warum denn ...«

»Weil sie bestimmt gedacht hat: ›Wie kannst du es mit deinen schäbigen Klamotten bloß wagen, mich anzuquatschen? Was für eine Frechheit‹.«

Ich sagte nichts darauf.

»Am liebsten wäre ich wieder in unserem alten Haus«, sagte Homa. »Dort war es unsere Familie, die das meiste Geld hatte, aber hochnäsig haben wir uns deshalb noch lange nicht aufgeführt. Wir waren keine verwöhnten Gören.«

Mit ihren Bemerkungen über die Kinder des hiesigen Viertels hatte sie durchaus recht. Die meisten von ihnen gingen auf Privatschulen, wodurch sich ohnehin kaum eine Gelegenheit bot, mit ihnen zusammenzutreffen. Und die Schülerinnen unserer Schule wurden mittags mit dem Auto zum Essen abgeholt. Wir waren die einzigen, die dablieben und gemeinsam mit dem Hausmeister unser Mittagessen verzehrten.

Aber wir fanden uns damit ab, daß wir immer nur alleine und innerhalb des Hauses spielen konnten. Nach draußen gingen wir nur dann, wenn es unumgänglich war. Homa lernte meistens oder las.

Im großen und ganzen führten wir ein friedliches Leben in diesem Haus. Unsere Verwandten wohnten ziemlich weit entfernt von uns, und von den Streitereien, die regelmäßig zwischen ihnen ausbrachen, wurden wir kaum behelligt. Unsere Eltern freilich hatten auch weiterhin ihre Zwistigkeiten.

Ich erinnere mich noch lebhaft an einen Abend im Fastenmonat Ramadan. Homa war neun und ich war sieben. Mutter hatte am Abend ein großes Essen gemacht. Auch ein paar von unseren Verwandten waren gekommen. Mutter hatte auf dem Boden ein wunderschönes Tafeltuch ausgebreitet. Darauf standen ein Salat aus gewürfelten Gurken, Zwiebeln und Tomaten, drei verschiedene Hauptgerichte und Tee.

Vater kam schon bei Einbruch der Dämmerung von der Arbeit nach Hause. Unsere Großmutter, die ebenfalls zu Besuch war, sprach die Gebete und nahm einen Schluck von ihrem Tee. Damit war das Fasten, das von Sonnenaufgang bis Sonnenuntergang dauerte, aufgehoben.

Im Radio begannen jetzt die Unterhaltungssendungen, die die ganze Nacht hindurch liefen. Wir schmausten, hörten Radio und hatten unseren Spaß. Die Stimmung wurde schnell ausgelassen, nur unser Vater war nicht so aufgeräumt wie sonst. Es fiel mir allerdings erst auf, als Homa mich darauf hinwies.

»Parvin, mach dich auf was gefaßt, gleich wird es Ärger geben«, flüsterte sie.

»Wie kommst du darauf?«

Mutter beugte sich über das Tafeltuch und setzte die letzte Schüssel ab. Dabei streifte ihr Blick unseren Vater. Auch sie merkte, daß etwas nicht stimmte mit ihm.

»Hast du dich etwa bei unserem Vater über die beiden beschwert?« wandte sie sich an ihre Schwiegermutter und deutete dabei kurz auf uns. Mutter nannte ihren Mann stets »unseren Vater« – ich kann mich nicht daran erinnern, daß sie ihn ein einziges Mal als »meinen Mann« bezeichnet hätte. Bei Vater war es freilich nicht viel anders, er sprach immer nur von »Eshrat«.

»Nein, nicht im geringsten«, gab Großmutter zur Antwort.

»Ja, aber was hat er dann?« fragte Mutter mit einem Blick auf Vater.

»Überhaupt nichts!« brüllte Vater und sprang urplötzlich auf. Er war mit einemmal so entsetzlich wütend, daß Homa und ich Angst bekamen. Ich kreischte vor Schreck auf, als er eine Schüssel Reis packte und zum Fenster hinaus auf den Vorplatz warf. Während er Mutter aufs gröblichste beschimpfte, warf er eine zweite Schüssel hinterher. Das Porzellan zersprang in tausend Scherben. Mutter flüchtete aus dem Raum.

Wir liefen hinter ihr her und zwängten uns am Ende alle drei auf der Suche nach einem sicheren Ort in den Wandschrank im Schlafzimmer. Ich war völlig außer mir und hatte mich von meiner Schwester willenlos durch das ganze Haus schleifen lassen. Auch Homa war aufgeregt, aber im Gegensatz zu uns verlor sie nicht die Beherrschung.

In unserem Versteck konnten wir hören, wie der Alte auf der Suche nach seiner Frau durch sämtliche Zimmer stürmte. Ich wußte, daß er Mutter wieder einmal verprügeln wollte, aber ich konnte nichts anderes tun als zu heulen.

Homa hielt meine Hand umklammert, während wir uns eng an unsere Mutter schmiegten. Vater trat die Schlafzimmertür ein, dann riß er die Tür des Wandschranks aus den Angeln. Er sah aus, als ob er uns alle umbringen wollte.

Ich fing an, hysterisch loszukreischen, doch Homa packte mich am Kinn und drehte meinen Kopf zu sich.

»Laß Mutter ja nicht los«, zischte sie.

Mutter lag auf dem Boden des Wandschranks, mit hochgezogenen Beinen und verschränkten Armen. Ich drängte mich an sie und umklammerte sie mit meinen Ärmchen, so gut es eben ging.

Auch Homa versuchte Mutter mit ihrem Körper abzuschirmen, aber sie hielt dabei den Kopf in die Höhe und sah Vater direkt ins Gesicht. Er stand mit erhobenem Arm und geballter Faust über uns.

»Vater, hör auf! Das darfst du ihr nicht antun«, schrie ihm Homa entgegen.

Ich weiß nicht, was genau geschah, aber der

Klang ihrer Stimme schien bei Vater irgend etwas auszulösen. Während er weiter auf uns herabstarrte, ließ er die Faust sinken. Sein Gesicht war verzerrt, und seine Augen sprühten noch vor Zorn, aber er hatte innegehalten.

Ich blickte hoch und sah Homa aufrecht im Zugang zu unserem Wandschrank stehen, dort, wo zuvor die Tür gewesen war. Sie und Vater starrten sich in die Augen – der Moment schien sich zu einer kleinen Ewigkeit zu dehnen. Schließlich machte Vater kehrt, ging aus dem Zimmer und verließ das Haus.

Erst spät in der Nacht kam er zurück. Am nächsten Morgen hatte er sich wieder in der Gewalt und war so wie immer. Auch unsere Mutter hatte sich beruhigt. Dies war noch lange nicht die letzte Auseinandersetzung zwischen den beiden, aber es war der letzte Streit, bei dem Vater gegen seine Frau handgreiflich werden wollte.

Dieser Vorfall steigerte Homas Unbehagen in bezug auf unsere neue Wohnung noch mehr. Sie schämte sich wegen der Gewalttätigkeiten, die es in unserer Familie gab, und am Ende beschlich sie sogar das Gefühl, daß unsere Nachbarn vielleicht gar nicht unrecht hatten, wenn sie uns für zweitklassig hielten.

Unsere Nachbarn zeigten in der Tat ein kultivierteres Verhalten. Vielleicht gab es auch bei ihnen ab und zu einen Familienkrach, aber es drang jedenfalls nie etwas davon nach außen. Homa dachte damals, daß die Aggressivitäten in unserer Familie auf unsere vergleichsweise miserable finanzielle Situation zurückzuführen waren. Ihrer Meinung nach verhinderte die Armut, daß eine Familie zu zivilisierteren

Lebensformen fand; und andererseits verrieten solche Defizite unweigerlich die Herkunft aus einfachen Verhältnissen.

In jener Zeit begann sich Homa für Politik zu interessieren. Es war die riesige Kluft, die zwischen Arm und Reich bestand, die ihr letztlich den Anstoß gab. Sie fing an, systematisch zu lesen. Jeden Tag vertiefte sie sich für mehrere Stunden in Geschichtsbücher, Zeitungen und alles, was ihr sonst noch lesenswert erschien.

Je mehr Wissen sie sich aneignete, desto unzufriedener wurde sie mit den Verhältnissen, die in unserem Land herrschten. Sie fand heraus, daß es im Iran so gut wie keinerlei soziale Aufstiegsmöglichkeiten gab. Die Menschen blieben in der Regel Gefangene der sozialen und wirtschaftlichen Verhältnisse, in die sie hineingeboren worden waren.

Die einzige Ausnahme bildeten offensichtlich jene jungen Leute, die es schafften, von einer Universität angenommen zu werden und ein Abschlußdiplom zu erlangen. Homa hatte das sehr schnell begriffen, und sie drängte sich selbst und auch mich, so viel wie irgend möglich für unsere Bildung zu tun.

Das Attentat

Während der Zeit, in der wir in diesem Viertel wohnten, gingen Homa und ich regelmäßig zum Teheraner Pasteur-Institut, wo kostenlos Malzbier ausgegeben wurde. Es war ein gehaltvolles Getränk mit viel Vitaminen und Mineralien, das wir uns nach

Meinung unserer Mutter nicht entgehen lassen sollten.

Ich war damals klein, kräftig und wohlgenährt und hatte die zusätzlichen Vitamine vermutlich überhaupt nicht nötig. Homa hingegen war immer noch außerordentlich schmal und zart. An unseren schulfreien Tagen machten wir uns auf zum Institut, wo sich jeder von uns einen knappen halben Liter von dem Gebräu genehmigte.

Auch am 4. Februar 1949, einem Freitag, hatten Homa und ich dem Institut einen Besuch abgestattet. Es war Nachmittag, und wir befanden uns auf dem Nachhauseweg. Der geringe Alkoholgehalt des Malzbiers hatte ausgereicht, uns ein wenig von der Rolle zu bringen, und unser Schritt war ziemlich gemächlich geworden. Auf der Straße begegneten wir ungewöhnlich vielen Leuten. Viele von ihnen hasteten scheinbar ziellos umher, und Homa und ich sagten uns, daß etwas passiert sein mußte – aber was, blieb uns zunächst rätselhaft.

Wir bahnten uns vorsichtig den Weg durch die Menge und starrten mit dumpfem Blick die Leute an, die sich an uns vorbeidrängelten. Auf einmal stürzte uns ein Mann entgegen. »Man hat auf den Schah geschossen! Man hat auf den Schah geschossen«, schrie er.

Er hatte offenbar eine heftigere Reaktion von unserer Seite erwartet: Da verkündete er, daß auf unseren Herrscher ein Attentat verübt worden war, und wir Gören zuckten kaum mit der Wimper. Er konnte ja nicht wissen, daß wir ziemlich beduselt waren. Schließlich ist es nicht an der Tagesordnung, daß kleine Mädchen mit dem Bauch voll Bier herumlaufen.

Ich wußte damals noch gar nicht, wer der Schah überhaupt war, geschweige denn, was ein Attentat auf ihn bedeutete. Homa jedoch begriff sofort, wovon die Rede war, und sparte auch nicht mit Kommentaren, als sie nach einiger Zeit die Neuigkeiten verarbeitet hatte.

»Wer geht denn wohl das Risiko ein, ein Attentat auf den Schah zu verüben«, sagte sie zu mir gewandt, aber ich glaube, sie sprach eher mit sich selbst.

Ich antwortete so, wie es wohl jede kleine Schwester tut, ich plapperte nach, was sie mir vorgesagt hatte. »Ja, Homa, warum sollte jemand den Schah umbringen wollen?«

»Ich weiß es nicht, aber offenbar hat es irgend jemand tatsächlich versucht. Los, wir müssen sofort nach Hause und die Nachrichten hören.«

Wir fingen an zu laufen, so schnell wir konnten, und ich frage mich heute noch, wie wir es bis nach Hause schafften, ohne irgendwo gegenzustoßen oder über unsere eigenen Füße zu stolpern.

Unsere Wohnung lag in der Nähe der Universität und des königlichen Palastbezirks. Um dorthin zu gelangen, mußten wir die »Kakh«-Straße nehmen, die zu beiden Seiten von den vier Palastbauten des Schah gesäumt wurde.

Benommen wie wir waren, liefen wir die Straße hinunter. An einem solchen Tag achteten die Palastwachen natürlich ganz besonders auf alles, was verdächtig war. Im ganzen Palastbezirk herrschte starker Betrieb, an den Einfahrten zum Palast drängten sich

Polizeifahrzeuge und schwere Limousinen, von denen mehrere in kurzen Abständen nacheinander zu einem Tor hinausfuhren, eilig die Straße überquerten und auf der gegenüberliegenden Seite in einem anderen Tor wieder verschwanden.

Als wir den Palastbezirk passierten, verlangsamten wir unsere Schritte. Homa wollte wissen, warum hier ein solcher Tumult herrschte. Einer der Wachposten beobachtete uns argwöhnisch.

»Was ist los?« rief Homa ihm zu. »Was ist mit dem Schah?«

»Nichts ist los. Dem Schah geht es gut. Und ihr Kinder solltet schleunigst machen, daß ihr nach Hause kommt«, entgegnete er und machte eine ungeduldige Bewegung mit dem Arm, damit wir weitergingen.

»Wer hat denn auf ihn geschossen? Was ist genau passiert?« beharrte Homa.

Er gab keine Antwort, sondern wedelte nur weiter mit dem Arm.

»Aber wer war's denn nun?« Sie blieb hartnäckig.

Der Wachposten blickte Homa noch einmal an, dann antwortete er. »Ein Mann namens Naser-Fakhr-Araie, aber er wurde vom Sicherheitsdienst erschossen. So, und jetzt geht endlich nach Hause.«

Nachdem wir die Auskunft erhalten hatten, wollten wir unseren Weg fortsetzen, aber in der Zwischenzeit waren andere Sicherheitsbeamte auf uns aufmerksam geworden und kamen herbei. Sie fragten uns, was wir so nahe beim Palast zu suchen hätten.

Ich wurde ganz aufgeregt und wußte plötzlich

nicht mehr, in welcher Richtung es nach Hause ging. Es kam mir so vor, als wären wir vollständig von geparkten Fahrzeugen und bewaffneten Sicherheitskräften umstellt. Wohin ich auch blickte, überall waren Jeeps und große Militärfahrzeuge. Ich fühlte mich verloren und bekam schreckliche Angst. Die Sicherheitsbeamten rückten uns immer näher auf den Leib und bedrängten uns unablässig mit Fragen.

Homa erklärte, daß wir in der »Moshtagh«-Straße wohnten und uns auf dem Heimweg vom Pasteur-Institut befanden, wo wir unser Malzbier getrunken hatten. Man glaubte uns nicht, und die Fragerei ging weiter. Ich stand eine Mordsangst aus, aber Homa blieb während des ganzen Verhörs ruhig.

Schließlich durften wir weitergehen. »Weißt du, warum sie uns nicht geglaubt haben?« fragte Homa mich, als wir ein Stück entfernt waren. »Weil sie sich nicht vorstellen konnten, daß wir hier in dieser Gegend wohnen«, erklärte sie.

»Und warum nicht?« wollte ich wissen.

»Wir sehen eben nicht so aus, wie man aussehen muß, wenn man in einem solchen Viertel wohnt.«

Sie sagte dies in einem kühlen, gelassenen Ton, aber ich spürte doch ihre Entrüstung. Für Homa war dieser Vorfall vor allem eine weitere Bestätigung dafür, welch großes Gewicht die äußeren Zeichen der Herkunft besaßen und daß man keine Chance hatte, ernst genommen zu werden, solange man als Angehöriger einer niedrigen sozialen Schicht erkennbar war.

Zu Hause angekommen, setzte sich Homa sogleich vor den Radioapparat und versuchte, mehr über das Attentat zu erfahren. In einem Bericht wurde gemeldet, daß Naser Fakhr-Araie sechs Schüsse auf den Schah abgefeuert hatte, von denen jedoch nur einer getroffen hatte. Die Kugel hatte die Wange durchbohrt und war unterhalb der Nase wieder ausgetreten. Eine ernsthafte Verletzung hatte der Schah nicht erlitten. Homa und ich hingen am Radio, bis unser Vater abends nach Hause kam. Der Bericht über das Attentat wurde endlos wiederholt.

Da Freitag war, kam Vater schon etwas früher. Kaum hatte er sich niedergelassen und mit dem Essen begonnen, das Mutter für ihn aufgewärmt hatte, setzte sich Homa schon neben ihn und bat, er solle ihr genau erklären, was an diesem Tag vorgefallen war.

»Papa, warum hat Naser Fakhr-Araie versucht, den Schah zu erschießen?« fragte sie.

»Du hast die Nachrichten im Radio gehört?« erwiderte er. Homas Frage hatte ihn überrascht.

»Ja, klar. Und draußen wird auch über nichts anderes mehr gesprochen«, meinte Homa.

Vater nickte. »Da hast du wohl recht.« Er nahm noch einen Bissen und kaute eine Weile, bevor er weitersprach. »Der Attentäter kam vermutlich aus den Reihen der Tudeh-Partei.«

»Was ist das, die Tudeh-Partei?« wollte Homa wissen.

»Die Tudeh-Partei ist die kommunistische Partei des Iran. Sie besteht aus Anhängern von Marx und Lenin. Sie wollen, daß der Schah den Russen den Zugang zu den Ölfeldern im Norden unseres Landes gestattet. Du mußt wissen, daß von alters her den

Engländern das Recht zusteht, im gesamten Iran Öl zu fördern. Es gibt nun aber Leute in der Regierung, die das ändern wollen. Manche glauben, daß es klug wäre, den Russen Zutritt zur Hälfte unserer Ölfelder zu gewähren. Auch die Tudeh-Partei ist dafür. Es hat aber den Anschein, daß der Schah auf der Seite der Briten steht.«

»Aber wie sind denn die Engländer an das Recht gekommen, das iranische Öl zu fördern?« fragte Homa.

Vater sah sie aufmerksam an. Ihm wurde in diesem Augenblick bewußt, wie stark ihr Wissensdurst inzwischen geworden war. Er beendete seine Mahlzeit, schob den Teller beiseite und wandte sich uns zu, wobei er ein so ernstes Gesicht machte, als würde er eine Vorlesung vor Studenten halten.

»Ihr müßt wissen, im Iran geht es immer nur um das eine«, sagte er mit tiefer, voller Stimme und unterstrich seine Rede mit leidenschaftlichen Gesten. »Die Regierung im Iran versucht zwar, eine eigenständige Politik zu machen, aber tatsächlich wird dieses Land immer von der Politik um das Öl beherrscht. Das reicht bis tief in unsere Geschichte zurück.

Es begann damit, daß im Altertum ein Mann namens Zarathustra im Süden unseres Landes ein kleines Feuer entzündete. Dieses Feuer loderte mit einer ungeahnten Macht und wollte nie mehr erlöschen. Zarathustra, der von Erdöl ja noch nichts wußte, dachte, daß das ewige Feuer ein Werk Gottes wäre. Er baute über der Feuerstelle einen Tempel, in dem sich die Menschen zum Gebet versammeln konnten.

Erst in der zweiten Hälfte des neunzehnten Jahrhunderts fanden zwei französische Wissenschaftler heraus, wovon sich das Feuer nährte. Sie entdeckten, daß es im iranischen Boden Erdöl gab. Nicht lange nach dieser Entdeckung trafen die Wissenschaftler einen britischen Spekulanten namens William Knox d'Arcy, der Interesse an einer Ausbeutung der Erdölvorkommen zeigte. Im Jahre 1901 schloß Knox d'Arcy mit dem damaligen iranischen Herrscher Mozafaredin Schah-e-Ghajar ein Abkommen über die Ölbohrrechte im Iran.

Dieses Abkommen garantierte den Briten für sechzig Jahre die Bohrrechte für sämtliche Ölvorkommen auf iranischem Boden und für die Verwertung aller Erdölprodukte.«

»Was bedeutet das? Was sind Bohrrechte?« erkundigte sich Homa.

»Die Gesellschaft von Knox d'Arcy erhielt das Recht, Öl und Erdgas zu suchen, zu verarbeiten und die Produkte in der ganzen Welt zu verkaufen«, erklärte Vater. »Knox d'Arcy war außerdem berechtigt, nach Bedarf Pipelines und Raffinerien zu bauen und Tochtergesellschaften zu gründen, die für die Erschließung der Ölvorkommen und den Verkauf der Ölerzeugnisse erforderlich waren. Der Vertrag legte darüber hinaus fest, daß sämtliche Fachleute aus Großbritannien geholt werden mußten und nur für Handlangerarbeiten hiesige Arbeitskräfte eingesetzt werden durften.«

»Das finde ich aber ungerecht!«

»Da bin ich ganz deiner Meinung«, sagte Vater. »Ich glaube, das ist einer der wesentlichen Gründe, weshalb die Tudeh-Partei in den letzten Jahren soviel Zulauf hatte. Viele gut ausgebildete Iraner hoffen auf einen Job in der heimischen Ölindustrie. Und sie glauben, daß sie bei den Russen bessere Chancen hätten.«

»Dann wäre es doch gar nicht verkehrt, den Russen die Hälfte der Ölfelder abzutreten.«

»Na ja, es ist schwer zu sagen, was am Ende besser wäre.« Vater war in Eifer geraten. Es freute ihn, wenn er jemandem etwas erklären konnte. Dabei gehörte er überhaupt nicht zu den Leuten, die sich gerne unaufgefordert über Gott und die Welt verbreiten – man mußte ihn schon nachdrücklich auf ein Thema ansprechen. Seine Antworten auf oberflächliche Fragen fielen gewöhnlich sehr einsilbig aus, aber wenn man nachhakte und er merkte, daß man ihm wirklich zuhören wollte, dann konnte er aus sich herausgehen und einen mit einer wahren Informationsflut überschütten. Ich glaube, hier lag auch der Grund dafür, daß er sich mit Mutter kaum unterhielt. Sie hatte nie Lust zuzuhören; sie wollte immer nur selber reden.

Selbstverständlich hatte sich Vater auch über das Attentat auf den Schah seine Gedanken gemacht; er wäre jedoch nie auf die Idee gekommen, sich mit Mutter darüber auszutauschen. Als Homa aber wissen wollte, was er von der Sache hielt, rannte sie bei ihm offene Türen ein. So kam es zu dieser kleinen »Vorlesung« über Politik und Geschichte im Familienkreise. Homa war eine gute Zuhörerin, und ich ebenso. Wir gaben ein ideales Publikum ab.

»Im Austausch für das Öl«, fuhr Vater fort, »bekam der damalige Schah 20000 Pfund Sterling und

20 000 Aktien der Fördergesellschaft. Außerdem mußte die Gesellschaft von Knox d'Arcy jährlich 16 Prozent ihres Gewinns an den Iran abführen. So stand es im Vertrag. Später, nach dem Ersten Weltkrieg, übernahm die ›British Petroleum Company‹ die Gesellschaft von Knox d'Arcy und mit ihr auch den Vertrag von damals.

Im Jahr 1932 wurde das Abkommen neu verhandelt. Der Iran erhielt einen höheren Gewinnanteil, und im Gegenzug wurde die Laufzeit der Bohrrechte von 60 auf 90 Jahre verlängert. Das iranische Parlament hat das Abkommen allerdings bis zum heutigen Tag nicht ratifiziert, das heißt in Kraft gesetzt.

In diesem Jahr liegt der Vertrag wieder einmal dem Parlament zur Ratifizierung vor. Das ist möglicherweise auch der Grund, warum heute das Attentat stattgefunden hat. Vielleicht hat die Tudeh-Partei jemanden gefunden, der bereit war, bei dem waghalsigen Versuch, den Schah zu töten, selbst zu sterben.«

»Wie viele Anhänger hat diese Gruppe eigentlich?«

»Sehr viele, aber ich denke, die meisten Iraner sehen die Bohrrechte grundsätzlich nicht gerne in den Händen einer ausländischen Gesellschaft. Sie hätten die Rechte lieber selbst.«

Vater versuchte an unseren Gesichtern abzulesen, ob er uns nun mit seinen Auskünften zufrieden gestellt hatte.

Homa war etwas verwirrt, jedenfalls sah sie so aus. Sie wollte noch mehr hören.

Auch ich hatte eine Frage. »Aber Vater, warum ist Öl denn so wichtig?«

»Oh, Schatz, Öl bedeutet Energie!«

Wenn ich bloß gewußt hätte, was Energie ist, hätte ich jetzt vielleicht nicht so dumm dreingeschaut. Vater sah mir an, daß ich noch nichts begriffen hatte.

»Also gut, Öl liefert die Energie, die so gut wie alles auf dieser Welt am Laufen hält. Es ist der Lebenssaft unseres Planeten. Wenn ihr euch unsere Erde mal als einen menschlichen Körper vorstellt, dann wäre das Öl das Blut. Man braucht es unbedingt, um zu überleben. Deshalb kämpfen die Länder auch um das Öl. Der Vorrat ist nämlich begrenzt, müßt ihr wissen. In der Erde lagert nur eine bestimmte Menge, und man kann das Öl auch nur an einigen Orten finden.«

»Wie hier zum Beispiel«, warf Homa ein.

»Richtig. Im Iran gibt es sehr viel Öl, und es ist sehr kostbar. Es ist eine Quelle des Reichtums. Ich habe euch doch die Paläste des Schah gezeigt, nicht wahr?«

»Ja.«

»Sie sind doch riesengroß, oder? Was denkt ihr, womit sie bezahlt worden sind? Mit Öl. Der Schah verdankt dem Öl seine Paläste, er finanziert damit seine Armee, und folglich verdankt er dem Öl auch seinen Thron. Das Volk kann den Herrscher nicht vertreiben, weil sich niemand eine Armee leisten kann, wie er sie hat. Da mag manch einer denken, wenn man schon seine Macht nicht brechen kann, kann man wenigstens versuchen, ihn selbst zu beseitigen. Deshalb vielleicht dieses Attentat.«

»Aber ich kann nicht verstehen, warum wir das Öl an andere Länder abgeben müssen. Wieso können wir es nicht selbst behalten?« fragte Homa.

»Das ist eine knifflige Frage – «

»Und wie kommt es eigentlich, daß wir es nicht selbst entdeckt haben? Warum haben *wir* nicht gemerkt, daß das ewige Feuer natürliche Ursachen hat?«

»Du mußt bedenken, als damals das Öl gefunden wurde, herrschten bei uns noch ganz andere Verhältnisse. Damals gab es niemand im Iran, der gewußt hätte, wie man dieser Energie Fesseln anlegt und wie man sie nutzt. Und heute sind wir abhängig von der Technologie anderer Länder, wir brauchen sie, damit unsere Ölindustrie weiter funktioniert.«

»Könnten wir nicht die ganze Ölindustrie abschaffen? Wir könnten doch sämtliche Angestellten der Ölfirmen aus dem Land werfen, oder nicht?« wollte Homa wissen.

»Na ja, theoretisch schon. Aber ich glaube nicht, daß es klug wäre, das zu tun. Wenn wir die Ölindustrie abschaffen wollten, hätten wir wahrscheinlich die ganze Welt gegen uns. Man würde wohl mit allen Mitteln dafür sorgen, daß wir damit nicht durchkommen. Außerdem brauchen wir das Geld, das durch das Öl hereinkommt. Es ist unser wichtigstes Einkommen.«

»Wozu brauchen wir das Geld denn so dringend?«

»Mit diesem Geld können wir uns in anderen Ländern etwas kaufen, Textilien, Medikamente, Nahrungsmittel, Autos, alles mögliche. Wir können mit dem Geld Schulen und Eisenbahnen bauen und all die anderen Einrichtungen, die wir so dringend benötigen. Und außerdem können wir es uns mit diesem Geld leisten, unsere besten Studenten ins Ausland zu schicken, damit sie dort die modernen Technologien beherrschen lernen können, mit denen sie dann die Lebensbedingungen von uns allen verbessern werden.«

»Aber wie wäre es, wenn wir alle diese importierten Sachen selber herstellen würden? Könnten wir dann nicht die Importe stoppen?«

Meine Schwester hatte sich in das Thema mittlerweile gut eingefunden. Sie nahm nun nicht mehr alles nur auf, was ihr geboten wurde, sondern ging schon dazu über, weitergehende Fragen aus dem, was Vater ihr erzählte, zu entwickeln. Ich war ganz überrascht, mit welcher Begeisterung sie sprach, und konnte gar nicht verstehen, wie man einem so langweiligen Thema solches Interesse entgegenbringen konnte. Um es deutlich zu sagen: Über der Diskussion der beiden drohte ich einzuschlafen.

»Wenn wir nicht so viel importieren würden«, fuhr Homa fort, »dann würden wir das ganze Geld überhaupt nicht brauchen, nicht wahr?«

»Sicher, aber wer wäre dafür schon zu haben? Ich bin froh, daß ich ein Fahrrad besitze und mein Haus – ohne Importgüter hätte ich es nicht bauen können. Die Importe machen unser Leben einfacher.«

»Aber sie bringen das Land in eine angreifbare Position. Wenn wir aufhören würden zu importieren, dann würde uns die übrige Welt schon in Ruhe lassen. Alles andere wäre Imperialismus, so hat man es uns in der Schule beigebracht. Wir sollten nur das auf unseren Tisch stellen, was wir im eigenen Lande anbauen können.«

»Homa, Liebes, du mußt noch einiges lernen. So

einfach, wie du denkst, ist die Sache nicht. Du darfst auch nicht vergessen, daß wir etwas besitzen, was die ganze übrige Welt zum Überleben braucht. Wenn wir denen unser Öl nicht verkaufen, werden sie es sich eben selbst holen kommen. So gesehen bleibt uns gar keine andere Wahl.«

»Schon ziemlich aussichtslos, das Ganze«, gab sie zu.

Es war das erste Mal, daß ich miterlebte, wie Homa sich für Politik begeisterte. Das Thema sollte sie in der Folgezeit nicht mehr loslassen. In Diskussionen, die bald sehr häufig geführt wurden, vertrat sie fast immer einen nationalistischen Standpunkt. Vater gab sich alle Mühe, sie zu bekehren. Er wollte ihr klarmachen, daß es niemandem nützen würde, wenn man das Öl im Boden schlummern ließe.

»Die Iraner sind nicht in der Lage, das Öl selbst zu fördern, zu raffinieren und zu vermarkten«, hielt er ihr entgegen. »Die Briten haben das Know-how, und wir haben die Bodenschätze. Von einer Zusammenarbeit unserer Länder können alle nur profitieren. Isolation bringt uns gar nichts.« Das war sein Standpunkt.

Homa war anderer Ansicht und vertrat sie voller Leidenschaft. Die Debatte der beiden zog sich an jenem Abend endlos hin. Tief in der Nacht redeten sie immer noch, während ich schon längst neben ihnen auf dem Boden eingeschlafen war.

Diese Diskussion war der Auslöser für viele weitere Gespräche dieser Art. Unserem Vater war vor allem wichtig, daß wir dabei etwas lernten. Von jenem Abend an spitzte ich immer die Ohren, wenn er mit

Homa über die Geschichte und die Politik des Iran diskutierte.

Er weckte ihr Verständnis für die vielschichtigen Zusammenhänge im politischen Gefüge der Welt – er erklärte zum Beispiel, wie die Lohnkosten im Iran den Benzinpreis in Italien beeinflussen können. Ich war beeindruckt davon, wie Vater erzählen konnte, und es imponierte mir auch, wie meine Schwester nicht lockerließ und ihm ständig neue Fragen stellte. Meistens wurde ich mitten in ihrem Disput müde und schlief ein. Trotzdem hatte ich nach einigen Monaten des Zuhörens genausoviel über iranische Geschichte gelernt wie in zwölf Jahren Schulunterricht.

Nach dem Attentat bemühte sich der Schah, stärkeren Einfluß auf das politische Geschehen in seinem Land zu nehmen. Mit dem Ziel, zusätzliche Unterstützung für sein Regime zu erhalten, unternahm er mehrere Auslandsreisen; auch innerhalb des Iran war er viel unterwegs. Bei seiner Rückkehr nach Teheran fuhr er jedesmal in einer Wagenkolonne durch die Stadt zu seinen Palästen. Aus den Schulen, die in der Nähe der jeweiligen Route lagen, wurden die Kinder aus dem Unterricht geholt, sie mußten sich fähnchenschwenkend und applaudierend am Wegesrand aufstellen. Bis die Prozession tatsächlich eintraf, vergingen nicht selten Stunden, in denen dann Hunderte von Kindern sinnlos wartend auf der Straße standen.

In jener Zeit war ich einmal stark erkältet, bin aber trotzdem in die Schule gegangen. Als wir morgens dort eintrafen, wurde uns gesagt, daß der Schah soeben von einer seiner Reisen zurückgekehrt war. Wir sollten zu der Straße marschieren, durch die die Wagenkolonne fahren würde, und uns dort aufstellen.

An diesem Vormittag regnete es heftig, und Homa machte sich Sorgen um meine Gesundheit. Als wir an der großen Durchgangsstraße angekommen waren, versuchte sie zu erreichen, daß ich nach Hause gehen durfte.

Sie wandte sich an unsere Schulleiterin. »Meine Schwester ist sehr erkältet, und es kann leicht schlimmer werden, wenn sie die nächsten Stunden hier draußen in der Nässe stehen muß«, erklärte sie. »Ich möchte darum bitten, daß ich sie nach Hause bringen darf.«

»Das geht nicht«, entgegnete die Schulleiterin. »Es wird von uns erwartet, daß wir vollzählig hier Aufstellung nehmen. Was würden denn die anderen sagen, wenn ich euch gehen ließe? Dann könnte ja jeder mit einer Entschuldigung kommen. Außerdem war deine Schwester immerhin gesund genug, daß sie in die Schule kommen konnte, wo ist also das Problem?«

»Aber sie hat doch nicht damit gerechnet, daß sie den ganzen Tag im Regen herumstehen muß!« ereiferte sich Homa. Unsere Direktorin ließ sich jedoch nicht umstimmen.

Homa war den ganzen Tag aufgebracht. »In diesem Land geschieht alles immer nur mit Zwang«, sagte sie mehrmals zu mir in bitterem Ton. »Nie wird man gefragt, wie man selbst dazu steht. In diesem Land ist man eben nichts als ein Untertan, und Untertanen haben keine Rechte.«

»Eine Gesellschaft sollte sich um ihre Kinder sorgen und sie beschützen«, setzte sie nach einer Weile hinzu, »aber sie nicht dazu zwingen, in Regen und Schnee herumzustehen, bloß um jemandem zuzujubeln, den sie überhaupt nicht kennen. Kein einziger Mensch würde hier auf der Straße stehen, wenn man nicht die Kinder herbeitrommeln würde!«

Irgendwo im Hintergrund lief ein Radio. Wir lauschten den Durchsagen, um abschätzen zu können, wann der Schah vorbeikommen würde.

»Der Schah kehrt heim, und der Himmel vergießt Tränen der Freude und des Glücks«, tönte es aus dem Radio.

Homa sah unsere Direktorin an. »Als wir das letzte Mal hier standen und die Sonne schien«, sagte sie, »hieß es im Radio, der Himmel strahlt vor Freude und Glück.« Sie verzog angewidert das Gesicht. »Und als es einmal an einem solchen Tag schneite, hieß es: ›Heute kommt der Schah nach Hause, und der Himmel hat die Erde in weiße Tücher gehüllt wie eine Braut, die ihren Gemahl erwartet.‹ Was gibt es eigentlich sonst noch für ein Wetter? Es ist wirklich lächerlich!«

Unsere Schulleiterin war nicht zu erweichen. Wir mußten fast den ganzen Tag im Regen ausharren. Die Ankunft des Schah hatte sich durch das schlechte Wetter verzögert.

Als wir endlich nach Hause kamen, waren Homa und ich völlig durchnäßt. Meine Erkältung wuchs sich zu einer schlimmen Bronchitis aus, die mich vier Monate lang ans Bett fesselte. Homa selbst kam ohne Blessuren davon, aber sie hörte nicht auf, sich über die sinnlose Pflichtübung zu beschweren, die ihrer Meinung nach schuld an meiner Krankheit war.

Daran änderte sich auch später nichts. Als ich schon längst erwachsen war, kehrte die Bronchitis immer noch bei jeder Erkältung mehr oder weniger heftig wieder. Wenn ich mir dann bei meiner Schwester, die Ärztin geworden war, Rat holte, schimpfte sie immer zuerst eine Weile auf das System, dem ich diese Beeinträchtigung verdankte.

Der Adler und der Rabe

Als Homa das fünfte Schuljahr abgeschlossen hatte, zogen wir aus der »Mostagh«-Straße wieder weg. Wir hatten uns entschlossen, in unser altes Viertel zurückzukehren, bis das »Hayat Bozorgeh« frei wurde, mußten wir allerdings fünf Monate warten. In dieser Zeit bezogen wir Quartier in einer Übergangswohnung.

Zu unseren Nachbarinnen dort gehörte eine Frau namens Nadjista. Sie war damals Ende vierzig und arbeitete als Dienstmädchen in der Familie ihrer Schwester. Homa und ich konnten nicht verstehen, warum diese attraktive und liebenswürdige Frau ihr Leben als Dienstmädchen fristete.

Als Homa und ich einmal draußen spielten, sahen wir durch das offenstehende Haustor Nadjista, die auf dem Vorplatz des Hauses Gemüse putzte, das sie auf einem Tuch vor sich ausgebreitet hatte. Homa und ich gingen zu ihr.

»Nadjista, warum arbeitest du für deine Schwester? Warum hast du denn nicht selbst ein Heim und eine Familie?« fragte Homa.

»Gefällt dir diese Arbeit etwa?« setzte ich hinzu. »Bist du glücklich damit?«

Nadjista seufzte tief auf und sah uns beide an. Die Fragen mußten sie in Verlegenheit bringen, aber wir in unserer kindlichen Naivität dachten uns nichts dabei.

»Nun, Kinder«, sagte sie mit einem leisen Lächeln und ohne ihre Arbeit zu unterbrechen, »ich kann nicht sagen, daß ich unglücklich wäre. Aber mein Traum ist das Dasein als Dienstmädchen auch nicht gerade.«

»Aber warum lebst du dann so?«

»Ich habe praktisch keine andere Wahl. Es hat sich nun mal so ergeben.«

»Was heißt das?« bohrte Homa weiter.

»Als ich vierzehn war, wurde ich von meinen Eltern mit einem Mann verheiratet, der schon eine Frau hatte.«

»Wirklich?!« Meine Schwester und ich waren schockiert. Wir hatten keine Ahnung, daß so etwas erlaubt war.

»Der Mann war dreißig Jahre älter als ich – und als ob das nicht schon genug wäre, war er obendrein noch dick und häßlich.«

»Ach du lieber Gott!« entfuhr es mir. »Was hast du denn dann gemacht?«

»Ich habe ihn einfach nicht akzeptiert. Ich habe mich geweigert, mit ihm zusammenzuleben, und ich habe mich auch geweigert, mit ihm zu schlafen.«

Sie unterbrach ihre Arbeit und sah schnell zur

Eingangstür des Hauses hinüber. »Da beschloß er, mich zu bestrafen. Er sagte, er würde in eine Scheidung erst dann einwilligen, wenn meine Haare so weiß geworden sind wie meine Zähne. Mir ist nichts anderes übriggeblieben, als das Leben einer Dienstmagd zu führen. Ich bin ja noch seine Frau, versteht ihr?«

Sie widmete sich wieder dem Gemüseputzen. Wir sahen ihr eine Weile schweigend zu.

»Ja, ich bin immer noch seine Frau«, fuhr sie fort, »und eine Scheidung lehnt er ab. Damit war mir jeder selbständige Schritt, den ich machen wollte, verwehrt. Ich brauche seine Einwilligung für eine Ausbildung. Ich brauche seine Erlaubnis für eine Arbeit. Und erst recht brauche ich seine Zustimmung, wenn ich das Land verlassen will. Er legt mir Hindernisse in den Weg, wo er nur kann.«

Sie holte tief Luft. »Mit vierzehn war mein Leben bereits zu Ende. Jetzt bin ich achtundvierzig und habe nichts, weder eine Schulbildung noch einen Beruf. Mein Vater und mein Bruder sind gestorben. Ich arbeite für meine Schwester, damit ihr Mann nicht denkt, ich wolle ihm auf der Tasche liegen.«

Homa und ich waren sprachlos. Beide konnten wir nicht verstehen, wie es möglich war, daß man etwas so Furchtbares, etwas so Trauriges überhaupt zuließ. Wir baten Nadjista, es uns zu erklären.

»Nun, in unserer Religion kann ein Mann gleichzeitig mit vier Frauen in Dauerehe leben, und daneben kann er außerdem so viele Ehen auf Zeit eingehen, wie er will. Die Frauen dagegen sind natürlich ihrem jeweiligen Ehemann zur Treue verpflichtet.

Sogar im Koran heißt es, ›die Frauen seien der Weidegrund der Männer‹.«

»Aber was ist denn der Unterschied zwischen einer Dauerehe und einer Ehe auf Zeit?« wollte Homa wissen.

»Nach den Gesetzen unserer Religion ist die Ehe eine Vereinbarung zwischen Mann und Frau, für eine bestimmte Zeit beisammenzubleiben«, erklärte Nadjista. »Wenn diese Zeit abgelaufen ist, erlischt auch die Ehe. Eine Dauerehe wird auf 99 Jahre geschlossen, also praktisch für immer, weil niemand so alt werden kann. Eine Ehe auf Zeit kann dagegen über jeden beliebigen Zeitraum eingegangen werden.«

»Jeden beliebigen Zeitraum?« fragte Homa.

»Ja, eine Ehe kann für zehn Minuten oder für ein Jahr geschlossen werden – ganz nach Belieben. Die Eheschließung bei Dauerehen wird von einem Mullah vorgenommen und vom Staat dokumentiert, außerdem wird ein entsprechender Vermerk in die Geburtsurkunde eingetragen.«

»Und wie ist das bei Ehen auf Zeit?« erkundigte ich mich.

»Solche Ehen schließt der Bräutigam selbst, und sie werden auch nirgendwo registriert. Das geht normalerweise so vor sich, daß ein Mann eine Frau fragt, ob sie für eine Stunde seine ›Siegheh‹ sein möchte, und er bietet ihr dafür 40 oder 50 Rial an. Stimmt die Frau zu, sind sie verheiratet. Wenn die Stunde abgelaufen ist, ist auch die Ehe vorbei.«

»Machen das viele Männer?«

»Das Problem ist, daß die Frau, wenn sie schwanger wird, nicht beweisen kann, wer der Vater ist. Unsere Religion verlangt zwar von einer Frau, daß sie vor jeder neuen Beziehung erst mal hundert Tage ins Land gehen läßt. Aber selbst, wenn sie sich daran hält, hat sie ja überhaupt kein Dokument in der Hand, aus dem hervorgeht, mit wem und ob überhaupt eine Ehe auf Zeit bestanden hat.«

»So bleibt die ganze Verantwortung allein bei ihr«, fuhr sie fort und seufzte. »Wenn eine Frau in einem solchen Verhältnis schwanger wird und sie kann den Vater nicht benennen, dann muß sie selbst zusehen, was mit dem Kind wird.«

»Was kann sie denn dann machen?« fragte Homa.

»Sofern sie es schafft, kann sie das Kind selber großziehen. Meistens jedoch müssen die Kinder in ein Waisenhaus. Die meisten Waisen sind aus solchen Ehen auf Zeit hervorgegangen.«

Nadjista schwieg und widmete sich wieder eine Weile ihrer Arbeit. Wir hatten uns zu ihr gesetzt und versuchten ihr ein bißchen zu helfen. Homas Neugier war aber noch nicht befriedigt.

»Was ist denn heute mit dem Mann, den du damals heiraten mußtest?«

»Ach, nichts weiter. Er hat noch ein weiteres Mal geheiratet. Er lebt mit drei Frauen zusammen, die in seinem Haus in drei verschiedenen Zimmern wohnen. Alle drei haben sie ihm Kinder geschenkt, und es geht ihm bestimmt gut.«

»Zahlt er dir etwas für deinen Unterhalt?« erkundigte sich Homa.

»Aber nein, nicht einen Rial!«

»Aber ist er denn nicht dazu verpflichtet?« hakte sie nach.

»Nur dann, wenn ich mich nicht geweigert hätte, mit ihm zu leben.« Nadjista wischte sich mit einem Tuch, das sie in den Schürzenbund gesteckt hatte, die Gemüsereste von den Händen. »In unserer Religion muß eine Frau bereit sein, sich bedingungslos dem Willen ihres Mannes unterzuordnen. Tut sie das nicht, hat er das Recht, ihr jegliche Unterstützung zu verweigern.«

»Ach, ist das traurig«, sagte Homa leise.

»Und wie«, stimmte ich ein.

Wir bedankten uns bei Nadjista und kehrten nach Hause zurück.

»Das muß sich ändern – wir müssen dafür sorgen, daß sich das ganze System ändert!« war Homas klarer und bestimmter Kommentar.

An jenem Abend konnte ich nicht einschlafen. Unser Gespräch mit Nadjista ging mir immer noch im Kopf herum. Ich fragte mich, ob es Homa auch so ging.

»Homa, bist du noch wach?«

»Ja, was ist?«

»Ich muß immer noch an Nadjista Khanoum denken.«

»Was für ein schlimmes Leben!«

»Nicht wahr? Man kann richtig Angst kriegen«, pflichtete ich ihr bei. »Ich glaube, ich möchte niemals heiraten.«

»Ich auch nicht!«

»Homa, was sollen wir machen, wenn man uns mit irgendeinem alten Kerl verheiraten will? Du wirst jetzt bald elf. In zwei Jahren bist du so alt, wie Mutter damals war, als man sie verheiratet hat. Macht dir das keine Angst?«

»Ich glaube nicht, daß Vater das zulassen würde. Er will doch, daß wir studieren und einen ordentlichen Beruf ergreifen. Dafür müssen wir uns anstrengen und in der Schule gute Leistungen zeigen. Jetzt laß uns schlafen, damit wir morgen ausgeruht in den Unterricht kommen. Gute Nacht, Parvin.«

»Ja, gute Nacht, Homa.«

Zu dieser Zeit setzten wir uns abends nach dem Essen immer zusammen und hörten Radio. Freitag um acht Uhr gab es eine Sendung mit Houshang Mostoufi, einem im Iran sehr bekannten Rundfunksprecher und Moderator. Er pflegte in dieser Sendung Kurzgeschichten und Gedichte vorzulesen. Er hatte eine unverkennbare Stimme und konnte wunderbar vortragen. Homa und ich waren fasziniert von ihm, und jeden Freitag, Punkt acht, saßen wir gebannt am Lautsprecher.

Ich glaube, das Stück, das auf uns einen großen Eindruck machte, war eine Fabel mit dem Titel »Der Adler«.

Es heißt, der Adler habe nur ein kurzes Leben, es dauere nur dreißig Jahre. Der Rabe dagegen lebe sehr viel länger. Das ärgerte verständlicherweise den Adler.

Eines Tages ging der Adler daher zum Raben und fragte ihn nach dem Geheimnis seines langen Lebens. Der Rabe antwortete, es gäbe zwei Gründe dafür.

»Es liegt daran, daß ich niedrig über dem Boden fliege, und an dem, was ich fresse.«

»Tief über dem Boden kann ich auch fliegen«, erwiderte der Adler, »aber ich ernähre mich von Vögeln, die ich hoch in der Luft fange.«

»Darin liegt das Problem«, sagte der Rabe, »du mußt lernen, dir die Nahrung zu suchen, die ich fresse. Komm morgen mit zum Sumpf, dann zeig ich es dir.«

Am folgenden Morgen flog der Adler zum Sumpf und sah, wie sich der Rabe an einem Kadaver gütlich tat, wie er das faulige Aas auseinanderriß und mit seinem Schnabel im Kot wühlte.

Da sagte der Adler: »Freund Rabe, ich könnte noch ertragen, für den Rest meines kurzen Lebens niedrig zu fliegen, aber keinesfalls bin ich gewillt, mein Futter im Abfall zu suchen, der sich auf dem Grund des Moores sammelt. Rabe, ich beneide dich nicht mehr um dein langes Leben. Lieber lebe ich kurz, wenn ich mich dafür in den Himmel schwingen kann und um jede Beute kämpfen darf.«

Der Rabe blickte empor, um dem Adler etwas zu erwidern, aber er sah nur noch eine schmale Silhouette, die sich hoch oben am Himmel abzeichnete.

Homa und ich waren hingerissen von dieser Fabel. Wir wollten sofort voneinander wissen, welches Leben wir bevorzugen würden – das des Adlers oder das des Raben. Für Homa kam nur das Adlerleben in Betracht. Ein kurzes Leben voller Herausforderungen und dazu die Kraft und die Freiheit, alles zu tun, was man sich wünscht, das entsprach ganz Homas Vorstellungen.

»Ein Rabenleben ist es einfach nicht wert, gelebt

zu werden«, so lautete ihr entschiedenes Resümee. In dieser klaren und eindeutigen Stellungnahme zeigte sich eine Urteilsfähigkeit, die sich bei Homa nicht nur auf die Einschätzung der eigenen Person erstreckte. Romantische Mädchenträume, wie sie in diesem Alter so häufig geträumt werden, waren ihr fremd. Sie hatte einen nüchternen Blick auf das Leben und wußte auch schon sehr früh um die Gefahren, denen es ausgesetzt ist. Im gleichen Jahr schrieb Homa für die Schule einen Aufsatz. Er trug die Überschrift »Wer ist glücklich?«.

Was ist Glück? Wer ist glücklich? Vielleicht niemand. Es könnte ja sein, daß Glück nur ein Mythos ist – ein Produkt menschlicher Einbildung. Ich kenne jedenfalls niemanden, von dem man sagen könnte, er sei vom Glück verwöhnt oder gar glücklich. Betrachten wir einmal folgende Beispiele:

Da hat jemand fleißig studiert, um Arzt oder Anwalt zu werden. Er heiratet, hat Kinder, und jeder hält ihn für ein Musterbeispiel des Erfolgs. Dann stellt sich auf einmal heraus, daß sein Kind Leukämie hat. Der Rest seines Lebens ist Trauer.

Oder zwei junge Leute, die sich kennenlernen und sich ineinander verlieben. Einer ist des anderen Glück, aber bevor sie alt genug sind, ihr Glück auch richtig würdigen zu können, stirbt einer der beiden. Der andere bleibt in seinem Unglück zurück.

Wenn doch all diese Unglücksfälle jederzeit über uns hereinbrechen können – was berechtigt uns dann, von Glück zu sprechen?

Dieser kurze Aufsatz sorgte wochenlang für Gesprächsstoff bei uns. Jedesmal, wenn Gäste kamen, forderte Mutter Homa auf, ihn vorzulesen. Auch ich hörte immer mit Begeisterung zu.

Homas skeptische Haltung, wie sie sich in ihren Gedanken über das Glück äußerte, führte keineswegs in eine Resignation, wie man vielleicht hätte erwarten können. Im Gegenteil, sie wurde immer kämpferischer, vor allem, wenn sie irgendwo eine Ungerechtigkeit miterlebte. Was mich dabei am meisten beeindruckte, war die Unerschrockenheit, mit der sie ihre Meinung in der Öffentlichkeit äußerte. Als Homa erstmals ihre Stimme zu einem öffentlichen Protest erhob, war sie erst in der sechsten Klasse.

Unsere Cousine Nahid lebte damals noch in unserem Viertel in der gleichen Koocheh, und wir hockten viel mit ihr zusammen. Sie ging in die zweite Klasse und war die Schülerin mit den besten Noten, aber die Schule wollte ihr den Rang der Klassenbesten nicht zugestehen. Ein anderes Mädchen, das einen einflußreichen Vater hatte, sollte an ihrer Stelle ausgezeichnet werden.

Bei der Zeugnisverteilung in der Aula erklärte die Schulleiterin dieses Mädchen vor dem versammelten Publikum zur Klassenbesten. Homa wußte natürlich, daß es so kommen würde. Als es soweit war, stand sie auf und sorgte für einen Skandal.

Zuerst forderte sie Nahid auf, ihren Notendurchschnitt laut vorzulesen, was Nahid auch tat. Dann verlangte sie das gleiche von dem anderen Mädchen, aber dieses blieb die Antwort schuldig. Daraufhin forderte Homa die Schulleiterin auf, die Durchschnittsnote dieses Mädchens bekanntzugeben, aber auch sie weigerte sich.

Das angegriffene Mädchen fing an zu weinen, und die Direktorin versuchte sie zu trösten. Sie merkte nicht, wie Homa nach vorne kam, sich die beiden Zeugnishefte griff und vor allen Zuhörern die Noten vorlas.

Als das Mädchen merkte, was vorging, verließ sie fluchtartig die Aula, und auch die Direktorin verschwand eiligst. Es war für beide eine fürchterliche Blamage.

Die kurze Ära Mossadegh

Zu Beginn der fünfziger Jahre politisierte sich die Bevölkerung von Teheran in einem vorher nicht gekannten Ausmaß. Die allgemeine Situation im Land spitzte sich unübersehbar zu. Der Schah, dem es vor allem darum ging, seine eigene, ins Wanken geratene Machtposition zu stützen, befand sich auf der fieberhaften Suche nach einem Premierminister, der einerseits stark genug war, das Land kraftvoll zu regieren, andererseits aber seiner eigenen Stellung als Herrscher nicht gefährlich werden konnte. Er hatte zunächst wenig Erfolg: Die kurzfristig berufenen Premiers ließ er wieder ablösen, sobald sich ein neuerlicher Umschwung des politischen Klimas ankündigte; einige fielen sogar Attentaten zum Opfer. Es war eine turbulente Zeit.

Die Medien wurden einer strengen Kontrolle unterworfen; öffentliche Kritik am Regime war nicht mehr erlaubt. Zeitungen wurden verboten und Journalisten hingerichtet, nachdem man ihre Tätigkeit als regierungsfeindliche Umtriebe kriminalisiert hatte.

Die Tudeh-Partei war zwar 1949 verboten worden, aber das verhinderte nicht, daß sie weiteren Zulauf erhielt. Fast alle jungen Leute waren in irgendeiner Form politisch engagiert. Überall gab es Aufruhr, täglich fanden Demonstrationen statt. Mitglieder der Tudeh-Partei fuhren auf Lastwagen kreuz und quer durch Teheran und verbreiteten in Sprechchören ihre Parolen. Wir sahen sie häufig, wenn wir von der Schule heimgingen.

Dann, im Jahr 1951, kam Dr. Mohammed Mossadegh an die Macht. Während seiner Amtszeit als iranischer Premierminister wurde der Iran ein anderes Land. Mossadegh trat seinen Posten mit der erklärten Absicht an, die iranische Ölindustrie, die bislang größtenteils in den Händen ausländischer Gesellschaften war, zu verstaatlichen.

Schon im ersten Jahr seiner Regierungszeit setzte er sein Vorhaben in die Tat um: Die »Staatliche Iranische Ölgesellschaft« wurde gegründet. Dieser Schritt stieß verständlicherweise auf wenig Begeisterung bei der westlichen Staatengemeinschaft, die enormes Kapital im Iran einbüßte.

Homa und ich waren bemüht, nichts von den damaligen Ereignissen zu verpassen, aber wir konnten kaum Schritt halten. Tempo und Ausmaß der Veränderungen waren atemberaubend.

Die meisten Iraner stimmten den Maßnahmen Mossadeghs in seinem ersten Regierungsjahr begeistert zu. Für die breiten Massen, die sich in einen nationalistischen Taumel hineingesteigert hatten, war der Abzug der Briten ein Ereignis, das ihnen ein tiefes Gefühl der Befriedigung verschaffte. Doch nicht alle teilten die Begeisterung. Unser Vater, um nur einen zu nennen, war skeptisch. Er befürchtete, daß das Land mit dem Hinauswurf der ausländischen Gesellschaften auch lebenswichtige Technologie verlieren würde.

Mossadegh war innerhalb kurzer Zeit ein sehr populärer politischer Führer geworden. Für alle kam daher völlig überraschend, daß er nach Ablauf von nur einem einzigen Jahr von seinem Amt zurücktrat. Als der Schah kurz darauf Ghavam-Saltaneh zum neuen Premierminister ernannte, war den Iranern jedoch sofort klar, was gespielt wurde.

Ghavam-Saltaneh war ein alter Mann ohne jedes politische Format. Er war kaum mehr als eine Marionette des Schah. Die Volksmassen begriffen, daß man sie um ihren Führer betrogen hatte, und ihre Reaktion darauf ließ nicht lange auf sich warten.

Es war der 21. Juli 1952. Unsere Tante Maryam, die in einem Krankenhaus arbeitete, kam an diesem Tag nach Dienstschluß zu uns. Sie hatte nach Hause gehen wollen, aber der Heimweg war ihr durch Demonstrationen versperrt.

»Im Krankenhaus liegen Hunderte von Leichen«, berichtete sie atemlos, als sie zur Haustür hereinkam. »Wir wissen gar nicht, wohin damit. Auf den Fluren siehst du abgetrennte Gliedmaßen, und die ganze Zeit hört man Männer schreien, junge und alte.«

»Ist es so schlimm?« fragte Homa.

»Ich habe so etwas noch nicht gesehen«, antwortete Maryam.

»Wenn das alles doch nur bald ein Ende hätte«, sagte Homa.

Eine Woche zuvor hatten Homa und ich beim Einkaufen eine vieltausendköpfige Menge gesehen, die von der Stadtmitte aus zu den Palästen des Schah marschieren wollte. In den Straßen, die zum Palastbezirk führten, waren sie von Sicherheitskräften abgedrängt worden. Die Demonstranten hatten die Parole skandiert: »Tod dem Schah! Tod oder Mossadegh!«

Teheran war ein einziges Chaos. Der Stadtkern sah aus wie im Krieg. Wir waren froh, daß wir Sommerferien hatten und während des Aufruhrs nicht auch noch in die Schule gehen mußten.

»Maryam, was ist in der Stadt los, hast du auf deinem Weg hierher etwas gesehen?« wollte Homa wissen.

»Krawalle. Es scheint mehrere Demonstrationen zu geben. Die Leute wollen Mossadegh wiederhaben. Der Ayatollah Kashani hat mit einem religiösen Aufruf, einer ›Fetwa‹, die Leute aufgefordert, sich den, wie er sagte, diktatorischen Anordnungen des Premierministers Ghavam-Saltaneh zu widersetzen. Das Ergebnis sind diese Protestdemonstrationen. Überall in der Stadt sieht man Panzer und Militär.«

Wir hingen den ganzen Tag am Radio, während draußen die Ausschreitungen weitergingen. Als Vater nach Hause kam, brachte er Neuigkeiten mit. Er berichtete, daß sich eine große Zahl der politischen und religiösen Parteien zusammengeschlossen hatte, um Mossadegh wieder ans Ruder zu bringen.

»Die Leute sind der Ansicht, daß Ghavam-Saltaneh viel zu alt ist«, meinte Vater. »Und sie mißtrauen der Politik, durch die er überhaupt zu diesem Amt gekommen ist.«

Die Proteste kosteten ungefähr 500 Menschen das Leben, die meisten von ihnen waren junge Männer. Gegen acht Uhr abends gab der Schah nach und berief Mohammed Mossadegh wieder auf den Posten des Premierministers.

Als wir die Meldung hörten, beschloß Vater, mit uns und Onkel Hossein zu einer Versammlung zu gehen, die vor dem Haus von Mossadegh abgehalten wurde. Als wir dort eintrafen, hatte sich schon eine riesige Menschenmenge gebildet. Onkel Hossein nahm mich auf die Schultern, damit ich etwas sehen konnte.

Ich war fasziniert. Noch nie hatte ich so viele Menschen an einem Ort gesehen, die Menge schien geradezu unendlich zu sein. Mossadegh hatte etwas Besonderes vollbracht: Er hatte den Iranern ihr nationales Selbstbewußtsein zurückgegeben. Er hatte bewiesen, daß das Land in der Lage war, sich gegen die Weltmacht Großbritannien zu behaupten. An diesem Abend wurden wir Zeugen, wie er auf dem Balkon seines Schlafzimmers erschien und die Huldigung der Massen entgegennahm. Homa und ich waren von diesem Mann auf dem Balkon tief beeindruckt. So stellten wir uns einen großen politischen Führer vor.

Im folgenden Jahr verschärfte sich in Teheran das politische Klima weiter. Auch zwischen den einzelnen Fraktionen in der Regierung nahmen die Spannungen zu. Homa hatte große Mühe, alle Vorgänge zu begreifen. Vater sah, wieviel ihr daran lag, auch etwas von den Hintergründen der politischen Tagesereignisse zu verstehen, und er wollte sie dabei unterstützen. Er beschloß, mit uns die Stadt Meschhed zu besuchen. Meschhed ist eine heilige Stätte der schiitischen Muslime. Der Ort ist überaus reich an Geschichte, und viele berühmte Persönlichkeiten des Iran sind dort begraben.

Unser Vater war der ideale Fremdenführer. Mit Begeisterung erläuterte er uns die iranische Geschichte und zeigte uns die Orte, die Schauplätze historischer Ereignisse waren. Hätte er die Möglichkeit gehabt, zur Schule zu gehen, dann wäre er bestimmt Historiker geworden.

Wir blieben zwei Tage in Meschhed und besuchten dort das Grabmal des Imam Resa. Am Morgen des ersten Tages kam die Nachricht, daß der Schah mit seiner Ehefrau das Land für immer verlassen wollte. Die Nachricht war für uns keineswegs ein Grund, sofort abzureisen; wir blieben und verbrachten den Nachmittag mit der Besichtigung des Grabmals.

An diesem Tag mußten Homa und ich uns zum ersten Mal Übergriffe von Mullahs gefallen lassen. Wir hatten noch nie einen Tschador getragen, den traditionellen schwarzen Umhang der strenggläubigen moslemischen Frauen, der hier auf dem heiligen Terrain vorgeschrieben war. Ungeübt im Umgang mit diesem Kleidungsstück, rutschte uns die Kopfbedeckung immer wieder in den Nacken. Jedesmal, wenn uns ein Mullah mit unbedecktem Kopf sah, erhielten wir von ihm einen Klaps auf die Stirn. Auf diese Weise machten sie uns darauf aufmerksam, an welcher Stelle wir ein unangemessenes Verhalten zeigten.

Wir wurden langsam so ärgerlich, daß wir uns schließlich zur Wehr setzten. Wieder einmal kam draußen ein Mullah auf uns zu und erhob die Hand gegen Homa. Bevor er ihr jedoch etwas tun konnte, trat sie ihm schnell gegen das Schienbein. Unter ordinären Flüchen bückte er sich und rieb sein schmerzendes Bein. Über den plötzlich so profanen Mullah mußten Homa und ich sehr lachen.

Der Anblick des Grabmals war für uns beide überwältigend. Es ist ein prunkvolles Gebäude, das im fünfzehnten Jahrhundert über der Grabstätte des Imam Resa errichtet wurde. Dieser Imam fand im Jahre 817 nach Christus in einem der Religionskriege gegen die arabischen Eroberer den Tod. Die Leute glauben, daß das, was man sich wünscht, wenn man zum ersten Mal das Grabmal erblickt, in Erfüllung geht.

Moslems aus aller Herren Länder waren herbeigepilgert, um ihre Andacht zu verrichten. Viele kamen barfuß und mit zerschlissenen Kleidern, aber sie schleppten säckeweise Geld mit sich, um es dem Imam als Geschenk zu überreichen.

Tausende waren da, die sich gegenseitig schoben und stießen, damit sie bis zu den Gitterstäben vordringen konnten, die den Sarkophag umschließen.

Wer es geschafft hatte, warf etliche Handvoll Geld in die Grabkammer. Viele versuchten dann, sich mit einer Hand an einem der Gitterstäbe festzuklammern, während sie von der wogenden Menge hin und her gedrückt wurden. Dann riefen sie laut den Imam an und geißelten sich mit der freien Hand so lange selbst, bis sie ohnmächtig wurden.

An unserem zweiten Tag in Meschhed statteten wir dem Grabmal einen zweiten Besuch ab, diesmal jedoch ließen uns unsere Eltern am Eingang zurück. Homa und ich hatten so die Gelegenheit, die Pilgerscharen zu betrachten, die hier an das Ziel ihrer Reise kamen.

Darunter war eine Frau, die ein Baby auf dem Arm trug. Drei weitere Kinder liefen hinter ihr her und suchten an ihrem freien Arm Halt zu finden. Das Baby sah unterernährt aus. An die Mutter geklammert, saugte es das bißchen Milch aus der dürren Mutterbrust, die dort noch fließen mochte. Die ganze Gruppe war barfuß. Sie hatten offenbar einen langen Marsch durch die Wüste hinter sich. Und diese Frau war nicht die einzige, die sich auf diese Weise bis hierhin geschleppt hatte, es gab viele, die das gleiche Bild boten.

»Homa«, fragte ich, »was treibt die Menschen nur dazu?«

»Ich weiß es nicht.«

»So etwas habe ich noch nie gesehen!«

Wir saßen auf den Stufen beim Eingang zum Grabmal und betrachteten den endlosen Pilgerstrom, der sich aus der Ferne heranwälzte.

»Sieh sie dir an, diese Menschen«, sagte Homa. »Sie sind alle bettelarm. Selbst, wenn sie schon am Verhungern wären, sie würden hierher kommen, um dem Imam ihr letztes Geld zu bringen – einem Mann, der vor mehr als tausend Jahren gestorben ist.«

Als unsere Eltern wieder bei uns waren, gingen wir gemeinsam in das Imam Resa Museum. Der unglaubliche Reichtum, der dort ausgestellt ist, ließ uns erstarren. Überall hingen riesige Teppiche, lagen kostbare Juwelen, standen Statuen aus purem Gold. Die Wände waren bedeckt mit prachtvollen Gemälden.

Homa sprach aus, was wir beide dachten. »Ich wüßte gern, was all das wohl für einen Wert hat. Wie viele Menschen könnte man satt machen, wenn man nur eine einzige von diesen Skulpturen verkaufen würde?«

»Du hättest die Berge von Geld in der Grabkammer des Imam sehen sollen«, warf Vater mit einem vielsagenden Lächeln ein. »Sie müssen es am Abend mit extra großen Schaufeln wieder herausschippen.«

»Wenn sie wenigstens ein bißchen von dem Geld dazu verwenden würden, den Menschen etwas zum Anziehen zu geben, die auf der Straßen liegen«, bemerkte Homa.

Obwohl ich wußte, daß der Besuch des Grabmals für meine Schwester von enormer Bedeutung war, weil er ihr wieder ein Stück die Augen über die Wirklichkeit unseres Landes geöffnet hatte, war ich doch erleichtert, als dieser Teil unserer Reise zu Ende ging.

Am nächsten Tag fuhren wir am Vormittag von Meschhed nach Tus. In dieser Stadt liegt der Dichter Firdausi begraben, der das schon erwähnte »Schahnamah«, das »Königsbuch«, geschrieben hat. Es gilt als das persische Nationalepos und schildert in mehr als 50000 Versen die Geschichte Persiens bis zur Eroberung des Landes durch die Araber. Das Grab des Dichters befindet sich inmitten einer Parkanlage. Aus Blumen und Sand gestaltete Verse von ihm schmükken die Rasenflächen.

Zuerst aßen wir in einem kleinen, netten Restaurant am Rande des Parks zu Mittag, danach machten wir einen Spaziergang durch den Park, während Vater uns eine Geschichte aus dem »Schahnamah« vortrug.

Die Busfahrt von Tus zurück nach Meschhed dauert normalerweise nicht lange, aber wir wurden von einer Gruppe randalierender junger Männer aufgehalten, die die Verbindungsstraße blockierten. Sie hatten offensichtlich ein Schuhgeschäft und einen Spirituosenladen geplündert, denn viele von ihnen waren schwer betrunken und hatten sich mit nagelneuen Schuhen behängt. Die Menge skandierte: »Lang lebe der Schah! Tod für Mossadegh!« Innerhalb nur eines Jahres hatten die iranischen Krawallmacher eine totale Kehrtwendung gemacht.

Der Fahrer gab sich alle Mühe, die Demonstranten dazu zu bewegen, daß sie den Weg frei machten, aber sie waren einfach viel zu betrunken, um vernünftig zu reagieren. Mit geschlossenen Fenstern kroch unser Bus voran und bahnte sich mit seiner Masse Stück für Stück einen Weg durch die Menge.

Wir verbrachten angsterfüllte Minuten. Dutzende von Demonstranten hatten sich von draußen an das Fahrzeug gehängt, und Homa und ich befürchteten schon, daß sie mit ihrem Gewicht den Bus zum Umkippen bringen würden.

Als wir endlich am Busbahnhof in Meschhed angekommen waren, gingen wir sofort zu unserem Quartier. Das Radio war schon von mehreren Gästen umlagert. Sie lauschten einer Sendung der BBC.

»General Zahedi und die iranischen Streitkräfte haben in Teheran einen Staatsstreich durchgeführt. Sämtliche Regierungsstellen sind in ihrer Gewalt. In der Stadt herrscht Chaos. Von Mossadegh fehlt jede Spur. Der Schah hat General Zahedi zum neuen Premierminister ernannt.«

Wir saßen stumm vor dem Radio und hörten den Meldungen zu. Als ich zu meiner Schwester hinübersah, merkte ich, daß sie weinte.

»Warum weinst du?« fragte ich sie.

»Ich mach' mir solche Sorgen.«

»Wegen unserer Verwandten?«

»Wegen allem. Ich hasse dieses ewige Morden. Wir müssen nach Hause zurück.«

»Wieso?« wollte ich wissen.

Sie wandte sich zu unserem Vater. »Laß uns nach Hause fahren«, bat sie ihn.

»Ja, das sollten wir«, pflichtete er ihr bei. »Wir müssen sehen, wie es Onkel Hossein, meinen Schwestern und allen anderen Verwandten geht.«

Homa und ich konnten nicht verstehen, woher der plötzliche und radikale Stimmungsumschwung in der iranischen Bevölkerung gekommen war. Vater vermutete schon damals, daß eine ausländische Macht ihre Hände im Spiel gehabt hatte. Jahre später erfuhren wir dann, daß der Sturz von Mossadegh im Jahre 1953 vom amerikanischen Geheimdienst CIA organisiert worden war. Zusammen mit Mossadegh verschwanden auch alle Hoffnungen, die iranische Ölindustrie der Kontrolle durch das Ausland zu entziehen.

Die acht größten Ölgesellschaften der Welt bildeten kurz darauf ein Konsortium, das in der Folgezeit als Verwalter der Ölanlagen auftrat und für die Vermarktung der Raffinerieprodukte verantwortlich zeichnete.

Nichts für anständige Mädchen?

Als das »Hayat Bozorgeh«, unsere frühere Unterkunft, frei geworden war, zogen wir dort wieder ein. Im Haus war alles noch so wie früher. Nichts schien sich geändert zu haben, lediglich Homa und ich waren ein paar Jahre älter geworden.

Was unsere Familie betraf, gab es jedoch einige spürbare Veränderungen. Eine davon war, daß Homa und ich zum ersten Mal verschiedene Schulen besuchten. Des weiteren ließ unsere Mutter eine frühere Bekanntschaft mit einer sehr frommen Frau wieder aufleben. Sie hieß Frau Kobra und leitete eine religiös ausgerichtete Tagesstätte für Kinder im Vorschulalter.

Mutter begann sich nach den Vorschriften des *Hijab* zu kleiden. Diese Regeln verlangen von den

Frauen, daß sie sich von Kopf bis Fuß verhüllen. Manche Frauen machen es sich dadurch etwas leichter, daß sie einen trenchcoatartigen langen Mantel und ein Kopftuch tragen. Da aber unter Kopftüchern gelegentlich doch einmal eine Haarsträhne hervorschaut, hüllen sich die eifrigeren Anhängerinnen der Vorschriften in die traditionellen Gewänder.

Auch unsere Mutter schloß sich dieser Sitte an. Sie trug lange, dicke schwarze Strümpfe, Blusen mit langen Ärmeln und einen langen Rock. Ein Kopftuch verbarg ihr Haar. Alle Kleidungsstücke waren tiefschwarz, und obendrüber kam noch ein langer Umhang, der Tschador, natürlich ebenfalls schwarz.

Für Homa und mich war ein so tiefgreifender Wandel im Lebensstil unserer Mutter unverständlich, und wir waren auch überhaupt nicht damit einverstanden. Es war schlicht deprimierend, sie jeden Tag immer nur in Schwarz herumlaufen zu sehen.

Homa machte unserer Mutter unentwegt Vorhaltungen wegen ihrer neu erwachten Frömmigkeit. Dabei schien Mutter Spaß an ihrem neuen Leben zu finden. Sie freundete sich mit ein paar Frauen ihres Alters an, und bald verbrachte sie die meiste Zeit nur noch mit ihnen.

Auch Vater führte sein eigenes Leben. Er ging morgens zur Arbeit und kam abends erst sehr spät zurück. Das Vorlesen von Geschichten hatte ebenfalls aufgehört, denn wir waren ja inzwischen alt genug und konnten selbst lesen.

So gab es kaum noch ein gemeinsames Familienleben. Homa und ich waren vor allem darauf bedacht, in der Schule voranzukommen. Vater widmete sich seinem Kanarienvogel, und Mutter hütete ihre Thermosflasche mit heißem Wasser, falls ihre Freundinnen oder Verwandten auf eine Tasse Tee hereinschauen wollten. Wir gingen nicht einmal mehr freitags zusammen ins Kino.

Auf diese Weise verbrachten wir die nächsten zweieinhalb Jahre. Im Laufe der Zeit gelang es Homa immerhin, Mutter dazu zu bewegen, ihre traditionellen Gewänder wieder abzulegen; sie hatte ihr pausenlos Vorträge über Frauenrechte und die Gleichberechtigung der Geschlechter gehalten. Homa war mittlerweile in der Oberschule, und diese Themen gehören dort zum Unterrichtsstoff.

Im Jahre 1954 nahmen wir endgültig Abschied von unserer Koocheh und zogen in ein wesentlich schöneres Viertel in der Nähe der Teheraner Universität.

In unserem neuen Wohnviertel fanden wir, daß es an der Zeit war, das Fahrradfahren zu lernen. Wir sprachen deshalb mit unserem Vater, aber er wollte davon nichts wissen.

»Was ist denn daran so schlimm, wenn Mädchen radfahren?« empörte ich mich. »Was bleibt eigentlich für uns übrig? Die Jungs dürfen reiten und mit dem Fahrrad fahren. Sie dürfen schwimmen und Tennis spielen. Und was dürfen wir? Wir möchten auch etwas vom Leben haben!«

Auch Homa ereiferte sich. »Ich hasse dieses Land! Wie soll man es hier aushalten können, wenn man ständig gezwungen wird, so zu sein, wie man überhaupt nicht sein will? Wir möchten auch so leben wie die Jungen. *Die* haben es viel besser!« Homa war damals fünfzehn. Sie ärgerte sich maßlos über unseren Vater, weil er uns das Radfahren nicht erlauben wollte.

»Fahrradfahren ist nichts für anständige Mädchen«, beharrte er.

»Und was sollen anständige Mädchen deiner Meinung nach tun?« fragte ich. »Sich nach Mekka wenden und warten, bis sie alt sind und sterben?«

Homa hatte schon längst aufgegeben und sich davongemacht. Bei mir mußte es erst zu Tränen kommen, bis es auch mir reichte. Ich ging in unser Zimmer, wo Homa auf mich wartete.

»Parvin«, sagte sie, »keine Sorge. Wir kriegen schon ein Fahrrad, und dann lernen wir, wie man fährt.«

»Aber wie?«

»Ich sag's dir morgen auf dem Schulweg«, gab sie zur Antwort.

»Und warum willst du es mir nicht gleich sagen?«

»Wart's nur ab. Du erfährst es schon früh genug.«

Am nächsten Morgen platzte ich beinahe vor Neugier. Ich war, wie gewöhnlich, als erste abmarschbereit. Bei Homa dauerte es am Morgen jedesmal endlos, bis sie fertig war. Immer wieder mußte sie sich die Haare zurechtmachen, und die Kleider, die sie unter der Schuluniform trug, wurden auch mindestens zweimal gewechselt. Diesmal malte sie sich sogar die Augen ein bißchen an.

Endlich war sie soweit. Kaum hatten wir die Haustür hinter uns zugezogen, wollte ich schon von ihr wissen, was sie sich ausgedacht hatte, um an ein Fahrrad zu kommen.

»Wenn jedes Mädchen in unserer Schule zehn

Rial dazugibt«, meinte sie, »und wenn wir mit unserer Sportlehrerin darüber reden, dann können wir für alle zusammen ein Fahrrad anschaffen. Unsere Sportlehrerin ist jung und aufgeschlossen, und außerdem ist es eine reine Mädchenschule. Wenn wir nur dort fahren, dürfte es kein Problem geben.«

»Mensch, Homa! Das ist eine prima Idee. Wir können es sogar von unserem Taschengeld bezahlen.« Wir bekamen damals täglich fünf Rial, damit konnten wir uns kaufen, was wir wollten. Das Taschengeld für zwei Tage – kein großes Opfer.

Innerhalb von einer Woche hatten wir das Geld zusammen. Es war das erste Fahrrad, das im Iran für eine Mädchenschule angeschafft wurde. Wir lernten das Radfahren im Verlauf einer einzigen Mittagspause. Hinterher waren wir allerdings alle etwas lädiert, und auch das Fahrrad mußte zur Reparatur.

Als wir erst einmal fahren konnten, wurde es für Vater immer schwieriger, uns davon abzubringen, auch außerhalb des Schulgeländes unsere Runden zu drehen.

»Homa, laß uns irgendwo zwei Fahrräder mieten und ein bißchen in der Nähe herumfahren«, sagte ich eines Freitags zu Homa.

»Ich glaube aber nicht, daß uns jemand Räder vermieten wird«, sagte meine Schwester. »Wir sind doch Mädchen.«

»Ach, das wird schon keinen interessieren«, erwiderte ich. »Es heißt doch, daß man sogar mit des Königs Schnurrbart spielen darf, wenn man nur genug dafür bezahlt. Mit Geld kann man alles erreichen. Laß es uns versuchen!«

Und wir hatten tatsächlich Erfolg. Den ganzen Nachmittag radelten wir in unserem Viertel herum. Wir hatten den größten Spaß, aber unser Vater hätte uns anschließend am liebsten umgebracht. Wir bekamen wieder einmal eine Lektion darüber zu hören, wie sich anständige und brave Mädchen aufzuführen hätten.

»Was ist am Fahrradfahren eigentlich so unanständig?« wollte Homa von ihm wissen.

»Anständige Mädchen fahren nun mal nicht mit dem Fahrrad«, entgegnete er.

»Ja, aber warum denn nicht?«

»Sieh dich doch einmal um!« Vater wurde ärgerlich. »Fährt deine Mutter etwa Rad? Oder deine Tanten? Oder die Mädchen aus unserer Nachbarschaft? Warum müßt ausgerechnet ihr zwei mit Fahrrädern herumfahren? Wieso wollt ihr, daß ich meinen guten Ruf verliere?«

»Was hat das mit deinem guten Ruf zu tun? Du selber fährst doch jeden Tag mit dem Fahrrad zur Arbeit, und kein Mensch schert sich darum!«

»Das ist etwas anderes«, war die Antwort.

Wenn Vater mit Homa und mir gleichzeitig diskutierte, zog er immer den kürzeren, zumal er nie Unterstützung von seiner Frau bekam. Sie hielt sich grundsätzlich heraus, wenn wir unsere Auseinandersetzungen mit ihm hatten.

Meistens merkten wir sehr schnell, ob er eine befriedigende Antwort auf unsere Fragen parat hatte oder nicht. Im vorliegenden Fall fragte er sich vielleicht sogar selbst, wieso anständige Mädchen eigentlich nicht mit dem Fahrrad herumfahren sollten.

Nach stundenlangem Hin und Her unterbreitete er schließlich einen Kompromißvorschlag.

»Wenn es unbedingt sein muß, dann geht zum Fahrradfahren dorthin, wo Tante Pari wohnt. Dort muß ich wenigstens keine Angst haben, daß mich meine Töchter an ihrem freien Tag vor meinen Kollegen blamieren.«

Darauf konnte man sich einlassen. Von da an verbrachten wir die Freitage häufig bei unserer Tante Pari. Zusammen mit unseren Cousinen mieteten wir uns in dem Viertel, wo sie wohnte, ein paar Fahrräder und machten uns einen schönen Tag.

Mittlerweile war auch ich auf das »Bakhtiar«-Gymnasium gewechselt, so daß wir wieder gemeinsam zur Schule gehen konnten. Homa und ich waren gute Schülerinnen und halfen uns auch gegenseitig. Allerdings stellte sich bereits in dieser Zeit heraus, daß wir unterschiedliche Richtungen einschlagen würden. Während ich mich vor allem auf Mathematik konzentrierte, interessierte sich Homa zum einen für die naturwissenschaftlichen Fächer, zum anderen aber auch für alles, was mit Politik zusammenhing. Sie pflegte ausgiebig mit Schülern und Lehrern über die damaligen politischen Ereignisse zu diskutieren und entdeckte mit Begeisterung die Schule als politische Arena.

Ihr Talent zum öffentlichen Auftritt, ihre Fähigkeit, vor vielen Menschen frei und unbefangen zu reden, lebte sie zu dieser Zeit nicht nur in Diskussionen, sondern auch beim Theaterspielen aus.

Homa war in der zehnten Klasse, als unsere

Schule im Teheraner Kulturzentrum ein Theaterstück aufführte. Homa spielte ein armes naives Mädchen vom Lande, dem vom Sohn eines mächtigen Feudalherrn Unrecht zugefügt worden war. Außerdem spielte sie noch einen einfachen Kaufmann aus dem Basar. Es war Homas ausdrücklicher Wunsch, diese zwei Rollen zu übernehmen. Sie spielte hinreißend. Als der Vorhang fiel, erhielt das Ensemble einen herzlichen Beifall, aber als Homa vor den Vorhang trat, erhob sich das ganze Publikum von den Plätzen und applaudierte ihr im Stehen.

Vor der Vorstellung hatte ich zusammen mit zwei anderen Mädchen die Nationalhymne singen müssen. Ich kam fast um vor Lampenfieber. Ich fühlte mich elend und hatte schweißnasse Hände. Es waren grauenvolle Minuten. Es fehlte mir einfach an Selbstbewußtsein, um unbefangen vor ein Publikum treten zu können. Für Homa war das hingegen ein Kinderspiel. Sie konnte sich anmutig bewegen und klar und deutlich sprechen – sie war die geborene Schauspielerin.

Ebenfalls ganz unterschiedliche Erfahrungen machten Homa und ich in bezug auf Jungen. Ich behielt auch in den Entwicklungsjahren meine eher kräftige Gestalt, und mit meinem Aussehen fiel ich unter den anderen Mädchen nicht sonderlich auf. Homa indessen entwickelte sich zu einer unglaublich zarten und anmutigen Person. Als sie sechzehn wurde, sah sie im Gesicht aus wie Sophia Loren, außerdem hatte sie noch immer ihre besonders zarte Figur. Aus ihr war eine hinreißende, grazile Frau geworden.

Natürlich blieb das auch den jungen Männern, die in unserer Umgebung wohnten, nicht verborgen; rasch hatte sie eine stattliche Anzahl von Verehrern, die sie wegen ihrer Schönheit, aber auch aufgrund ihrer herausragenden schulischen Leistungen bewunderten.

In unserer Jugend – heute ist es übrigens nicht anders – war es im Iran nicht erlaubt, daß sich zwei junge Leute zum Rendezvous trafen. Wenn ein junger Mann meine Schwester wissen lassen wollte, was er für sie empfand, konnte er nichts anderes tun, als schmachtend hinter ihr herzulaufen und ihr heimlich Briefe zu schreiben – und vor allem zu hoffen, daß er nicht dabei erwischt wurde.

Der kniffligste Punkt war die Übermittlung der heimlichen Briefe; die jungen Verehrer mußten sich dafür so manches einfallen lassen. Manchmal wickelten sie die Briefe um einen Stein und warfen sie dann durchs offene Fenster in unser Zimmer. Eine andere Methode bestand darin, auf der Straße dicht an der Auserwählten vorbeizugehen und dabei den Brief in ihre Handtasche fallen zu lassen.

Mit sechzehn hatte Homa einen besonders beharrlichen Verehrer. Er war ungefähr neunzehn Jahre alt, groß und blond, und er stand immer vor unserem Haus, um Homa abzupassen und ihr zu folgen, wenn sie wegging.

Eines Nachmittags waren Homa und ich in unserem Zimmer. Es hatte ein großes Fenster mit einem Ziergitter davor und ging nach vorne auf die Straße hinaus. Wir lagen bäuchlings auf unserem Bett und spitzten durch die Vorhänge hinaus zu Homas blondem Verehrer, der draußen wartete. Er hatte sich hingehockt und lehnte mit dem Rücken an der Wand des gegenüberliegenden Hauses.

Er ging Homa gewaltig auf die Nerven. Sie mochte es nicht, wenn ihr die Kerle hinterherliefen. Und dieser junge Mann, der sie geradezu verfolgte, war ihr nicht ganz geheuer.

In unserem Zimmer stand an der Wand gegenüber dem Fenster eine große Eichengarderobe, die sich im Fensterglas spiegelte. Die Türen waren offen. Während wir den Jungen beobachteten, konnten wir also auch das Möbel sehen und die beiden Mäntel, die in der Garderobe hingen. Ein Schneider, den unsere Mutter kannte, hatte die Mäntel für uns gemacht. Sie waren in Stoff und Farbe identisch und unterschieden sich nur leicht im Schnitt. Bei meinem Mantel fiel das Rückenteil glatt herunter, während Homas Mantel in der Taille einen Gürtel hatte.

Als unser Blick auf die Mäntel fiel, kam uns beiden dieselbe Idee. Damals waren Homa und ich etwa gleich groß, und unsere kurzen schwarzen Haare hatten auch einen ähnlichen Schnitt.

Wir standen auf und gingen zum Garderobenschrank. Homa griff nach ihrem Mantel, nahm mich am Arm und sah mich prüfend an. Dann zog sie mir den Mantel über und knöpfte ihn mit ihren zarten Fingern von unten her zu. Als sie den obersten Knopf schloß, spürte ich das sanfte Scheuern des Mantelkragens in meinem Nacken. Homas Hände sanken auf meine Taille, wo sie jetzt den Gürtel zuband.

»So, nun stimmt alles«, meinte sie. »Ich möchte, daß du jetzt zur Schah-Resa-Avenue hinübergehst und so tust, als wolltest du zur Bushaltestelle. Der Knabe wird sich an deine Fersen heften. Sobald er weg ist, mache auch ich mich auf den Weg, aber natürlich in die andere Richtung.«

Als ich das Haus verließ, folgte mir der junge Mann erwartungsgemäß. Ich hörte seine Schritte dicht hinter mir und wurde etwas nervös, weil ich dachte, er könnte unser Manöver durchschauen. Es ging aber alles gut, und er lief ein paar Straßen hinter mir her. Als ich an der Schah-Resa-Avenue angekommen war, drehte ich mich zu ihm um.

Als er mich anschaute und erkannte, daß er getäuscht worden war, verriet sein Gesicht Traurigkeit und Schmerz. Er war offensichtlich sehr verliebt – und ein harmloser Junge.

Studentin der Medizin

Im Jahr 1958 beendete Homa das Gymnasium. Sie war die Beste des Jahrgangs. Für große Abschlußfeiern hatte sie allerdings keine Zeit, denn sie hatte sich entschlossen, sich um einen Studienplatz in Medizin zu bewerben.

Den ganzen Sommer dieses Jahres bereitete sie sich auf die Zulassungsprüfung für das Medizinstudium an der Universität von Teheran vor. Die Teheraner Uni galt als die beste im Iran, und es war nicht leicht, dort einen Studienplatz zu bekommen. Eine Flut von Bewerbungen aus dem ganzen Land überschwemmte das Sekretariat. Da das Medizinstudium für jedermann zugänglich und außerdem gebührenfrei war, sahen zahllose angehende Studenten darin eine vielversprechende Ausbildungs- und Aufstiegsmöglichkeit.

In dem Jahr, als Homa sich um einen Studienplatz bewarb, war sie eine unter Tausenden von Bewerbern für das Fach Medizin. Sie alle mußten sich im August in Teheran einer umfassenden Aufnahmeprüfung unterziehen. Nur die dreihundert Besten wurden zum Studium zugelassen.

Da Homa wußte, daß bei dieser Prüfung sehr viel verlangt werden würde, legte sie sich ein strenges Lernprogramm zurecht. Sie lernte zunächst mit einer Gruppe von gleichaltrigen Mitbewerbern. Ich kann mich noch an einige von ihnen erinnern, denn die Lerngruppe traf sich bei uns, und wenn eine Pause fällig war, setzten sich alle mit an den Familientisch und aßen eine Kleinigkeit. Später jedoch kam Homa von der Gruppenarbeit ab; statt dessen ging sie ihr tägliches Pensum gemeinsam mit einem jungen Mann namens Mohsen durch.

Es stieß auf allgemeine Verwunderung, daß Homa nun pausenlos mit einem jungen Mann zusammensaß. Im Iran war es keineswegs üblich, daß Männer und Frauen gemeinsam lernten. Die Ochsentour der beiden dauerte zwei Monate. Sie hockten Tag und Nacht über den Büchern, und Pausen machten sie nur, um zu essen.

Mohsen ständig in unserem Haus zu haben war nicht immer angenehm, denn er war nicht besonders freundlich. Die beiden sonderten sich weitgehend ab, und Homa nahm kaum noch am Familienleben teil.

Der Tag, an dem Homa ihre Zulassungsprüfung ablegte, war für uns alle eine Erlösung. Als sie nach der Prüfungsklausur wieder nach Hause kam, verschwand sie sofort in ihrem Bett. Am nächsten Morgen war sie hochgradig nervös. Sie machte sich Sorgen, daß ihre Note für die Zulassung nicht ausreichen könnte.

Ich werde nie vergessen, wie schwierig die Zeit des Wartens für uns alle war, bis endlich die Ergebnisse bekanntgegeben wurden. In diesen Wochen konnte Homa einfach keine Ruhe finden. Ihre Nervosität wurde zum Dauerzustand, und ihre Stimme bebte, wenn sie sprach. Manchmal wußte sie nicht, wie sie dasitzen sollte. Unentwegt korrigierte sie ihre Haltung. Und wenn sich ihre Hände trafen, nestelte und zupfte die eine Hand an der anderen herum. Ich habe es heute noch deutlich vor Augen – am Ende ihres Lebens bot sie den gleichen Anblick.

Die Namen der dreihundert Besten sollten in der Presse veröffentlicht werden. Wir holten uns deshalb jeden Abend im Laden an der Ecke eine Zeitung, immer in der Hoffnung, an diesem Tag endlich die Ergebnisse darin zu finden. Als es tatsächlich soweit war, gingen wir schon auf der Straße fieberhaft die Liste durch.

Die Namen waren nach Zensuren geordnet. Homas Kollege Mohsen, der gemeinsam mit ihr gelernt hatte, war schnell gefunden. Sein Name befand sich unter den ersten zehn, die dort aufgeführt waren.

Homa bekam immer größere Zweifel, als unsere

Augen die lange Reihe der Namen weiter nach unten absuchten. »Ich wußte es, ich wußte es, daß ich es nicht geschafft habe«, murmelte sie vor sich hin.

Ich sagte gar nichts. Zeile um Zeile ging ich die Liste durch und fahndete nach unserem Familiennamen. Ich war schon auf der zweiten Seite, bei Nummer 237, als ich einen Schrei ausstieß. Da stand ihr Name: Homa Darabi! Erleichtert fingen wir an zu lachen und rannten nach Hause.

»Homa wird Ärztin!« rief ich schon an der Haustür unserer Mutter zu.

»Sie hat bestanden?« Mutter kam aus ihrem Zimmer herbeigelaufen und umarmte uns. Zu dritt blieben wir lange Zeit im Flur stehen und kosteten das Gefühl des Triumphes aus.

Bei ihrer Intelligenz hätte auch unsere Mutter Ärztin werden können, aber sie hatte eben nie die Chance bekommen. Jetzt blickte sie in die Augen ihrer Tochter und malte sich aus, was aus meiner Schwester noch alles werden könnte. Sie fing an, in einer Weise zu weinen, die ich bei ihr noch nie zuvor erlebt hatte. Damals verstand ich sie nicht, aber heute, wenn ich an diesen Tag zurückdenke, kann ich mir sehr gut vorstellen, was in ihr vorging.

Die frohe Kunde versetzte uns alle in ein Hochgefühl. Homa war die erste aus unserer Familie, die zum Studium an der Medizinischen Fakultät der Universität Teheran zugelassen wurde. Wir gehörten jetzt zu den »besseren Leuten« und entwickelten ein ganz neues Selbstwertgefühl, das Menschen von einfacher Herkunft normalerweise verwehrt bleibt.

Wochenlang sprach unsere Mutter von nichts anderem. Ihre Tochter wird Doktor der Medizin! Für iranische Eltern gibt es kaum etwas, auf das sie mehr stolz sein können.

Homa hatte ihr Studium gerade erst aufgenommen, als sie eines Tages mit einer kleinen Schachtel von der Universität nach Hause kam. Ich fand sie in unserem gemeinsamen Zimmer, wie sie gebannt in das Schächtelchen blickte, das vor ihr auf dem Boden lag.

»Was machst du da?« wollte ich wissen.

»Ich habe einen Frosch von der Uni mitgebracht. Ich muß seinen Verdauungstrakt entfernen«, erwiderte sie und starrte weiter den Frosch an.

»Aha«, sagte ich. »Und worauf wartest du noch?«

»Ich muß den Frosch dafür umbringen«, erklärte sie.

»Natürlich mußt du das! Und wo liegt das Problem?«

»Du weißt doch, wie schwer es mir fällt, ein Lebewesen zu töten.«

»Aber Homa, du willst doch Ärztin werden. Da mußt du dich schon damit abfinden, daß alles, was lebt, auch irgendwann einmal stirbt. Das ist dir doch klar, oder?«

»Sicher, aber es fällt mir eben schwer.«

»Es muß nun mal sein. Komm, ich helf dir.«

Zum Auftakt betäubte sie den Frosch mit etwas Chloroform. Dann legte sie ihn auf den Rücken und markierte die Stelle, wo sie ihn aufschneiden mußte. Sie ging sehr bedächtig vor, mit äußerst exakten Bewegungen. Als sie das Skalpell in die Hand nahm und an den Bauch ihres Opfers setzte, kam plötzlich wieder Leben in den Frosch, und er hüpfte davon.

Ich paßte genau auf, wohin er flüchtete; ich wollte nicht, daß er uns entkam. Als ich den Frosch wieder eingefangen hatte und mich zu Homa umdrehte, lag sie vor mir auf dem Boden. Sie war ohnmächtig geworden.

Ich benetzte ihr Gesicht mit kaltem Wasser, und sie kam rasch wieder zu sich. Nachdem sie mehrmals tief Luft geholt hatte, machte sie sich erneut an die Arbeit. Sie nahm diesmal etwas mehr Chloroform, und bald konnte sie ihre Schnitte setzen. Als sie erst einmal angefangen hatte, war es mit ihrer Zaghaftigkeit vorbei, und die Arbeit ging ihr zügig von der Hand.

In den nächsten Monaten ging ich häufig, als ich an der Universität vorbeikam, ins Anatomische Institut, um sie abzuholen. Oft war sie noch mit dem Sezieren von Leichen beschäftigt. Es war erstaunlich, wie schnell sie dazu gekommen war, daß ihr all das Blut nichts mehr ausmachte. Ich konnte kaum glauben, daß die junge Frau, die dort ohne mit der Wimper zu zucken den Leichen Organe entnahm, vor kurzem noch umgefallen war, als sie einen Frosch sezieren sollte.

In den Fängen des SAVAK

Als Homa mit dem Medizinstudium begann, dachte ich, daß ihr Interesse an der Politik erlahmen würde, aber ich hatte mich getäuscht. Das Studium an der

Universität stachelte ihren Eifer, mehr über die gegenwärtige politische Situation zu erfahren und auch Möglichkeiten der direkten Einflußnahme zu gewinnen, sogar noch weiter an.

Im Jahr 1958, kurz nach der Aufnahme ihres Studiums, trat Homa in die Paniranische Partei des Dariush-e-Frouhar ein. Die Partei verfolgte einen nationalistischen Kurs, der sich stark an Mossadeghs Zielsetzungen orientierte.

Auch ich war kurze Zeit Mitglied. Homa hatte mich angeworben, aber meine Begeisterung reichte nur für ein paar Versammlungen, die wöchentlich stattfanden. Die Partei pflegte eine Zeitlang eine Art von Geheimsprache; so gab es einen Gruß, an dem sich die Eingeweihten untereinander erkennen konnten. Regelmäßig wurde eine Untergrundzeitung herausgegeben.

Mit der Zeit beteiligte sich Homa immer öfter an politischen Aktionen. Es entsprach ganz sicher einem inneren Bedürfnis von ihr, aber ich glaube, sie betrachtete es auch ein wenig als Ausgleich für den Streß, dem sie in ihrem Studium ausgesetzt war.

Ihr politisches Engagement wurde noch zusätzlich durch die wachsende Schärfe der innenpolitischen Auseinandersetzungen angespornt. Studentische Protestaktionen auf dem Gelände der Universität waren zu Beginn der sechziger Jahre an der Tagesordnung. Bei jeder dieser Demonstrationen griffen Sicherheitskräfte ein, die immer eine Handvoll Studenten verhafteten, die mit empfindlichen Strafen zu rechnen hatten.

Die drakonischen Gegenmaßnahmen heizten die

Proteste nur noch stärker an. Schließlich kam es so weit, daß der Schah im Ausland Waffen beschaffen ließ, um damit gegen die Oppositionskräfte im eigenen Land vorzugehen.

Homa beteiligte sich aktiv an vielen dieser Demonstrationen. Ich war damals noch auf dem Gymnasium. Oft ging ich auf dem Heimweg am Universitätsgelände vorbei, um zu sehen, was Homa machte, ob sie wieder Flugblätter verteilte oder an einem Sitzstreik teilnahm. Hin und wieder stand sie auch auf irgendeiner Tribüne, von wo aus sie das Wort an eine Menschenmenge richtete.

Sie forderte die Menge auf, für Freiheit, Demokratie und Menschenrechte zu kämpfen. Es ergriff mich jedesmal ein merkwürdiges Gefühl des Stolzes, wenn ich meine Schwester sah, wie sie vor Hunderten von Zuhörern sprach. Ihr Kampfgeist hatte etwas Inspirierendes. Er schien sich aus einer Flamme zu nähren, die tief in ihrem Inneren loderte.

Ihr zuzuhören war jedoch nicht ganz ungefährlich. Wenn die Polizei auftauchte, wurde ausnahmslos jeder verhaftet. Es war vollkommen unerheblich, ob man vielleicht nur zufällig dabeigestanden hatte. Auch ich wurde zweimal verhaftet und von der Geheimpolizei SAVAK vernommen. Interessanterweise waren die Büros des SAVAK als ganz normale Wohnungen getarnt und lagen mitten in den besseren Wohnvierteln.

Bei jedem Polizeieinsatz wurden ganz bewußt auch Unbeteiligte wie ich vom Universitätsgelände weg verhaftet und einem scharfen Verhör unterworfen. Es war eine Abschreckungsmaßnahme, die aber lediglich dazu führte, daß man lernte, schnell und geistesgegenwärtig zu antworten.

An einem Januarnachmittag des Jahres 1961 waren Homa und ich allein zu Hause. Auf dem Campus hatten mehrere Demonstrationen hintereinander gegen die Regierung stattgefunden, und die Universität war deshalb für den Rest der Woche geschlossen worden. Die Unruhen waren ausgebrochen, nachdem das Parlament ohne Ankündigung von Neuwahlen aufgelöst worden war.

Wir hatten uns gerade etwas hingelegt, Homa war sogar eingeschlafen, als es an der Tür läutete. Ich ging öffnen. Draußen stand Parvaneh, die Frau von Dariush-e-Frouhar. Sie war eine Großcousine unseres Vaters.

»Das ist aber eine Überraschung«, begrüßte ich sie. »Was führt dich zu uns?«

»Ist Homa da?« erkundigte sie sich hastig.

»Natürlich. Komm doch rein!«

»Nein, danke, ich wollte nur wissen, ob Homa da ist.« Sie wirkte nervös und wollte nicht eintreten.

»Parvaneh, hier bin ich!« rief Homa von der Treppe, die zur Haustür hinunterführte. Sie kam geradewegs aus dem Bett, trug nur ein weißes Hauskleid und rieb sich etwas schläfrig die Augen.

Auch jetzt, nachdem sie Homa gesehen hatte, wollte Parvaneh noch immer nicht hereinkommen. Sie blieb im Eingang stehen, während sie zu Homa sprach.

Ein paar Augenblicke später wurde sie von zwei Männern beiseite gestoßen. Die Männer stürmten herein und die Treppe hinauf, packten meine Schwester rechts und links und zerrten sie aus dem Haus.

Parvaneh schrie auf. »Sie haben Homa verhaftet!« Ohne ein weiteres Wort verschwand sie fluchtartig und ließ mich in meiner Bestürzung im Türrahmen stehen.

Während ich dort verharrte, rasten die Ereignisse der letzten Tage durch meinen Kopf. In dieser Woche hatten Studenten das Auto des Universitätsrektors angezündet. In der Woche davor hatte die Regierung der Partei der Nationalen Front die Genehmigung erteilt, in einem Sportstadion weitab vom Teheraner Stadtzentrum eine friedliche Demonstration abzuhalten.

Homa und ich waren mit unserem Vater zu dieser Versammlung gegangen. Es war die erste genehmigte öffentliche Demonstration seit neun Jahren. Ich glaube, diese Tatsache hätte uns zu denken geben müssen.

Aus der ganzen Stadt waren die Menschen zu Tausenden herbeigeströmt und hatten den Lobreden auf Mohammed Mossadegh zugehört. Jedesmal, wenn Mossadeghs Name fiel, kam es zu minutenlangen Ovationen.

Als der dritte Redner auf dem Podium stand, griff die Polizei ein. Mit Knüppeln und Tränengas wurden die Menschen auseinandergetrieben. Die Ordnungskräfte konnten einen glänzenden Erfolg bei der Zerschlagung einer friedlichen Versammlung feiern.

In dem allgemeinen Durcheinander waren Vater, Homa und ich getrennt worden. Ich hatte meine erste und sehr schmerzhafte Bekanntschaft mit dem

Gummiknüppel gemacht. Wir waren auf getrennten Wegen durch die Straßen geflüchtet, bis wir uns schließlich wieder alle zu Hause einfanden.

Am Ende dieser Woche war es an der Universität erneut zu Studentenkrawallen gekommen. Wieder ging die Polizei mit Gewalt dagegen vor. Es gab einen Toten und vierhundert Verletzte.

Erst als Reaktion darauf war das Auto des Rektors in Brand gesteckt worden. Auf dem Heimweg von der Arbeit hatte ich den Vorfall zufällig miterlebt. Es war furchtbar. Die Studenten hatten von dem Wagen die Radkappen abgerissen und als Trophäen auf die Pfosten des Eingangstores zum Universitätsgelände gesteckt. Um der Gewalt ein Ende zu machen, wurde die Universität daraufhin von der Regierung geschlossen. Der Lehrbetrieb ruhte insgesamt 72 Tage.

Homa hatte mit der Brandstiftung nichts zu tun, aber sie hatte an eben jenem Tag vor den Gebäuden der Medizinischen Fakultät eine Rede vor einer Gruppe von Demonstranten gehalten. Das war für die Geheimpolizei SAVAK ein willkommener Anlaß, nun gegen sie, die den Universitätsbehörden als eine der Rädelsführerinnen galt, vorzugehen. In der Tat hatte sie aufgrund ihres unermüdlichen Einsatzes und ihrer Führungsqualitäten inzwischen eine gewisse Popularität bei den Studenten erlangt.

In den Tagen, die auf Homas Verhaftung folgten, herrschten in unserer Familie Niedergeschlagenheit und Angst. Niedergeschlagenheit deshalb, weil wir völlig hilflos waren und nichts tun konnten. Es gelang uns nicht einmal, für Homa einen Anwalt zu finden, da sich niemand an den Fall herantraute. Zudem war die Verbindung zu ihr völlig abgerissen.

Angst hatten wir, weil wir viel über die Foltermethoden des SAVAK gehört hatten. Während der ersten Tage von Homas Verschwinden war unsere Mutter vollkommen in Tränen aufgelöst. Sie sprach nur noch von den schrecklichen Dingen, die ihre Tochter vielleicht zu erleiden hatte. Wir mußten befürchten, daß sie geschlagen, vergewaltigt oder auf eine andere scheußliche Weise mißhandelt wurde. Der Gedanke, daß meine wunderschöne Schwester diesen abartigen Kerlen hilflos ausgeliefert war, raubte mir in den ersten Tagen ihres Verschwindens den Schlaf.

Unser Onkel ließ seine Verbindungen spielen, um irgend etwas zu erfahren, aber auch er hatte keinen Erfolg. Von Homa fehlte jede Spur. Wenn unser Vater abends von der Arbeit nach Hause gekommen war, saß er mit knirschenden Zähnen im Wohnzimmer und blickte starr vor sich hin. Jedesmal, wenn die Haustür ging, riß er den Kopf herum. Er sprach kaum und hatte auch keine Lust, Radio zu hören, er saß nur da und wartete mit versteinertem Gesicht auf Homas Rückkehr. Es zerriß mir das Herz, ihn in einem solchen Zustand zu sehen – es schien, als würde er mit jedem Tag, den er warten mußte, ein ganzes Jahr älter werden. Bis dahin hatte ich nicht gewußt, wie schlimm es ist, zu absoluter Tatenlosigkeit verurteilt zu sein.

Am vierten Tag nach Homas Verhaftung kam einer ihrer Studienkollegen zu uns und brachte Neuigkeiten. Er berichtete, daß Homa im »Ghasr«-Gefängnis festgehalten wurde. Er hatte es am Morgen von einem anderen Studenten gehört, der schon einige Semester weiter war und neben seinem Studium als Gefängnisarzt arbeitete.

Dieser Mann war in Teheran fast so etwas wie eine Berühmtheit. Bis zu seinem dreißigsten Lebensjahr hatte er sein Leben als Wachmann gefristet. Er war ohne jegliche Schulbildung aufgewachsen und Analphabet. Der große Wendepunkt kam an seinem dreißigsten Geburtstag: Er beschloß, Arzt zu werden. Und tatsächlich schaffte er es, sich aus eigener Kraft innerhalb von fünf Jahren auf einen Wissensstand emporzuarbeiten, der es ihm erlaubte, die Zulassungsprüfung für das Medizinstudium zu bestehen.

Da er darauf angewiesen war, nebenher Geld zu verdienen, hatte er sich um einen Posten im öffentlichen Gesundheitsdienst bemüht, und man hatte ihm die Stelle eines Gefängnisarztes zugewiesen. Offensichtlich war er nun bei einer seiner Runden durch das »Ghasr«-Gefängnis auf Homa gestoßen.

Homa hatte ihn sofort erkannt und gebeten, er möchte uns doch eine kurze Nachricht zukommen lassen. »Sag bitte meiner Familie, wo ich mich befinde und daß es mir gutgeht.«

Wir nahmen die Nachricht zwar mit großer Erleichterung auf, aber bevor wir endgültig aufatmen konnten, mußten wir erst herausfinden, ob die Information auch wirklich stimmte.

Gleich am nächsten Morgen eilte unsere Mutter zum Gefängnis. Sie wollte Homa etwas zu essen und saubere Kleidung bringen. Daraus wurde ein täglicher Gang, es war das erste, was sie von da ab jeden

Morgen tat. Unsere Besorgnis wich aber noch lange nicht.

Sie durfte ihre Tochter kein einziges Mal sehen. Wenn sie ins Gefängnis kam, mußte sie an der Tür zum Zellentrakt sämtliche Mitbringsel dem Wachpersonal aushändigen. Die Wärter tasteten die Kleidungsstücke mit großer Sorgfalt nach verbotenen Gegenständen ab, die unsere Mutter womöglich hineinschmuggeln wollte. Auch das mitgebrachte Essen wurde genauestens untersucht. Die Wärter stocherten mit großen Eisenstiften, die sie vom Gefängnisboden auflasen, in den Nahrungsmitteln herum. Es war für Mutter jedesmal quälend, mit ansehen zu müssen, wie rüde diese Männer mit den Sachen für Homa umgingen. Wenn sie vom Gefängnis zurückkam, war sie immer verstört und voller Zorn. Daß unsere Mutter Homa nicht ein einziges Mal zu Gesicht bekam, machte alles noch schlimmer. In unserer Familie ließ die Anspannung keineswegs nach. Wir wußten einfach nicht mit Sicherheit, ob Homa tatsächlich dort in diesem Gefängnis war und ob es ihr gut ging. Wir konnten nur das Beste hoffen.

Nach etwa zwei Wochen kam unsere Mutter wieder einmal gegen Mittag vom Gefängnis zurück. Es war die übliche Zeit. Nur war sie diesmal nicht allein. Sie hatte ihre Tochter mit nach Hause nehmen dürfen.

Wir waren außer uns vor Freude. Vater blieb den Rest des Tages zu Hause, wir setzten uns alle vier ins Wohnzimmer, aßen gemeinsam zu Mittag und tranken dann Tee. Wir wollten natürlich von Homa alles über ihre Haft erfahren, aber sie wurde in ihrer Erzählung dauernd von Freunden und Verwandten unterbrochen, die von ihrer Freilassung erfahren hatten und nun gekommen waren, um sie persönlich willkommen zu heißen.

Sie berichtete, daß man sie in eine Einzelzelle gesteckt hatte. Lesen oder Radiohören war verboten. Sie bekam zwei schmutzige Decken, zum Schlafen mußte sie sich auf den nackten Zellenboden legen. Während der ganzen Zeit durfte sie sich nur zweimal kurz duschen; die saubere Kleidung, die Mutter ins Gefängnis gebracht hatte, wurde ihr allerdings ausgehändigt.

Der einzige, der ihr dort Beistand leistete, war der Gefängnisarzt. Er hatte sogar nachts Bücher in ihre Zelle geschmuggelt. Und sie war natürlich sehr dankbar für das von Mutter gebrachte Essen, denn der Gefängnisfraß war einfach fürchterlich.

Nach einiger Zeit begannen die Verhöre. Nach Homas Bericht war das der Höhepunkt der ganzen Haft.

»Ich wurde vom Chef des SAVAK höchstpersönlich verhört«, sagte sie.

»Tatsächlich?« rief ich ganz aufgeregt.

»Er fragte mich: ›Sind Sie Homa Darabi?‹, und ich bejahte natürlich, aber am Tonfall seiner Frage konnte ich merken, daß er überrascht war.«

»Und was geschah dann?« wollte Mutter wissen. Alle Fragen kamen von Mutter und mir. Vater sagte kaum ein Wort. Er hatte sich zurückgelehnt und trank seinen Tee. Ich glaube, er hörte nicht einmal zu. Sein Blick ruhte die ganze Zeit auf Homa, und in seinen Augen funkelte der Ausdruck unsäglicher Freude.

Homa setzte ihren Bericht fort. »›Mein Gott!‹ entfuhr es dem Chef der Geheimpolizei, ›Sie sind ja so klein! Ich dachte, ich würde es mit dieser harten Frau zu tun haben, die an der Universität soviel Aufsehen erregt.‹ Ich habe ihn daraufhin nur angesehen und gesagt: ›Nun, Sie *haben* es mit ihr zu tun.‹«

Wir mußten alle lachen.

»›Ich verstehe‹, sagte er nur, und dann kam er zur Sache. Er wollte alles über das angezündete Auto wissen, ob ich es war oder ob ich wüßte, wer es war, und warum man den Wagen angezündet hatte. Er knallte mir eine Frage nach der anderen vor, aber er bekam von mir nicht *eine* Antwort. Ich betrachtete nur immer das Bild an der gegenüberliegenden Wand. Es war ein Bild des Schah.«

»Und du hast ihm überhaupt nichts gesagt?« fragte ich.

»Ich sagte lediglich, daß mir keiner vorschreiben könne, was ich zu denken habe. Meine Gedanken würden mir gehören, und ich hätte das Recht, sie zu verbreiten, solange ich das nicht gewaltsam tue«, erklärte sie.

»Wie hat er darauf reagiert?« wollte ich wissen.

»Er hörte nicht auf mit seinen Fragen, und ich antwortete ihm immer nur, daß ich das Recht hätte, in der Öffentlichkeit zu reden und meine Meinung frei zu äußern. So ging das eine Stunde oder vielleicht auch zwei hin und her. Schließlich hatte er die Nase voll und fuhr mich an: ›Wie kann ein so kleines Mädchen nur so große Forderungen stellen?‹ Ich gab ihm zurück: ›Napoleon war auch nicht besonders groß und hat trotzdem fast die ganze Welt erobert.‹«

Wieder lachten alle. Im ersten Moment wirkte ihre Kühnheit geradezu unglaublich, aber wirklich überrascht waren wir eigentlich nicht. Wir waren einfach nur froh, daß sie wieder bei uns war und uns alles erzählen konnte und daß ihr kein Haar gekrümmt worden war.

Ich habe diese Verhaftung immer als einen entscheidenden Einschnitt betrachtet, nicht nur in Homas Leben, sondern auch in meiner Beziehung zu ihr. Als sie aus dem Gefängnis zurückkehrte und von ihrer schweren Zeit dort berichtete, überkam mich das Gefühl, daß ich sie eigentlich gar nicht mehr richtig kannte. Sie hatte sich völlig in ihr Studium vergraben, und ihre geringe Freizeit widmete sie der politischen Arbeit. Für die Familie und für mich blieb da kaum noch etwas übrig. Ihr Studienkollege Mohsen sah sie häufiger als irgend jemand von uns. Ihr Leben hatte neue Akzente bekommen.

An die Kette gelegt

Eine rätselhafte Entscheidung

Die Verhaftung war für Homa keineswegs ein Grund, von nun an ihre Überzeugungen für sich zu behalten. Auch im weiteren Verlauf ihres Studiums trat sie bei studentischen Kundgebungen ans Mikrofon und äußerte ihre Meinung zu den innenpolitischen Vorgängen im Iran.

Von Freunden und von ihrer Familie aber sonderte sie sich noch mehr ab. Der Leistungsdruck, dem Homa in ihrem Studium ausgesetzt war, führte dazu, daß sie meistens mit Mohsen zusammensaß und lernte. Seit der Zeit, in der sich die beiden gemeinsam auf die Zulassungsprüfung vorbereitet hatten, gehörte Mohsen sozusagen zu unserem Haushalt.

Ich weiß nicht, wann die beiden den Entschluß faßten zu heiraten – und was sie zu diesem Entschluß gebracht hat, ist mir auch nicht ganz klar. Die Anwesenheit von Mohsen in unserem Haus habe ich eigentlich immer als Störung empfunden. So gut wie nie war es mir möglich, mit meiner Schwester mal eine Stunde allein zu sein. Als die beiden ihre Verlobung bekanntgaben, wußte ich nicht, was ich davon halten sollte, aber wirklich überrascht war niemand. Die zwei hatten so viel Zeit zusammen verbracht, daß sich die Leute schon zu fragen begannen, wann es wohl endlich soweit sei.

Trotzdem, ich hatte von Beginn an meine Zweifel, ob diese Entscheidung richtig war. Ich sah doch, daß Mohsen mit meiner Schwester so gut wie keine Gemeinsamkeit hatte. Andererseits konnte ich natürlich nicht abschätzen, wie groß der Einfluß war, den er in den vergangenen vier Jahren ständigen Beisammenseins auf sie ausgeübt hatte. Es konnte ja sein, daß Homa sich ihrerseits ändern wollte.

Die Verschiedenheit ihrer Charaktere war gleichwohl offenkundig. Das zeigte sich bereits bei der Planung der Hochzeit. Homa hätte gern mit all ihren Freunden und Verwandten ein rauschendes Hochzeitsfest gefeiert. Sie wollte, wie sich das gehört, in einem großartigen weißen Brautkleid erscheinen und die schönste Frau des Tages sein. Mohsen dagegen wollte lieber nur eine kleine Feier zu Hause im engsten Familienkreis veranstalten.

Unserer Mutter blieben die Meinungsverschiedenheiten zwischen den beiden nicht verborgen. Manchmal sprach sie Homa darauf an.

»Wie willst du eigentlich mit diesem Mann zusammenleben, wenn ihr euch noch nicht einmal über den Ablauf eurer Hochzeit einigen könnt?«

»Wenn es Schwierigkeiten gibt, dann lasse ich mich eben wieder scheiden«, gab Homa zurück.

»Liebling, so einfach, wie du dir das vorstellst, ist das nicht! Die Ehe ist eine Verpflichtung, die man für das ganze Leben eingeht. Wenn du erst einmal ja gesagt hast, dann kannst du es dir nicht nach Belieben wieder anders überlegen.«

»*Ich* kann das sehr wohl. Wenn ich mir das Recht auf Scheidung garantieren lasse, dann werde ich mich eben von ihm trennen, falls er mir einen Grund dazu gibt.«

Solche Wortgefechte zwischen Homa und unserer Mutter gab es in der Verlobungszeit häufig, und nicht selten arteten sie in hitzige Streitereien aus.

Das erste Mal, als mir wirklich ernste Bedenken kamen, ob Homa mit diesem Mann glücklich werden könnte, war an dem Abend, als ich für Homa, Mutter und Mohsen Karten für ein Konzert besorgt hatte. Meine Schwester hatte sich für diesen Anlaß ganz besonders schöngemacht. Sie trug ein rotes, am Hals weit ausgeschnittenes Kleid mit dünnen Trägern, die viel von ihren Schultern sehen ließen. Ich erinnere mich noch, wie vornehm sich Homas weiche olivfarbene Haut von dem roten Satin des Abendkleides abhob.

Für ihr schwarzes Haar wählte sie eine Frisur, die ihre hohen Wangenknochen voll zur Geltung brachte, und sie hatte auch etwas mehr Make-up aufgelegt als sonst. Sie sah einfach hinreißend aus.

Mohsen, der uns abholen kam, war jedoch über den Anblick seiner Verlobten alles andere als erfreut. Seine Miene verfinsterte sich schlagartig, und er bestand darauf, daß sie sich sofort das Gesicht zu waschen und etwas anderes anzuziehen hätte.

Meine Schwester weigerte sich, und es kam zu einem Streit. Vor unseren Augen ohrfeigte er Homa und schüttelte sie heftig, um sie gefügig zu machen.

Unsere Mutter wollte nicht dulden, daß der Verlobte ihrer Tochter sich an ihrem Kind vergriff. Sie ging dazwischen und wies Mohsen die Tür.

Doch der wurde daraufhin noch wütender. »Jetzt bin *ich* für deine Tochter verantwortlich!« schrie er seine zukünftige Schwiegermutter an. »*Du* solltest dich aus unseren Angelegenheiten heraushalten!« Er machte kehrt und knallte die Haustür hinter sich zu.

Als er weg war, merkte ich, daß Homa weinte. Ich bekam Angst um sie. Ich hatte Mohsen zwar nie besonders gut leiden mögen, und wir wechselten kaum ein Wort, wenn er bei uns zu Hause war, aber daß er gewalttätig werden konnte, hätte ich doch nicht gedacht.

Ein paar Minuten lang herrschte Ruhe, aber dann fuhr Mutter auf Homa los: »Hättest du dir nicht denken können, daß er so reagiert? Wieso läßt du es überhaupt zu so einem Streit kommen? Du hättest dich doch auch ganz normal anziehen können! Sieh mich an und deine Schwester, wir haben uns doch auch nicht herausgeputzt!«

Homas Zorn auf Mohsen kehrte sich jetzt gegen unsere Mutter. »Was, zum Teufel, ist bloß mit euch allen los? Ich habe mich eben ein bißchen hübsch gemacht, mehr nicht. Was soll daran schlimm sein? Wozu regst du dich überhaupt so auf?«

Die Auseinandersetzung wollte kein Ende nehmen. Schließlich flehte Mutter Homa an, sie möchte sich doch die Hochzeit mit diesem Mann noch einmal gründlich überlegen.

»Homa, Liebes, bitte denk doch noch einmal darüber nach. Lös die Verlobung auf! Dieser Mann wird bestimmt nicht gut zu dir sein. Er ist genau wie dein Vater.«

»Aber Mutter, wer wird das schon sein? Gibt es

denn in diesem Land überhaupt einen Mann, der seine Frau ordentlich behandelt? Dann zeig ihn mir doch!«

»Homa, du machst bald dein Examen, und es wird nicht mehr lange dauern, dann bist du Ärztin. Du kannst doch einen anderen Mann finden, einen, der Verständnis hat für dich. Die Zeiten ändern sich, und nicht mehr alle Männer sind gemein zu ihren Frauen. Man erwartet inzwischen etwas anderes von ihnen!«

Meine Schwester hatte darauf immer nur die gleiche Antwort. »Wenn es nicht funktioniert und es Ärger gibt«, meinte sie, »dann lasse ich mich eben scheiden. Ich werde darauf bestehen, daß mein Recht auf Scheidung in den Ehevertrag aufgenommen wird. Und außerdem wird sich alles ändern, wenn wir erst einmal verheiratet sind und unsere Ausbildung abgeschlossen haben. Mohsen ist nicht immer so wie heute. Er hat einfach zu viel Druck mit seinem Studium. Das wird bald anders. Ich werde schon dafür sorgen, daß er sich ändert und meine Vorstellungen akzeptiert.«

Unsere Mutter war nicht überzeugt; sie hegte weiter die Befürchtung, daß sich dieser Mann niemals ändern würde. Und sie sollte recht behalten.

Homa vertraute darauf, daß sie sich von dem Mann, den sie heiraten würde, gegebenenfalls auch wieder scheiden lassen könnte. Im Iran und in anderen islamischen Ländern steht den Frauen ein solches Recht aber nicht automatisch zu. Sie müssen es sich bei ihrer Heirat eigens ausbedingen. Aber selbst dann, wenn das Recht der Frau tatsächlich eingeräumt wird, ist es für sie nicht einfach, die Scheidung auch durchzusetzen. Sie muß vor ein Gericht, das den Scheidungsantrag zu prüfen hat, und das macht die Sache zu einem langwierigen Verfahren.

Wenn hingegen ein Mann seine Frau verlassen will, muß er nach den Regeln des Islam dafür noch nicht einmal einen Grund angeben. Es ist allein seine Entscheidung, bei der ihm niemand hineinreden kann.

Homa war sich nicht im klaren darüber, daß die Scheidungsklausel faktisch keine sehr weitreichende Bedeutung besaß. Sie verließ sich einfach blind darauf, und hier lag der eigentliche Grund für den Streit zwischen ihr und unserer Mutter, die sich, was das Scheidungsrecht für die Frauen betraf, keinen Illusionen hingab.

Außerdem war es ihrer Meinung nach wenig sinnvoll zu heiraten, wenn man bereits darüber nachdachte, ob und wie man sich von seinem Auserwählten eines Tages wieder scheiden lassen konnte. Zu guter Letzt mußte sie sich freilich den Wünschen ihrer Tochter beugen. Homa hatte ihren eigenen Kopf, und Mutter wußte das.

Es wird wohl immer ein Geheimnis bleiben, warum Homa ausgerechnet diesen Mann geheiratet hat. In ihrer Jugend hat sie sich nie gerne über Persönliches ausgelassen. Wie sie über Männer dachte, wußte keiner von uns. Es hatte jedoch eine Zeit gegeben, in der sie verliebt war, und sie hatte es in jenen Monaten nicht geschafft, wie sonst immer ihre Gefühle vor allen zu verbergen.

Als Homa siebzehn war, verbrachten wir die Sommerferien bei meinem Onkel am Kaspischen Meer im Norden des Iran. Hier lernte sie einen Bekannten unseres Onkels, einen jungen Mann namens Keyvan kennen. Keyvan war groß, braungebrannt und hatte schwarze Augen.

Kaum hatte der junge Mann Homa gesehen, da machte er ihr auch schon den Hof. Er ließ sich alles mögliche einfallen, um ihre Aufmerksamkeit auf sich zu lenken. Nach ein paar Tagen ging Homa auf seine Kontaktversuche ein, und von nun an waren die beiden die meiste Zeit zusammen.

Damals durften junge Leute niemals miteinander allein gelassen werden – eine Anstandsdame oder eine männliche Autoritätsperson mußte immer dabeisein. Da für die Einhaltung dieser Regel gesorgt war, hatte unser Onkel nichts dagegen, daß seine Nichte sich mit seinem Bekannten anfreundete. Daß daraus mehr werden könnte, kam ihm erst gar nicht in den Sinn.

Den Tag verbrachten sie zusammen mit uns am Strand. Abends versammelte sich alles im Haus unseres Onkels. Auch bei diesen Parties, zu denen Verwandte und Bekannte aus der ganzen Gegend angereist kamen, konnte man sicher sein, daß Homa und Keyvan beieinander hockten. Sie waren so gut wie unzertrennlich, und jeder wußte das.

Onkel Hosseins Frau Giti brachte die Sache auf den Punkt. Sie bereitete gerade in der Küche das Essen vor. Homa befand sich mit ihrem Freund im Zimmer nebenan.

»Sie haben sich ineinander verliebt«, sagte sie.

»Nun hör mal«, knurrte Onkel Hossein, »wovon redest du überhaupt? Das sind Kinder, die sich einen schönen Tag machen. Von Liebe kann da doch keine Rede sein.«

»Aber Hossein, mein Lieber, ich kann es ganz deutlich sehen!«

»Was siehst du ganz deutlich, Giti? Haben sie etwa statt Augen Herzchen im Gesicht? Stehen ihre Namen quer über den Vollmond geschrieben oder im Kaffeesatz? Was du auch immer siehst!« Er plusterte sich mächtig auf bei diesen Worten, und in der Küche brüllte alles vor Lachen. Auch ich sah mit großem Vergnügen zu, wie sich mein Onkel über seine Frau lustig machte.

Aber Tante Giti gab sich noch nicht geschlagen. Mit einem bedeutungsvollen Lächeln wiederholte sie: »Sie sind ineinander verliebt. Das kann ich ihnen von den Augen ablesen, wenn sie miteinander tanzen.«

Diese Feststellung setzte den scherzhaften Bemerkungen ein Ende. Wir waren alle wieder ernst, und Onkel Hossein sagte gar nichts mehr. Etwas betreten standen wir herum, bis endlich jemand ein anderes Thema anschnitt.

Homa und Keyvan waren den ganzen Sommer über zusammen. Ihre Vertrautheit wuchs. Sie pflegten schon in aller Herrgottsfrühe aufzustehen, um gemeinsam den Sonnenaufgang zu betrachten, und blieben dann den ganzen Tag draußen, bis die Sonne wieder unterging.

Als ich mit Homa einmal allein war, fragte ich sie über ihren Freund aus.

»Wie geht's Keyvan?«

»Gut.«

»Und dir?«

»Auch gut.«

»Ist was zwischen dir und Keyvan?« Ich versuchte mir das Lachen zu verbeißen.

»Hör auf damit!«

»Womit soll ich aufhören?«

Sie hatte keine Lust mehr zu antworten und versuchte, mich zu ignorieren.

»Was macht ihr zwei eigentlich den ganzen Tag?«

Sie gab immer noch keine Antwort.

»Ich habe euch beide am Strand gesehen. Mit Büchern. Wozu hattet ihr Bücher dabei?«

»Wir haben gelesen«, antwortete sie mürrisch, aber auf ihrem Gesicht zeigte sich der Anflug eines Lächelns.

»Gelesen? Was denn?«

»Gedichte.«

»Gedichte?«

»Und Geschichten. Kurzgeschichten. Von Poe oder Tschechow, in der Art.«

»Ach so.« Mein Grinsen wurde immer breiter. »Liest er dir vor, oder lest ihr jeder für sich allein, und anschließend unterhaltet ihr euch darüber?«

»Halt die Klappe!«

»Nein, im Ernst. Wer von euch beiden liest vor?«

Sie zögerte mit der Antwort. Aber als ich noch mal nachfragte, gestand sie: »Wir lesen beide vor. Manchmal liest er, manchmal lese ich. Kommt darauf an, wer die Geschichte entdeckt hat. Aber eigentlich ist das nicht von Belang.«

»Hört sich romantisch an. Glaubst du, daß auch ich eines Tages jemanden finden werde, mit dem ich Gedichte lesen kann?«

Jetzt wurde sie sehr zornig. Ich glaube, daß Homa nie soviel von uns geneckt wurde wie in diesem Sommer. Es war auch kein Kunststück, denn sie war in diesen Tagen so arglos, so voller Glück. Ihr Gesicht strahlte, und man sah sie immer nur lächeln.

Der Rest unserer Familie war fast genauso glücklich wie Homa selbst. Wir wußten, daß ihr Freund aus einem begüterten Hause stammte, und alle waren der Ansicht, daß Homa das auch zustand. Schließlich war sie attraktiv genug, um für Männer interessant zu sein, die ihr tatsächlich alles bieten konnten. Als Homa heranreifte, baute unsere Familie ganz selbstverständlich darauf, daß sie für unseren sozialen Aufstieg sorgen würde.

So gesehen, stellte sie für uns eine Art von Investition dar. Trotzdem wäre ich nie auf den Gedanken gekommen, darin etwas Unredliches oder Unangemessenes zu sehen. Homa gehörte nun mal zu dieser speziellen Art von Mädchen. Sie war so schön, daß es einfach eine Schande gewesen wäre, wenn man daraus kein Kapital geschlagen hätte. Die Mitglieder unserer Familie waren völlig davon überzeugt, daß Keyvan, wenn er sich erst einmal in sie verliebt hatte, gar nicht mehr darauf achten würde, daß ihre Familie aus einer Gesellschaftsschicht stammte, die finanziell sehr viel schlechter gestellt war.

Als der Sommer vorbei war, wollte man den beiden Verliebten Gelegenheit geben, ihre Romanze fortzusetzen. Keyvan wurde zu all unseren Familienfesten eingeladen, und die Beziehung der beiden vertiefte sich weiter.

Eines Tages kam Keyvan zu uns und holte Homa zu einem Spaziergang auf der Pahlevi Avenue ab. Man muß wissen, daß es damals in Teheran keinen romantischeren Ort als die Pahlevi Avenue gab. Sie war sehr breit, auf beiden Seiten zogen sich von Wasserläufen begleitete Promenaden hin, die zum Flanieren einluden. Überall standen schattenspendende asiatische Eichen. Die Straße war – und sie ist es immer noch – eine der wichtigsten Verkehrsadern von Teheran. Sie nimmt am Fuße des Elburs-Gebirges in Shemiran am nördlichen Stadtrand ihren Ausgang und windet sich von dort hinunter durch die ganze Stadt. Das Schmelzwasser von den schneebedeckten Gipfeln wird durch die seitlich verlaufenden Kanäle an der Pahlevi Avenue entlang geführt; das unablässige Rauschen des Wassers verstärkt noch den romantischen Zauber dieses Ortes.

Wir hatten schon den ganzen voraufgegangenen Tag mit Homa gezittert, denn wir gingen davon aus, daß Keyvan ihr einen Heiratsantrag machen wollte. Sie kam aber schon sehr schnell wieder zurück, rannte schnurstracks auf ihr Zimmer und warf die Tür hinter sich zu. Ihr Schluchzen war bis in die Küche zu hören.

Mutter und ich liefen zu ihr, um zu erfahren, was schiefgegangen war. »Liebling, was ist passiert? Hat er nicht um deine Hand angehalten?« fragte meine Mutter, obwohl sie schon längst ahnte, daß der Heiratsantrag ausgeblieben war. Ich nehme an, sie wußte einfach nicht, was sie sonst hätte sagen sollen.

Homa hatte den Kopf in den Kissen vergraben. Sie versuchte, das Weinen so weit zu unterdrükken, daß sie berichten konnte, was geschehen war. »Nein, das hat er nicht! Er will mich nicht haben!« Homa sprach in abgehackten Sätzen, zwischendurch schluchzte sie immer wieder auf. »Er sagt, es ist wegen Vater, weil Vater kein Geld hat. Er aber braucht ein Mädchen aus den besseren Kreisen. Unser Vater ist doch bloß ein kleiner Bauunternehmer. Aber er sagt, daß er mich liebt!«

Wieder liefen die Tränen, und ihr Schluchzen wurde immer heftiger. Mutter und ich versuchten sie zu beruhigen. Es war ein Schock für uns. Noch nie hatte uns jemand so deutlich gesagt, daß wir nicht gut genug für ihn waren. Die Kränkung saß tief.

Es gab Scharen von jungen Männern, die für ein bloßes Lächeln meiner Schwester alles gegeben hätten. Vielleicht hatte sie ja, seit man ihr das Herz gebrochen hatte, Angst davor, sich mit ihren Gefühlen ein weiteres Mal auf einen Mann einzulassen, den sie wieder verlieren könnte. Mohsen stellte für sie kein Risiko dar. Er war klar in seiner Haltung und spielte nicht mit ihr, und sie wußte genau, daß er ihr niemals davonlaufen würde. Und außerdem war es ihm völlig gleichgültig, wieviel Geld unsere Familie hatte.

Trotzdem glaube ich nicht, daß damit ihr Entschluß, ihn zu heiraten, hinreichend erklärt ist. Etwas anderes muß noch eine Rolle gespielt haben, und das ist meiner Auffassung nach die ausgeprägte Entscheidungsschwäche meiner Schwester, eine Charaktereigenschaft, die sie übrigens mit unserer Mutter teilte. Beide gehörten sie zu den Menschen, die nicht zu schnellen Entschlüssen neigen, sich höchst ungern auf Risiken einlassen und glauben, mit einem systematischen Vorgehen alle Unwägbarkeiten ausschließen zu können.

Bei mehreren Wahlmöglichkeiten kam Homa erst mal in Schwierigkeiten. Sie war überzeugt, daß eine vernünftige Entscheidung nur zu treffen war, nachdem man zuvor jede einzelne Alternative sorgfältig geprüft hatte. Wenn sie mit Mutter einen Einkaufsbummel machte, dauerte es Tage, bis die beiden beispielsweise den richtigen Stoff gefunden hatten. Es ging dabei in erster Linie gar nicht darum, die perfekte Kombination von Material und Farbe ausfindig zu machen. Homa hatte einfach das Gefühl, sie müßte sämtliche Stoffe, die es im Bazar zu kaufen gab, erst einmal gesehen haben.

Wenn der richtige Stoff endlich gefunden war, folgten stundenlange Beratungen mit dem Schneider. Sämtliche Modezeitschriften, die im Atelier auslagen, mußten gründlich studiert werden, bevor sich Homa zu einem Schnitt für ihr Kleid durchringen konnte.

Wenn sie etwas geschenkt bekam, war alles viel einfacher, denn dann hatte ja schon ein anderer für sie entschieden. So ähnlich wird es auch bei ihrer Heirat gewesen sein; sie bereitete ihr keine Schwierigkeiten, denn es war ja Mohsen, der *sie* wollte.

Dieser Charakterzug Homas hatte jedoch noch eine andere Seite. Sobald sie eine Entscheidung getroffen hatte, war sie für Homa unumstößlich. Dann wurde sie geradezu stur; wenn sie sich einmal zu etwas durchgerungen hatte, gab es für sie kein Wanken mehr.

Hochzeit mit Hindernissen

Homa und Mohsen waren schon fast drei Jahre lang verlobt, als ein erster Hochzeitstermin angesetzt wurde. Die Heirat sollte im Sommer des Jahres 1962 stattfinden. Doch einige Wochen vor dem großen Ereignis fing eine unserer Tanten an, über Gallenstörungen zu klagen.

Sie bat Homa um Hilfe, und Homa besorgte ihr ein Bett in dem Krankenhaus, an dem sie ihre praktische Ausbildung machte. Die Gallenblase der Tante wurde operiert, aber durch einen Fehler des Chirurgen wurde dabei eine Vene durchtrennt, was offensichtlich zunächst gar nicht bemerkt wurde.

Homa war während der ganzen Operation bei ihr. Sie ging erst, als unsere Tante von der Wachstation wieder auf ihr Zimmer gebracht worden war. Ich weiß noch, wie Homa an diesem Abend nach Hause kam. Sie war sehr nervös. Sie half Mutter, das Abendessen zuzubereiten, aber sie selbst wollte nichts essen.

Später am Abend kam ein Bote mit alarmierenden Nachrichten aus der Klinik: Unsere Tante hatte innere Blutungen und war ins Koma gefallen.

Homa und ich eilten mit unserer Mutter in die Klinik. Als wir dort ankamen, wurde unsere Tante gerade ein zweites Mal operiert. Homa durfte in den

Operationssaal gehen, aber Mutter und ich mußten im Warteraum bleiben.

Um halb drei Uhr morgens kam Homa mit einem gequälten Gesichtsausdruck und verweinten Augen zu uns. Die Ärzte hatten alles versucht, um das durchtrennte Blutgefäß aufzuspüren, aber es steckte unauffindbar irgendwo tief im Fettgewebe. Ein Blick auf Homas Gesicht genügte, und wir wußten, daß unsere Tante gestorben war. Homa hatte ihren ersten Patienten verloren.

Am nächsten Tag benachrichtigten wir die Kinder unserer Tante, und das islamische Trauerritual begann. Homas Hochzeit mußte um ein ganzes Jahr verschoben werden, denn nach islamischem Brauch gilt es als ein Zeichen mangelnden Respekts, wenn die Familie eines Verstorbenen im Trauerjahr ein freudiges Fest begeht.

Nach dem ersten Jahresgedächtnis für unsere Tante legten Homa und Mohsen einen neuen Hochzeitstermin fest. Die Trauung sollte an einem islamischen Feiertag stattfinden. Nach langem Hin und Her und manchen heftigen Auseinandersetzungen hatte Homa ihren Kopf durchgesetzt – das Hochzeitsfest sollte nach ihren Vorstellungen ausgerichtet werden. Sie ließ einen großen Saal reservieren, damit auch alle, die ihr am Herzen lagen, eingeladen werden konnten. Sie kaufte den Stoff für ein großartiges weißes Brautkleid, das dann vom Schneider perfekt nach ihren Maßen zugeschnitten wurde.

Im Iran ist es Brauch, daß die Familie des Bräutigams die Kosten der Hochzeitsfeier trägt, während die Braut eine entsprechende Mitgift beizusteuern hat, von der die Neuvermählten leben können. Da Homa und Mohsen noch studierten und nicht selbst für ihren Lebensunterhalt sorgen konnten, wurde verabredet, daß die beiden bis zum Abschluß ihrer Ausbildung bei uns wohnen sollten.

Aber ein rauschendes Hochzeitsfest zu planen und es dann auch wirklich zu feiern ist zweierlei. Einen Monat vor der Hochzeit tauchten neue Probleme auf. Diesmal kamen sie von der Familie des Bräutigams.

Mohsens Großvater, der schon sehr alt war, wurde krank und mußte einige Wochen vor der geplanten Hochzeit ins Krankenhaus eingeliefert werden. Vierzehn Tage vor dem Heiratstermin erklärte der Großvater seiner Familie, daß er den Tod herannahen fühle. Er werde sich an dem bevorstehenden islamischen Feiertag aus dieser Welt verabschieden – also am Tage der Hochzeit seines Enkelsohnes.

Die Ankündigung versetzte Homa und Mohsen in Panik. Begreiflicherweise war ihnen die Vorstellung, daß der Alte ausgerechnet an ihrem Hochzeitstag sterben würde, alles andere als angenehm. Außerdem befürchteten sie, er könnte sogar noch vor ihrer Hochzeit sterben – dann würden sie nämlich wieder ein ganzes Jahr warten müssen, bis die Trauerzeit vorbei war.

Die beiden sahen nur einen Ausweg: Sie warfen sämtliche Pläne um und beschlossen, so schnell wie irgend möglich zu heiraten. Das war jedoch nicht die einzige Lösung, die ins Gespräch gebracht wurde. Die meisten der Verwandten und Freunde hatten die erste Verzögerung noch als tragischen Zufall angesehen, aber nun begann man sich zu fragen, ob nicht das Schicksal die Hand im Spiel haben könnte.

Unsere Großmutter hat eine Nichte namens Parisa. Sie ist die Frömmste in unserer ganzen Verwandtschaft. Ihr Vertrauen in Gott ist grenzenlos, und der Glaube an das Übersinnliche ist in ihr nicht weniger stark ausgeprägt.

Als ihr die Geschichte von der Krankheit des Großvaters und von seiner Todesprophezeiung zu Ohren kam, suchte sie meine Schwester auf und versuchte ihr klarzumachen, daß man die Dinge auch in einem anderen Licht sehen könnte.

»Homa, du mußt mehr auf das achten, was um dich herum geschieht. Merkst du denn nicht, daß man dir damit etwas mitteilen will?«

»Parisa, was redest du da? Ich werde demnächst heiraten! Warum fängst du jetzt von solchen Sachen an? Du weißt doch, daß ich die Dinge nicht so sehe wie du. Ich habe es nie getan, und warum sollte das jetzt auf einmal anders sein?«

»Aber Homa, du bist meine Freundin und meine Cousine, und mir liegt etwas daran, daß du die richtige Entscheidung für dein Leben triffst. Ich mache mir bloß deshalb Sorgen, weil du die Dinge immer nur nach ihrem Äußeren beurteilst, du suchst nicht nach der Bedeutung, die unter der Oberfläche liegt.«

»Es hat doch keinen Sinn, danach zu fragen, was bestimmte Dinge bedeuten *könnten*. Das ist mühselig und bringt nichts ein. Ich habe genug Leute erlebt, die ihre Gedanken an solche Sachen verschwenden, und ich kann dazu nur sagen, daß ich in meinem

Kopf für so etwas keinen Platz habe. Es ist schon anstrengend genug, sich mit der Wirklichkeit abzufinden, wie sie nun mal ist!«

»Homa, ich kenne ja deine Einstellung. Du hast dir auf alles schnell deinen Reim gemacht, und Zeit für nutzlose Gedanken hast du auch nicht. Aber in diesem speziellen Fall glaube ich nicht, daß es nutzlose Gedanken sind. Ich bin nämlich davon überzeugt, daß Gott dir etwas sagen will.«

Homa verdrehte die Augen und blickte gequält zur Decke. »Warum sollte Gott ausgerechnet *mir* etwas sagen wollen? Sieh dich doch einmal um. Warst du vielleicht in der letzten Zeit mal in einem Krankenhaus? Hast du all die Leute dort gesehen, die mit Gott tatsächlich zu reden haben? Da soll er noch für mich Zeit übrig haben?«

»Gott *hat* Zeit für dich.«

»Na gut. Und was will er mir sagen? Was habe ich falsch gemacht?«

»Ich bin nicht der Meinung, daß du etwas falsch gemacht hast. Aber ich glaube, du willst die Worte Gottes einfach nicht hören.«

»Er hat aber in der letzten Zeit auch nichts zu mir gesagt!«

»Gott spricht nicht nur mit Worten. Auch durch das, was geschieht, äußert er sich, oft auf sehr subtile Weise. Die Interpretation überläßt er natürlich uns. Er will, daß wir selbst anfangen nachzudenken.«

»Worüber soll ich denn nachdenken? Was ist es, was er mir sagen will? Was mache ich falsch?« Sie wurde langsam ungeduldig.

»Der Tod unserer Tante und die Krankheit vom

Großvater deines Verlobten – das sind die Botschaften. Bestimmt hat Gott dem alten Mann verraten, daß er an deinem Hochzeitstag sterben wird. Das alles kann doch nur das eine bedeuten: Du sollst diesen Mann nicht heiraten. Du solltest die Hochzeit absagen!«

»Vielen Dank, Parisa! Bist du jetzt fertig? Darf ich jetzt fortfahren, *mein* Leben zu leben? Ich werde nämlich in Kürze heiraten. Du bist herzlich eingeladen, aber bitte, laß mich bis dahin in Ruhe, okay?«

Homa hat nie viel auf innere Stimmen oder vermeintliche Winke des Schicksals gegeben. Sie glaubte schlichtweg nicht daran. Wahrscheinlich hielt sie Parisa mit ihrer Religiosität für etwas überspannt. Im Grunde waren wir allerdings fast alle dieser Meinung. Parisa redete mit Gott, als sei er ein Bekannter von nebenan.

Homa machte sich nur lustig über die Leute, die zu wissen meinten, daß eine höhere Macht etwas gegen ihre Hochzeit hätte. Für sie war alles nur Zufall, und wenn sich jetzt erneut eine Verzögerung ergeben würde, dann hätte sie eben eine Pechsträhne.

Ich selbst hielt auch nicht viel von dieser Art Aberglauben. Parisa allerdings gab in der Folgezeit beharrlich weiter ihrer Überzeugung Ausdruck, daß Gott die Verbindung meiner Schwester mit diesem Mann mißbilligen würde. Ich habe sie nie ernst genommen, nur beim letzten Mal, als sie mir am Tage nach Homas Beerdigung am Telefon noch einmal ihre Meinung kundtat, lief es mir kalt den Rücken hinunter.

Homa beschloß, die Hochzeit um eine Woche vorzuverlegen. Unsere Mutter, Tante Maryam, Onkel Hossein, Pari und ich übernahmen die Aufgabe, die geladenen Gäste von der Verschiebung zu unterrichten. Die meisten konnten wir anrufen, einige von ihnen mußten wir jedoch persönlich aufsuchen, weil damals noch nicht jeder ein Telefon besaß.

Die Hektik, in der alles geschehen mußte, war schon groß genug, aber als ich mit Tante Masoumeh telefonierte, um ihr Bescheid zu geben, erfuhr ich, daß der Termin nochmals umgestoßen worden war. Von meiner Ankündigung, daß Homas Hochzeit schon am Freitag stattfinden würde, zeigte sie sich überrascht.

»Freitag? Bist du da ganz sicher? Vor ein paar Stunden hat mich nämlich deine Mutter angerufen und gesagt, die Hochzeit wäre für Mittwoch geplant.«

»Wirklich?« fragte ich erstaunt zurück. Ich konnte es kaum glauben.

»Sie hat gesagt, ihr würdet bei euch zu Hause feiern.«

»Das ist aber seltsam. Ich dachte nämlich, es wäre am Freitag. Da muß ich mich selbst noch einmal erkundigen.«

»Deine Mutter meint, man sollte die Sache noch mehr vorziehen, weil es dem Großvater vom Bräutigam schlechter geht.«

»Genau. Deshalb sollte die Hochzeit ja schon am Freitag sein.«

»Sicher. Aber vielleicht hat sich sein Zustand weiter verschlimmert.«

»Meinst du?« Langsam begann ich mich in dem Durcheinander zurechtzufinden.

»Nach dem, was deine Mutter sagt, befürchten die Ärzte, daß der alte Herr jederzeit sterben könnte. Deshalb wollte sie den Termin lieber noch einmal vorverlegen. Sie hat wohl gedacht, daß du es von mir erfahren würdest, wenn du anrufst.«

Das ergab keinen Sinn. Ich war den ganzen Tag an meinem Arbeitsplatz gewesen, und Mutter hätte mich dort jederzeit erreichen können. Andererseits wußte sie, daß ich mich bei Tante Masoumeh melden würde, deshalb hatte sie dort angerufen und die Botschaft für mich hinterlassen.

Der Mittwochstermin bedeutete jedoch, daß uns nur noch drei Tage bis zur Hochzeit zur Verfügung standen. Es blieb mir nichts anderes übrig, als die nächsten beiden Tage freizunehmen, um bei den Vorbereitungen helfen zu können. Ich nahm mir gleich ein Taxi für den ganzen Abend und fuhr damit zu den Gästen, die noch keinen Telefonanschluß hatten, um sie von der neuerlichen Änderung in Kenntnis zu setzen.

Allein das war eine anstrengende und zeitraubende Angelegenheit. Überall wurde ich hereingebeten, mußte eine Tasse Tee trinken und auch etwas essen. Es war natürlich nicht damit getan, daß ich lediglich den neuen Termin mitteilte, jeder wollte auch genau wissen, warum schon wieder eine Verschiebung vorgenommen wurde. Ich kann nicht mehr sagen, um welche Zeit ich an diesem Abend nach Hause kam.

An Schlaf war jedoch nicht zu denken. Ich war

zwar todmüde, aber es gab einfach noch viel zu viel zu tun. Das Haus mußte für eine pompöse Hochzeit hergerichtet werden – und das in weniger als drei Tagen.

Als wir schließlich mit allem fertig waren, hatten wir trotz der bescheidenen Gegebenheiten einen großartigen Rahmen für die Feier geschaffen. Überall hingen bunte Lichtergirlanden, die die Umrisse des Hauses nachzeichneten und das Buschwerk davor farbenfroh in Szene setzten. Wir hatten den Schallplattenspieler nach draußen in den gefliesten Hof geschafft und alles mit Perserteppichen ausgelegt. Genug Stühle für die vielen Gäste borgten wir uns von den Nachbarn.

Unsere Mutter stand mit ihren beiden Schwestern Maryam und Pari während der ganzen Zeit ununterbrochen in der Küche und bereitete das Festmahl vor. Ein paar Bekannte waren gekommen, um ihnen dabei zu helfen. Unsere Mutter hatte außerdem noch das Zimmer hergerichtet, in dem die Trauungszeremonie stattfinden sollte.

Dies war der denkwürdigste Teil der Vorbereitungen. Homa und ich erlebten mit, wie unsere Mutter die Rührung überkam, vor allem, als sie sich um Homas Sofreh Aghd, das Hochzeitsarrangement, kümmerte. Stundenlang erzählte sie uns von ihrer eigenen Hochzeit, und immer wieder betonte sie, wie sehr sich doch inzwischen alles geändert hätte.

»Ich war ja noch so jung damals! Ihr wißt ja, ich war erst dreizehn, als man mich mit eurem Vater verheiratet hat. Ich kannte ihn überhaupt nicht. Damals war das Heiraten noch etwas völlig anderes. Und heute? Zwei Jahrzehnte sind erst vergangen, und soviel hat sich verändert.

Homa, du bist jetzt dreiundzwanzig. Als ich noch jung war, hätte es geheißen, du wärest zu alt zum Heiraten – was sagt man dazu? Du durftest deinen Mann vorher sehen und ihn dir sogar selbst aussuchen. Ihr wart jahrelang miteinander verlobt, und du konntest dir alles gut überlegen.«

Sie lachte kurz auf. »Ich hatte nie die Gelegenheit, mir etwas zu überlegen, aber das sollte ich ja auch gar nicht. Meine Mutter hat für mich überlegt. Sie dachte wohl, daß eine Dreizehnjährige keine Ahnung hat, was gut für sie ist – und folglich hat *sie* alles für mich entschieden.«

Mutter unterbrach die Arbeit am Sofreh Aghd und wandte sich direkt an ihre Tochter: »Liebling, bei dir ist es ganz anders. Du bist erwachsen und gebildet und alt genug, um selbst die Verantwortung für dein Leben zu übernehmen.« Sie werkelte ein bißchen weiter. Dann fuhr sie fort zu erzählen.

»Damals gab es noch Musikanten. Wenn man eine Hochzeit ausrichtete, dann mußte man auch Leute bestellen, die zum Fest aufspielten. Diese Musikanten waren richtige Unterhaltungskünstler. Sie trugen farbenfrohe Gewänder und spielten auf einer Bretterbühne, die man über dem Wasserbecken im Hof aufgebaut hatte.

Jetzt ist der Plattenspieler an ihre Stelle getreten. Habt ihr eine Ahnung, was durch diesen kleinen Kasten alles verlorengegangen ist? Wie viele Musikanten sind aus ihrem Gewerbe verdrängt worden! Heutzutage spielen sie nicht mehr direkt vor dem

Publikum – heute machen sie nur noch Schallplatten.«

Über die Dinge, die unverändert geblieben waren, sprach Mutter aber nicht. So war das Hochzeitsritual selbst noch ganz der Tradition verhaftet. Geschiedene und verwitwete Frauen hatten keinen Zutritt zu dem Raum, in dem die eigentliche Trauung stattfand. Natürlich war auch den Männern nicht erlaubt, an der Zeremonie teilzunehmen, sie mußten sich, wie zunächst sogar der Bräutigam, im Hof aufhalten.

Durch den Akt der Trauung wurde Homa das Eigentum ihres Gatten. Ihr ganzes gemeinsames zukünftiges Leben lang würde sie ihm gehorchen müssen. Alles, was sie von nun ab tun wollte, mußte von ihm abgesegnet werden, jede ihrer Entscheidungen über ihren Beruf und über ihre Zukunft bedurfte seiner Zustimmung. Es hatte einen rasanten technischen Fortschritt gegeben, und auch die Rolle der Frau in der iranischen Gesellschaft hatte sich verändert, aber viele Traditionen hielten sich hartnäckig.

Am Hochzeitstag kamen zuerst die geladenen Gäste. Die Frauen versammelten sich im Obergeschoß im Zimmer der Braut, die Männer blieben im Freien. Dann trafen Mohsen und seine Familie ein. Sie brachten auch den Mullah mit, der die Trauung vornehmen sollte.

Homa hatte den Nachmittag in einem Schönheitssalon verbracht. Sie kam als letzte. Ich weiß noch, wie blendend sie an diesem Abend aussah. Ihr weißes Brautkleid, das bis zum Boden reichte, wirkte freilich in unserem kleinen Trauzimmer etwas deplaciert. Das lange Cape, das sie über dem Kleid trug, mußte nach vorne gezogen und rechts und links mit Sicherheitsnadeln festgeheftet werden.

Ich trug ein grünes Satinkleid, das ich mir schon im Vorjahr für die damals geplante Hochzeitsfeier hatte machen lassen.

Während des ganzen Festes konnte ich mich eines unguten Gefühls nicht erwehren. Der Anblick von Homa, die in ihrem opulenten Brautkleid so aussah, als hätte man sie in das winzige Trauzimmer hineingestopft, hatte etwas Unheimliches.

Ich weiß nicht, ob es überhaupt jemanden gab, der die Hochzeit unbeschwert erlebte. Selbst Homa benahm sich gekünstelt. Sie wirkte auf mich, als würde sie sich einer lästigen Pflichtübung unterziehen, und sah überhaupt nicht aus wie jemand, der freudig in einen neuen Lebensabschnitt geht. Wieder quälte mich die Frage, warum sie eigentlich heiratete und ob dieser Schritt sie nicht ins Unglück führen würde.

Im Iran wurde damals und wird auch heute noch erwartet, daß man nicht ehelos bleibt. Eine junge Frau mußte einfach vor ihrem fünfundzwanzigsten Geburtstag unter die Haube gekommen sein, sonst war sie in der Gefahr, gesellschaftlich geächtet zu werden. Man ging dann einfach davon aus, daß irgend etwas mit ihr nicht stimmte. Ihr blieb nur die Rolle der alten Jungfer, die sich von anderen Frauen bemitleiden lassen mußte.

Es gibt einen persischen Hochzeitsbrauch, der große Ähnlichkeit mit dem Werfen des Brautstraußes hat. Wenn die Trauungszeremonie vorbei ist, wird das Tuch vom Sofreh Aghd über den Köpfen jener Mädchen ausgeschüttelt, die sich zwar schon im heiratsfähigen Alter befinden, aber noch nicht unter die Haube gebracht worden sind. Dabei machen sich die älteren Damen stets einen Spaß daraus, mit diesem Ritual den »späten Mädchen« im Raum auf den Leib zu rücken, damit auch sie etwas von dem Segen abbekommen – denn schließlich haben sie es doch am meisten nötig, oder?

Für die reiferen Frauen, die angeblich schon zu alt zum Heiraten sind, kann die Prozedur recht peinlich werden. Unsere Tante Maryam, die die Dreißig bereits überschritten hatte, wurde häufig ein Opfer dieses demütigenden Brauchs. Jahrelang mußten wir auf jeder Hochzeit zusehen, wie sie damit behelligt wurde. In dieser Hinsicht war Homas Hochzeitsfeier allerdings eine rühmliche Ausnahme, denn diesmal blieb Maryam die Prozedur erspart. Maryam hatte endlich einen Mann gefunden.

Liebe zählt nicht!

Die junge Maryam begann ein Jahr nach dem Tode ihres Vaters in dem Krankenhaus »Bimarestan-e-Sina« zu arbeiten, das zu den Universitätskliniken gehörte. Dort lernte sie einen Medizinstudenten kennen, der in dieser Klinik sein Praktikum machte, und verliebte sich in ihn. Sie hatte aber große Zweifel, ob es eine gemeinsame Zukunft für sie geben konnte, denn ihr familiärer Hintergrund entsprach nicht den Vorstellungen des jungen Mannes.

Er stammte aus einem iranischen Dorf und war ohne jegliches Vermögen. Er wollte seine medizinische Ausbildung als Sprungbrett für den sozialen Aufstieg benutzen. Sein angestrebtes Arztdiplom sollte ihm helfen, eine begüterte Frau aus einer einflußreichen Familie zu finden. Es war Maryam klar, daß sie diesen Ansprüchen nicht genügen konnte. In unserer Verwandtschaft gab es nur ganz normale Geschäftsleute, die weder reich noch berühmt waren.

Als ihre Familie eine Heirat mit einem anderen Mann vorschlug, willigte sie ein. Es handelte sich um einen jungen Mann, der eine solide Zukunft als Apotheker vor sich hatte. Wie unser Vater besaß auch er ein eigenes Geschäft. Obwohl es sich um eine arrangierte Verbindung handelte, war er allem Anschein nach sehr verliebt in Maryam.

Die beiden Familien wurden sich rasch über alles einig, und es galt nur noch, den genauen Ablauf der Hochzeit festzulegen. Doch bevor konkrete Pläne gefaßt werden konnten, tauchte Maryams große Liebe – der Medizinpraktikant – bei ihr auf und bestürmte sie, sie möge doch die Verlobung mit dem Apotheker wieder lösen. Wenn sie sich dazu entscheiden könnte, würde er sie, das versprach er ihr hoch und heilig, innerhalb der nächsten zehn Tage vor den Altar führen.

Maryam verbrachte fast den ganzen Abend allein auf ihrem Zimmer. Als sie schließlich wieder erschien, kündigte sie an, daß sie die Verlobung mit dem Apotheker aufkündigen werde.

Der Apotheker tat uns allen sehr leid. Er suchte Maryam auf und flehte sie unter bitteren Tränen an, es sich noch einmal zu überlegen und ihn doch zu heiraten. Aber sie wies ihn ab. Homa und ich waren damals noch ziemlich jung. Noch nie hatten wir zuvor einen Mann weinen gesehen.

Als er ging, sah er Maryam voller Zorn an und betete zu Gott, er möge dafür sorgen, daß Maryam in ihrer Liebe genauso unglücklich werde, wie sie ihn an diesem Abend gemacht hatte.

Der Fluch des Apothekers schien in Erfüllung zu gehen. Was im einzelnen geschah, weiß ich nicht – Maryam hat sich immer darüber ausgeschwiegen –, aber es kam jedenfalls nie zu der versprochenen Hochzeit. Ich glaube, daß sie der Mediziner schlicht angelogen hatte und sie am Traualtar stehenließ.

Maryam war eine sehr schöne Frau mit blondem Haar und grünen Augen – etwas Außergewöhnliches im Iran. Sie war auch größer gewachsen als die meisten Iranerinnen, und als sie noch jünger war, hatte sie lange, seidenglatte Beine. Aber das reichte offenbar nicht aus, um den Mann, den sie liebte, dazu zu bewegen, sie zu heiraten. Dazu brauchte es mehr, nämlich Reichtum und eine angesehene Familie. Beides konnte ihm Tante Maryam nicht bieten.

Nach fünf Jahren heiratete der Mediziner eine andere Frau, durch deren Familie er auf einen Schlag prominent und vermögend wurde. Zu Maryam hatte er damals gesagt, daß niemand von Liebe allein reich und berühmt werde, und er könnte nicht einsehen, wozu sie alle beide in Armut leben sollten.

Als sie schon Mitte Dreißig war, heiratete Maryam schließlich aus purer Verzweiflung. Ihre Hochzeit hatte kurz vor Homas Hochzeit stattgefunden. Die

Ehe hielt aber nur sieben Monate, und Maryam war wieder allein.

Aber auch der Mediziner mußte einsehen, daß Ruhm und Geld keine Garantie für ein erfülltes Leben sind. Er hatte zwar eine eigene Familie gegründet und mittlerweile zwei Söhne, aber sein Herz schlug immer noch für unsere Tante. Er suchte die Nähe zu unserer Familie, und mittlerweile ist er gewissermaßen ein Teil von ihr.

Homa sagte immer, die beiden seien Opfer unserer Gesellschaft geworden.

»Weißt du«, meinte sie einmal zu mir, »es ist doch eine Quälerei für die beiden. Keiner von ihnen ist zufrieden mit seinem Leben. Das sieht man deutlich daran, daß sie einander nicht vergessen konnten. Sie haben sich geliebt – wirklich geliebt. Aber sie haben ihre eigenen Gefühle mit Füßen getreten, weil die Liebe in der Welt nicht geachtet wird. In unserem Land haben Heiraten und Liebe überhaupt nichts miteinander zu tun. Wenn man sich die zwei heute anschaut, hat man den Eindruck, sie würden ihre damaligen Fehler inzwischen einsehen. Sie wären bestimmt glücklicher geworden, wenn sie sich über alles einfach hinweggesetzt hätten und beieinander geblieben wären. Aber das konnten sie nicht schaffen – nicht hier in diesem Land!«

Ich fiel ihr ins Wort. »Aber Homa, sie hätten es trotzdem versuchen sollen. Der Mediziner hätte mehr Vertrauen in sich und seine Fähigkeiten als Chirurg haben sollen. Er hätte doch merken müssen, daß es nicht nötig ist, sich nach einem reichen Schwiegervater umzusehen, um selbst erfolgreich zu sein.«

»Ach, Parvin, du bist noch zu jung, um solche Dinge zu verstehen. Du kennst die Menschen noch zu wenig. Sie müssen sich nun einmal nach den Regeln richten, die die Gesellschaft macht. Und die Gesellschaft verlangt von einem jungen Mann, daß er seine Seele verkauft, wenn er nach oben kommen will. Den beiden ist doch gar nichts anderes übriggeblieben, als sich den Spielregeln zu beugen. Keiner von ihnen hatte eine andere Wahl.«

»Du lieber Gott, was für eine Welt haben wir uns da zurechtgezimmert!« rief ich aus.

Ich habe mich oft gefragt, ob Homa vielleicht Angst hatte, daß eines Tages *sie* die Frau sein könnte, über der auf jeder Hochzeit das Tuch vom Sofreh Aghd ausgeschüttelt wird. Wie auch immer, um sieben Uhr abends an diesem Tag gab Homa ihr Jawort, und von da an war sie Mohsens Gattin. Mohsens Großvater starb übrigens genau an dem Tag, den er vorausgesagt hatte.

Nach der Hochzeit zogen die Neuvermählten bei uns ein. Die Kosten der Feier wurden von unserem Vater getragen.

Ich fand es abstoßend, wie sich Mohsen in unserem Haus aufführte. Er hielt es offenbar für selbstverständlich, daß unsere Eltern ihn bedienten und versorgten. Unsere Mutter kochte für das Paar und räumte hinter ihnen auf, damit die beiden ungestört weiter ihrem Medizinstudium nachgehen konnten.

In dieser Zeit herrschte in unserem Haus eine gedrückte und gespannte Atmosphäre. Damals lag ich mit praktisch allen im Streit. Die Situation war für mich sehr schwierig geworden; bisher hatte ich meine Ruhe gehabt, wenn ich nach getaner Arbeit nach Hause kam, aber jetzt hatte ich kein ruhiges Fleckchen mehr, wohin ich mich hätte zurückziehen können.

Um der unerträglichen Situation zu Hause auszuweichen, verbrachte ich einen Großteil meiner Zeit auf der Arbeitsstelle und trieb meine Pläne für Amerika voran. Ich träumte davon, den Iran zu verlassen, und versuchte daher, soviel Geld wie möglich zusammenzusparen, damit ich möglichst bald für mich selbst sorgen konnte.

In dieser für mich sehr schwierigen Zeit kam ich an einem Donnerstagnachmittag von der Arbeit nach Hause. Meine Mutter wartete bereits auf mich.

»Ich habe dich schon in der Badeanstalt und bei der Kosmetikerin angemeldet. Iß schnell etwas und beeil dich, daß du rechtzeitig hinkommmst.«

Ich hatte mir damals einen festen Wochenplan gemacht, und für Donnerstag war immer ein Besuch in der Badeanstalt vorgesehen. Allerdings mußte ich mich dort für gewöhnlich erst eine Weile anstellen. Noch nie hatte meine Mutter mir dort einen Termin reservieren lassen. Das ließ mich natürlich aufhorchen.

»Das ist sehr nett von dir. Aber wieso hast du mich angemeldet?«

Als ich mich zur Badeanstalt aufmachte, hatte ich immer noch keine befriedigende Antwort erhalten. Bei meiner Rückkehr waren Homa und Tante Maryam damit beschäftigt, ein großes Abendessen vorzubereiten.

»Was geht denn hier vor?« wollte ich wissen.

»Gar nichts«, entgegnete Homa. »Es kommen bloß ein paar Gäste.«

»Wer denn?«

»Ich kenne sie noch nicht. Sie sind uns durch Bekannte von Maryam empfohlen worden.«

»Ach so, hier soll wohl eine *Khastegary* stattfinden!« Ich war empört.

»Khastegary« heißt im Iran die offizielle Brautwerbung, die sich in der Regel über mehrere Etappen hinzieht. Die beteiligten Familien arrangieren einige Treffen und versuchen sich über die Bedingungen zu einigen, unter denen ein Paar zusammengebracht werden soll.

Die ganze Sache beginnt gewöhnlich damit, daß ein junger Mann verlauten läßt, daß er heiraten möchte. Darauf begibt sich seine Sippe auf die Suche nach einer angemessenen Partnerin. Bevorzugt werden sanfte, nachgiebige Frauen, selbstverständlich muß sie möglichst jung sein.

Ist eine geeignete Person ausfindig gemacht, dann statten die weiblichen Mitglieder der Familie des Ehewilligen der Familie der Auserwählten einen Besuch ab. Die junge Frau muß den Gästen Tee servieren und kann dabei kritisch begutachtet werden.

Das also war der eigentliche Zweck der heutigen Einladung. Ich sollte mich von Leuten unter die Lupe nehmen lassen, die ich noch nicht einmal kannte.

Für die Betroffene kann die Prozedur geradezu demütigend sein. Vor einigen Jahren saßen Homa und ich einmal mit Mutter und deren Schwestern zusammen, die gerade von einer Khastegary für unseren Onkel nach Hause gekommen waren. Wir waren entsetzt darüber, wie sie sich über die junge Frau ausließen, der sie soeben ihren Besuch abgestattet hatten.

»Für meinen Geschmack ist ihre Nase einfach zu groß«, sagte meine Mutter.

»Das stimmt«, gab ihr unsere Tante recht. »Und hast du ihre Augenbrauen gesehen? Viel zu buschig!«

Für Homa wurde das Gespräch unerträglich. Sie fuhr dazwischen. »Jetzt reicht's aber! Das Mädchen ist schließlich ein Mensch! Man kann von ihr doch nicht verlangen, daß sie absolut vollkommen ist. Ihr tut ja so, als ob sie ein Stück Stoff oder ein Möbel sei!«

Wenn die weibliche Sippschaft das Mädchen unter die Lupe genommen hat und mit dem Ergebnis zufrieden ist, dann wird ein Besuch durch die männliche Verwandtschaft des Bräutigams fällig. Sind die Männer ebenfalls einverstanden, muß noch die »Merieh« ausgehandelt werden – der symbolische finanzielle Gegenwert für das Mädchen.

Die Verhandlungen dauern oft tagelang, und häufig enden sie, ohne daß man zu einer Einigung gekommen ist. Homa brachte einmal von der Uni einen Zeitungsartikel mit, der ihr dort in die Hände gefallen war. Es wurde von einem Mann berichtet, der seine Tochter vom zukünftigen Ehemann ganz schlicht in Gold aufgewogen haben wollte.

»Kannst du dir vorstellen, wie demütigend das sein muß?« sagte Homa damals zu mir. »Das ist ja, als würde man ein Lösegeld verlangen. Ein junges Mädchen ist doch kein Gegenstand, den man verkaufen kann! Sie muß den heiraten dürfen, der ihr gefällt!«

Unsere Familie war damals in vielen Fragen eigentlich schon ziemlich liberal. Um so mehr war ich entsetzt, daß meine nächsten Angehörigen ihre eigenen Grundsätze über den Haufen geworfen hatten – um mir eine vermeintlich glückliche Zukunft zu ermöglichen.

Ich weigerte mich, den Tee zu servieren.

Nur kurze Zeit später, am 7. Februar 1964, verließ ich den Iran. In meiner Tasche steckten 500 Dollar und ein Ticket nur für den Hinflug in die USA – aber das ist eine andere Geschichte. Die von meinen Eltern ohne mein Wissen arrangierte Einladung der Brautwerber hatte mir noch einmal mit aller Deutlichkeit vor Augen geführt, wie wenig Achtung den Frauen im Iran entgegengebracht wurde, selbst von der eigenen Familie. Innerlich hatte ich mich schon lange von der Gesellschaft entfernt, die das duldete, ja sogar verlangte; es war für mich nur konsequent, nun auch räumlich auf eine sehr weite Distanz zu gehen. Ich bin immer nur als Besucherin in den Iran zurückgekehrt.

Homa und Mohsen widmeten sich weiter intensiv ihrem Studium. Nebenher verkauften sie ein paar Stunden in der Woche medizinische Gebrauchsartikel. Was sie damit verdienten, reichte lediglich für die täglichen Bedürfnisse, und so mußten sie weiterhin bei unseren Eltern wohnen bleiben.

Im Jahr 1965 machten sie ihr Examen. Im gleichen Jahr brachte Homa ein Mädchen zur Welt. Das Kind bekam den Namen Azita. Nach den iranischen Vorschriften müssen Mediziner nach dem Examen für zwei Jahre aufs Land gehen und dort praktizieren. Mohsen wurde als Militärarzt verpflichtet, und Homa eröffnete eine kleine Praxis im Norden des Iran. Zum ersten Mal standen die beiden auf eigenen Füßen.

Im Februar 1968 absolvierten Homa und Mohsen in Teheran erfolgreich die Prüfung des »United States Foreign Medical Graduates Educational Council«, einer Organisation für die medizinische Weiterbildung von Ausländern in den USA. Damit hatten sie sich die Qualifikation erworben, dort als Mediziner zu arbeiten. Kurz darauf machten sie sich auf den Weg in die Vereinigten Staaten.

Karriereträume in Amerika

Im Jahr 1968 war ich schon fast ein Jahr lang verheiratet, mit einem Amerikaner namens Robert. Ich besuchte damals eine Technische Hochschule und arbeitete nebenher für meinen Lebensunterhalt. Bei dem dichtgedrängten Programm gab es kaum Freizeit. Aber ich war zufrieden, wenn ich abends von der Arbeit nach Hause ging. Ich erinnere mich noch, wie sehr ich es genoß, den Weg in aller Gemächlichkeit zurückzulegen.

An einem Abend im August stieg ich langsam die Stufen zum Eingang des Hauses hinauf, das mein Mann und ich in Conoga Park gemietet hatten. Als dann aber das Telefon klingelte, war es mit meiner Saumseligkeit vorbei.

Ich rannte ins Haus und riß den Hörer von der Gabel des Wandapparats, der in der Küche hing.

»Hallo?«

»Parvin! Wie geht es dir?«

»Homa! Oh Gott, ich kann es gar nicht glauben. Was machst du denn, wo bist du?« Der Anruf kam eindeutig nicht aus dem Iran, dafür war die Verbindung viel zu gut.

»Wir sind in Bethesda. Wir sind gerade eben erst aus dem Iran hier angekommen, und da wollte ich gleich mal hören, wie es dir geht.«

»Ich bin ja so froh, daß du anrufst. Es ist schön, deine Stimme wieder zu hören. Mein Gott, wie lange ist das denn her?«

»Viel zu lange.«

»Hör mal, was machst du in Bethesda? Ihr hättet doch nach Kalifornien kommen können!«

»Wir wollen unsere Fachausbildung hier machen, weil wir auf diese Weise Zeit sparen können. In Maryland wird nämlich den Ärzten das Leben etwas einfacher gemacht.«

»Mensch, ich kann es gar nicht glauben, daß ihr auch in die Staaten gekommen seid. Ist es nicht komisch, daß wir jetzt so weit von zu Hause weg sind?«

»Ja, es ist schon ein merkwürdiges Gefühl. Wir haben vor kurzem die Prüfung bestanden, und dann durften wir eben einreisen. Jetzt müssen wir uns erst einmal darüber klar werden, wie alles weitergehen soll.«

»Wo ist Mohsen, ist er auch da? Wie geht's ihm denn?«

»Es geht ihm gut. Er ist hier bei mir. Wir wollen uns in Bethesda ein Haus mieten.«

»Und deine Tochter? Wie geht es ihr?«

»Prima.«

»Und was ist mit Mutter und Vater?«

»Denen geht es auch gut. Sie sind beide noch im Iran, aber Mutter wird bald herüberkommen und uns besuchen.«

»Na, das ist ja toll! Wie seltsam, ich kann's wirklich kaum glauben, daß wir beide hier sind, so weit von zu Hause weg. Es gibt so vieles, was ich dich fragen möchte, ich weiß gar nicht, wo ich anfangen soll. Wie geht es unseren Großmüttern, was machen Madar und Aziz?«

»Also ... Aziz geht es gut, aber, Parvin, weißt du es denn nicht – Madar ist schon seit fast zwei Jahren tot.«

Madar war die Mutter unseres Vaters.

»Was? Wie ist das passiert?« Ich mochte Madar besonders gerne. Wir hatten uns immer gut verstanden.

»Sie bekam eine schlimme Erkältung, und Vater sorgte dafür, daß sie zu uns zog. Eines Morgens ist sie nicht mehr aufgewacht. Sie ist im Schlaf gestorben, völlig ohne Schmerzen. Das war schon vor zwei Jahren. Hast du denn nichts davon gewußt?«

»Nein! Kein Mensch hat mir etwas davon gesagt. In ihren Briefen schrieb Mutter immer, daß es Madar gutgehe. Ich kann das einfach nicht begreifen.« Ich war konsterniert. Meine Familie hatte es mir zwei Jahre lang verheimlicht!

»Ach, Parvin, es tut mir so leid; ich weiß ja, wie sehr du an ihr gehangen hast.«

»Aber warum hat mir kein Mensch etwas gesagt?

Wie konntet ihr mich die ganze Zeit so im Ungewissen lassen? Was habt ihr euch denn bloß dabei gedacht?«

»Ich glaube, Mutter und Vater wollten nicht, daß du dich aufregst. Wir haben uns doch alle soviel Sorgen um dich gemacht – du in einem fremden Land, ganz auf dich allein gestellt.«

»Aber das ist doch keine Entschuldigung! Es geht mir auch sehr nahe, wenn ich heute davon erfahre. Noch viel mehr sogar!«

Ich war wütend, und ich wußte, daß es nicht gut war, das Gespräch mit Homa in dieser Stimmung fortzusetzen.

»Parvin, es tut mir leid.«

»Ich muß jetzt Schluß machen, Homa. Natürlich würde ich mich gerne noch weiter mit dir unterhalten, aber im Moment geht es nicht, ich muß mir die ganze Sache erst einmal durch den Kopf gehen lassen. Ich ruf dich in ein paar Tagen wieder an. Gib mir mal deine Nummer.« Ich notierte mir ihre Nummer, verabschiedete mich und hängte ein.

Diese Familie war schon komisch. Sie wollten einen vor allem beschützen. Aber ich fühlte mich von ihnen betrogen. Es dauerte ein paar Tage, bis ich die Geschichte verdaut hatte.

Ich verwahrte damals die Briefe meiner Mutter in einer Schachtel im Schlafzimmerschrank. Nach dem Gespräch mit Homa holte ich sie hervor und las die Briefe alle noch einmal. In jedem Brief standen Einzelheiten über den Gesundheitszustand meiner längst verstorbenen Großmutter. Da man wußte, was sie mir bedeutete, hatte man sich gescheut, mir die

Wahrheit zu sagen. Ich kam mir vor, als würde man mich nicht ganz ernst nehmen.

Dabei machte ein solches Verhalten überhaupt keinen Sinn. Man kann niemanden ein Leben lang vor den traurigen Dingen des Lebens bewahren. Irgendwann mußte ich es doch erfahren, daß Madar tot war. War es da nicht besser, von Anfang an mit offenen Karten zu spielen?

Es dauerte freilich nur ein paar Tage, dann hatte ich mich wieder beruhigt. Ich wollte gerne mehr von meiner Schwester erfahren und wählte die Nummer.

»Hallo?« meldete sie sich. In der Leitung war ein Rauschen zu hören.

»Homa, ich bin's. Wie geht es dir?«

»Uns geht es prima. Wie schön, daß du anrufst!« Sie war ganz aufgeregt. »Weißt du, wir beginnen uns hier langsam zurechtzufinden. Man hat uns soeben am hiesigen Krankenhaus als Assistenzärzte zugelassen. Nächsten Monat geht es los. Wir haben jetzt auch eine möblierte Wohnung. Wir wissen bloß noch nicht, wohin mit unserer Tochter. Wir müssen jemanden haben, der sich um sie kümmert, wenn wir in der Klinik sind. Du weißt ja, wie das mit den Dienstzeiten von Ärzten ist – 36 Stunden Arbeit, dann 12 Stunden frei ...«

»Sicher, das wird nicht einfach. Ihr solltet ein Kindermädchen anstellen.«

»Ich ... ich habe mit Mutter gesprochen.« Sie zögerte einen Moment. »Ich habe ihr vorgeschlagen, herzukommen und eine Weile bei uns zu wohnen. Sie wäre uns eine große Hilfe.«

»Spinnst du? Mutter lebt im Iran. Was zum Teufel

soll sie in Bethesda? Und was ist mit Dad? Hast du auch ihn gefragt, ob er kommt? Er soll dann wohl sein Geschäft im Stich lassen?«

»Mit ihm haben wir nicht gesprochen. Wir könnten es uns auch gar nicht leisten, alle beide bei uns aufzunehmen, und außerdem verstehen sie sich ja überhaupt nicht mehr. Zu Hause reden sie kaum noch miteinander. Ihre Ehe war ja schon damals eine Katastrophe, als du noch bei uns warst, und seitdem ist es nur noch schlimmer geworden.«

Ihre Worte stimmten mich traurig. Ich stellte mir vor, wie schlimm es zu Hause gewesen sein mußte, als sich meine armen Eltern noch um ihre Tochter und den Schwiegersohn und zusätzlich um das Enkelkind kümmern mußten.

Wenn die Beziehung unserer Eltern darunter weiter gelitten hatte, so war das kein Wunder. Vater und Mutter hatten sich nie besonders gut verstanden, und es war einfach nicht richtig, ihnen all diese zusätzlichen Lasten aufzubürden. Aber jetzt waren meine Eltern ja wieder allein in ihrem Haus.

Homa ließ nicht locker. »Du weißt doch selbst, daß es Vater guttut, wenn er alleine im Iran zurückbleibt und seine Ruhe hat. Er kann dann eine Zeitlang machen, was er will. Die Assistenzzeit ist schließlich in einem Jahr vorbei, und dann kann Mutter ja wieder nach Hause. Es ist doch nicht für immer.«

»Aber Homa, du kannst die beiden doch nicht auseinanderreißen. Du solltest sie jetzt für eine Weile in Ruhe lassen.«

»Parvin, du weißt ja nicht, was los ist. Sie haben

sich nichts mehr zu sagen. Es gibt nur Ärger, wenn sie zusammen sind. Ich finde, es wäre gut, sie für eine Weile voneinander zu trennen.«

Ich hätte Homa gerne klargemacht, daß es meiner Meinung nach ihre Ehe war, die die Beziehung unserer Eltern zerstört hatte, aber ich wußte nicht, wie ich ihr das auf taktvolle Weise hätte beibringen können. Außerdem hätte sie mir ohnehin niemals geglaubt.

»Homa, warum holst du dir nicht einfach jemanden ins Haus, der sich um das Kind kümmert? Unsere Eltern haben es dreißig Jahre lang miteinander ausgehalten, und wenn du sie in Ruhe läßt, dann wird es auch weiterhin klappen. Wieso willst du jetzt ihr Leben auf den Kopf stellen? Nimm dir ein Kindermädchen. Das ist eine viel bessere Lösung.«

»Mutter sagt selbst, daß sie Vater nicht mehr um sich haben möchte, jetzt, wo wir aus dem Haus sind.«

Allmählich wurde ich wütend. Homa suchte meines Erachtens lediglich eine Rechtfertigung für das, was sie vorhatte. Ob ihre Argumente stichhaltig waren, kümmerte sie dabei nicht.

»Also, was hältst du nun von einer Hilfe für den Haushalt?« Ich wollte wirklich wissen, wieso eine Kinderfrau für sie nicht in Frage kam.

Jetzt war ihr Mann der Schuldige. »Mohsen will nicht, daß unsere Tochter von einer fremden Person aufgezogen wird.«

»Ein Kindermädchen erzieht die Kinder nicht, es macht bloß hinter ihnen sauber – «

»Aber der Zeitfaktor! Eine Kinderfrau ist doch die ganze Zeit mit den Kindern zusammen und hat dadurch einen gewaltigen Einfluß auf deren Leben.

Wir können unsere Tochter nicht einer Fremden ausliefern. Wir müssen uns die Zeit für sie nehmen. Sieh doch uns an, wie wir aufgewachsen sind. Wir hatten immer die Familie um uns herum. Ich möchte, daß meine Tochter auch in einer solchen Umgebung lebt.«

»Aber Homa, du bist hier in Amerika. Hier wachsen die Kinder anders auf. Sie müssen nicht pausenlos von der Familie behütet werden. Außerdem wäre das hier sowieso nicht möglich, unsere Familie lebt nun einmal zum größten Teil nicht in Amerika.«

»Das ist immer noch kein Grund, die Kinder von fremden Leuten erziehen zu lassen.«

»Aber das ist doch etwas Alltägliches!«

»Mohsen wäre jedenfalls nicht damit einverstanden. Er hält es für falsch, und ich bin ganz seiner Meinung. Wir müssen unsere Tochter selbst erziehen, das ist *unsere* Verantwortung.«

»Ach so, einen Moment! Wie steht es eigentlich mit ihm? Was ist mit den Eltern von Mohsen? Warum können die nicht kommen und helfen?«

»Das ist etwas anderes.«

»Etwas anderes? Inwiefern?«

»Es handelt sich um *mein* Kind. Die Verantwortung trage ich, also muß ich jemanden finden, der sich um das Kind kümmert, und das darf keine fremde Person sein. Mohsen sagt, es muß jemand aus der Familie sein – entweder Mutter oder du. Eine andere Möglichkeit gibt es nicht. Sonst muß ich eben meinen Beruf aufgeben und die nächsten Jahre zu Hause bleiben.«

Unser Gespräch hatte unversehens eine hanebüchene Wendung genommen. Ich traute meinen Ohren kaum.

»Was ist das eigentlich für eine Einstellung? Du bist doch verheiratet. Wo zum Teufel steht eigentlich geschrieben, daß ausschließlich *du* für die Erziehung eurer Kinder zuständig bist? Einer sollte doch den anderen unterstützen. Und überhaupt, was soll das heißen: ›Entweder Mutter oder ich‹? Ich habe auch ein eigenes Leben. Hast du daran schon einmal gedacht?«

»Aber natürlich. Deswegen habe ich ja Mutter eingeschaltet. Ich wußte doch, daß du keine Lust haben würdest herzukommen. Mohsen meinte eben, vielleicht ginge es doch. Er hatte sich gedacht, daß wir dir deinen Unterricht bezahlen, und du paßt dafür auf unsere Tochter auf.«

»Schlag dir das aus dem Kopf! Ich bin verheiratet, und ich habe hier genug mit meiner Ausbildung zu tun. Ich kann nicht alles hinschmeißen, um mich um eure kleine Tochter zu kümmern. Das ist völlig ausgeschlossen!«

»Wir haben nun mal nur dich und Mutter, an die wir uns wenden könnten.«

Ich versuchte mich etwas zu beruhigen. Ein Gedanke schoß mir durch den Kopf. »Homa, warum schickst du deine Tochter nicht zu unseren Eltern und läßt sie im Iran, bis du mit deiner Assistenzzeit fertig bist? Anschließend holst du sie wieder her. Auf diese Weise könnte sie dort im Familienkreis aufwachsen.«

Aber sie sperrte sich. »Nein, das wäre nicht in Ordnung. Es wäre dem Mädchen gegenüber nicht fair. Unsere Tochter muß wissen, wer ihre Eltern sind. Sie muß ihre Zeit mit uns zusammen verbringen.«

»Vorhin hast du mir noch erzählt, daß ihr beide nach 36 Stunden Dienst im Krankenhaus immer nur 12 Stunden frei habt. Wann wollt ihr euch eigentlich mit dem Kind beschäftigen?«

»In diesen 12 Stunden.«

»Homa, das ist doch der pure Eigennutz. Du solltest unsere Eltern nicht auseinanderreißen, nur damit du es bequemer hast. Bitte, tu das nicht, ich flehe dich an.«

Ihre ablehnende Haltung war bislang deutlich spürbar gewesen, jetzt endlich schlug sie einen verbindlicheren Ton an. »Ich weiß es ja. Ich möchte sie auch gar nicht auseinanderreißen, aber was soll ich denn bloß tun? Wenn ich die Assistentenstelle aufgebe, kann ich meinen Traum von einer beruflichen Karriere vergessen. Das ist doch lediglich eine Übergangsphase, bis alles in die richtigen Bahnen kommt. Ich brauche Mutters Hilfe doch nur für ein paar Jahre.«

»Ich kann aber auch deinen Mann nicht verstehen. Auf mich wirkt das so, als ob er dich bewußt scheitern lassen wollte. Wenn er sich ein Hausmütterchen wünscht, warum hat er dann eine Medizinstudentin geheiratet? Er hätte sich lieber an seinen Brüdern ein Beispiel nehmen sollen. Deren Frauen sind doch fast alle Hausmütterchen, oder etwa nicht?«

Wir beendeten das Gespräch. Homa tat mir leid, sie saß offenbar in der Falle. Sie wünschte sich nichts sehnlicher, als ihren Arztberuf ausüben zu können, und plötzlich stand alles auf dem Spiel, weil sie ein Kind hatte.

Dabei wußte ich nur zu gut, daß ihr Entschluß, Mutter herüberzuholen, schon längst gefallen war, als sie mich anrief. Ich hätte sagen können, was ich wollte, es hätte nicht das geringste geändert. Ich kannte diese Sturheit nur allzu gut, und nicht nur bei ihr, sondern bei unserer gesamten Familie.

Nach dem Telefonat blieb ich in der Küche und machte mich an die Vorbereitung des Essens. Das Gespräch war hart gewesen. Ich hatte meine Schwester nicht mehr gesehen, seit ich im Februar 1964 aus dem Iran fortgegangen war. Als ich damals wegging, hatte ich das Gefühl, daß unser Verhältnis stark darunter leiden würde. Dieser Eindruck schien sich nun zu bestätigen.

Schon während meines letzten Jahres im Iran waren wir häufig aneinandergeraten. Ich wälzte damals meistens Zukunftspläne und machte mir Gedanken über die ersten Schritte, die ich unternehmen wollte, wenn ich erst einmal nach Amerika entkommen war. Unsere Ansichten zu diesem Vorhaben gingen stark auseinander – und das Thema wurde ständig zur Sprache gebracht.

Unsere Meinungsverschiedenheiten waren, wie sich jetzt wieder gezeigt hatte, so grundlegend, daß unser geschwisterliches Verhältnis in Gefahr war, Schaden zu nehmen. Das Streitgespräch über unsere Mutter war erst der Anfang. Dahinter stand zweifellos auch ein Konflikt, der aus den unterschiedlichen Auffassungen über Erziehung und die Bedeutung der Familie herrührte, die im Iran und in den USA herrschten.

Ich war ganz entschieden der Ansicht, daß es nicht anging, das gemeinsame Leben unserer Eltern zu zerstören, bloß weil Mohsen etwas dagegen hatte, einen Babysitter zu engagieren. Aber ich wußte auch, daß die Hauptbeschäftigung der älteren Generation im Iran nun einmal darin besteht, den ganzen Tag auf jeden Verwandten aufzupassen, der jünger ist als sie. Iranische Eltern hören nie auf zu erziehen. Unsere Großmutter Aziz spielt mit ihren 86 Jahren noch immer die Rolle des Familienoberhaupts. Sie will über alles Bescheid wissen und jeden kontrollieren, was inzwischen natürlich sehr mühselig geworden ist, wenn einige ihrer Enkelkinder auf der anderen Seite der Erde leben.

Es wäre für meine Mutter wie auch für meine Großmutter sicher das beste, wenn sie sich entschließen könnten, ihre ständige Fürsorge aufzugeben und sich statt dessen der Obhut ihrer Kinder anzuvertrauen. Das war meine Sicht der Dinge. Meine Schwester sah es wohl ganz anders, denn ein paar Wochen später traf unsere Mutter in Maryland ein.

Mutter war erst eine Woche in Bethesda, als Homa sie schon per Flugzeug zu meinem Mann und mir nach Los Angeles herüberschickte. Mutter brachte auch Homas Töchterchen mit.

Ihr Besuch bei uns wurde zu einer harten Geduldprobe. Kaum hatte Mutter meinen Mann Robert gesehen, da wußte sie schon genau, daß ich nicht den

Richtigen geheiratet hatte. Meine Entscheidung für einen Amerikaner paßte ihr überhaupt nicht.

Dabei hatte meine Entscheidung ihre guten Gründe. Ich war zuvor mit einem Iraner verheiratet gewesen. Unsere Ehe hielt nur neun Monate – sie hat mir kein einziges Argument dafür geliefert, warum ich Männern aus meinem Heimatland den Vorzug geben sollte. Mein Ehemann offenbarte typisch persische Charakterzüge; in dieser Hinsicht unterschied er sich nicht im geringsten von Mohsen. Sie scheinen zu glauben, daß Frauen ausschließlich dazu da sind, um ihre Männer zu bedienen. Die Männer haben als Gegenleistung für die Frau und die Sprößlinge zu sorgen.

Solange die Männer allein es sind, die das Geld nach Hause bringen, mag diese Regelung noch angehen – aber was ist, wenn die Frau ihrerseits anfängt zu arbeiten? Man sollte glauben, daß die Regeln der neuen Situation angepaßt werden müßten, aber nicht alle sehen das so.

Mutter und ich gerieten über dieses Thema andauernd in Streit. Sie kam auch nicht darüber hinweg, daß mein Mann helle Haut und blaue Augen hatte.

»Was in aller Welt ist denn an einem Iraner so schlimm, daß du dir unbedingt einen Amerikaner aussuchen mußtest?« fragte sie mich immer wieder. Meine Antwort war stets die gleiche.

»Nichts, Mutter, gar nichts. Ich möchte halt bloß jemanden um mich haben, der in mir seine Partnerin sieht, jemanden, der mich auch anschaut, wenn ich mit ihm rede. Nimm Vater: Hat er dir jemals in die

Augen geblickt? Mohsen ist genauso. Hast du jemals erlebt, daß er sie ansieht und ihr zuhört, wenn Homa etwas sagt? Und sie hat wirklich einiges zu sagen, ebenso wie ich. Mein erster Ehemann war nicht anders. Er hörte mir nie zu. Während ich sprach, wartete er immer nur darauf, daß ich endlich fertig war. Seine Meinung hatte er sich schon vorher zurechtgelegt, und er ließ mich nur ausreden, um sie anschließend zu verkünden. Nie hatte er auch nur die leiseste Ahnung, was ich gerade gesagt hatte. Leider sind die allermeisten Iraner so, es steckt ihnen offenbar im Blut. Ich hasse das. Robert geht nicht so mit mir um. Er weiß, daß ich ihm viel zu sagen habe, und er hört mir immer zu.«

Es war, als hätte ich gegen eine Wand geredet. Mutter verhalf mir zu der Erkenntnis, daß die Fähigkeit oder auch Unfähigkeit zuzuhören mit dem Geschlecht des Gegenübers wenig zu tun hat. Ich beschwerte mich zwar über die iranischen Männer, aber ich hätte mich genausogut über meine Mutter beklagen können. Jedesmal, wenn ich ihr in solchen Gesprächen in aller Ausführlichkeit erklärt hatte, warum ich Vorbehalte gegen iranische Männer hatte, kam von ihr eine Antwort, die erkennen ließ, daß sie mir überhaupt nicht zugehört hatte.

»Du bist eine Iranerin und keine Amerikanerin. Eine solche Ehe ziemt sich nicht für dich. Mußte das wirklich sein?«

»Sieh mal, Mutter, ich habe Robert kennengelernt, und er hat mir gefallen. Wir geben uns gegenseitig, was jeder vom anderen braucht. Was will man mehr?«

Meine Mutter und meine kleine Nichte verbrachten einen ganzen langen Monat bei uns, bevor sie wieder nach Bethesda zurückflogen.

Ein unheilvolles Weihnachtsfest

Nachdem Mutter nach Bethesda gekommen war, gab es auch für unseren Vater keinen stichhaltigen Grund mehr, weiter im Iran zu bleiben. Als im Sommer 1969 Homas zweites Kind geboren wurde, entschloß er sich, nach Amerika zu kommen. Damals hatte Homa gerade ihre Zeit als Assistenzärztin beendet und begann ihre Pflichtjahre als Fachärztin für Kinderheilkunde am »Freedmen's Hospital« in Washington D.C. abzuleisten.

Vater veräußerte sein Geschäft; von dem Erlös kaufte er sich etwas Grundbesitz und ein Flugticket.

Als ich hörte, daß er kommen würde, war ich natürlich ganz aus dem Häuschen. Robert und ich legten in jenem Herbst jeden Penny zurück, damit wir uns für das kommende Weihnachtsfest eine Reise nach Bethesda leisten konnten.

Diese Reise bedeutete insofern eine tiefe Zäsur in meinem Leben, als die Bedenken, die ich schon längere Zeit in bezug auf das Verhältnis zu meiner Familie mit mir herumtrug, bei dieser Gelegenheit auf sehr konkrete Weise bestätigt wurden. Wir waren noch nicht richtig angekommen, da schien es Mohsen bereits leid zu tun, daß er uns eingeladen hatte.

Insbesondere schien ihm nicht zu passen, daß er nun einen amerikanischen Schwager hatte, wobei ich gar nicht recht sehen konnte, wo das eigentliche Problem für ihn lag. Jedenfalls wurden wir kühl empfangen, und damit war der Ton für den weiteren Verlauf des Besuchs angeschlagen.

Das Verhältnis zwischen dem Iran und den Vereinigten Staaten wird in der zweiten Hälfte unseres Jahrhunderts von einer merkwürdigen Haßliebe geprägt. Man kann nahezu sicher sein, daß es über jede politische Frage, die zwischen diesen beiden Ländern verhandelt wird, zu einer Kontroverse kommt.

Mohsen schien sich während unseres Besuchs in Bethesda von diesem gespannten Verhältnis inspirieren zu lassen. Mit geradezu missionarischem Eifer hackte er unentwegt auf der amerikanischen Regierung herum. Darüber hätte man noch hinwegsehen können, aber er ließ es sich nicht nehmen, meinen Mann ständig als Prügelknaben für seine Anklagen zu mißbrauchen.

Bei jeder nur denkbaren Gelegenheit attackierte er Robert und verlangte von ihm, er solle die Verwicklung der Amerikaner in den iranischen Staatsstreich von 1953 rechtfertigen. Damals war der Premierminister Mossadegh als angeblicher Kommunist gestürzt worden. Mohsen machte dafür den amerikanischen Geheimdienst CIA verantwortlich, der den Staatsstreich unterstützt habe, und er beschuldigte die USA, dem Schah wieder zur Macht verholfen zu haben. Er verglich den persischen Herrscher mit einer Marionette, deren Fäden die amerikanischen Präsidenten in der Hand hielten. Mohsen war offensichtlich nicht gewillt, von diesem hochsensiblen Thema abzugehen, und es kam zu etlichen unschönen Diskussionen – sogar Robert und ich hatten einen heftigen Disput.

Als wir unseren ersten Tag in Maryland endlich hinter uns gebracht hatten und uns fürs Bett fertig machten, wollte mein Mann von mir wissen, weshalb sich Mohsen so aggressiv aufführte.

»Was ist eigentlich in ihn gefahren? Ich begreife das nicht, er tut gerade so, als ob ich bestimmen könnte, wo es in unserer Außenpolitik langgeht. Er benimmt sich, als ob ich persönlich ihm etwas angetan hätte. Ich kenne ihn doch überhaupt nicht! Wie kann es deine Schwester mit diesem Kerl nur aushalten?!« Robert war sehr erregt, und seine Stimme bebte vor Wut.

Ich wußte nicht, was ich ihm antworten sollte. Natürlich war mir völlig klar, daß Mohsen sich lächerlich benahm. Aber er hatte es geschafft, Robert herauszufordern. Mein Mann gehörte nicht zu den Menschen, die einer Auseinandersetzung aus dem Wege gehen. Er war sehr intelligent und liebte es zu diskutieren. Die Debatten mit Mohsen waren jedoch alles andere als Diskussionen. Es waren Verhöre. Wenn die beiden miteinander stritten, konnte man manchmal die Spannung im Raum förmlich mit Händen greifen.

Die Sache war mir sehr unangenehm. Ich versuchte Mohsens Verhalten herunterzuspielen. »Liebling, ich weiß, daß er dir auf die Nerven geht, aber ich glaube nicht, daß er dir wirklich die Schuld an sämtlichen Problemen des Iran geben will. Er ist eben schon lange von der amerikanischen Außenpolitik enttäuscht, und du bist der erste Amerikaner, den er darauf ansprechen kann. Das ist eben seine Art, sich Luft zu machen.«

»Das ist aber alles noch kein Grund, mich derart anzugreifen – und uns den Urlaub zu verderben.«

»Ich weiß doch.«

Um den ständigen Konflikten in Homas Haus aus dem Wege zu gehen, bemühten sich Robert und ich, möglichst selten dort zu sein. Wir verbrachten unsere Tage mit Spaziergängen in der Umgebung. Die Gegend war wunderbar, nur waren wir leider für die hiesige Witterung nicht richtig angezogen. In unserem Wohnort Los Angeles fiel die Temperatur selten unter 40 Grad, aber ich weiß nicht, ob sie in Bethesda in jenem Dezember ein einziges Mal über den Gefrierpunkt kletterte. Wir froren jämmerlich, und pleite waren wir auch. Ohne Geld und ohne Auto aber gab es kaum Möglichkeiten, sich einen schönen Tag zu machen. Der Besuch wurde langsam zur Tortur.

Am vierten Tag unseres Aufenthalts kam es zu einem großen Familienkrach, bei dem sich endgültig jede Hoffnung zerschlug, daß Robert und Mohsen jemals ein familiäres Verhältnis zueinander finden würden.

Robert und ich waren den ganzen Tag durch die Stadt gelaufen und dabei an einem Stand vorbeigekommen, an dem frisch gefangene Hummer aus Maine verkauft wurden. Als wir die noch lebenden Tiere in ihrem Aquarium herumschwimmen sahen, konnten wir der Versuchung nicht widerstehen. In Kalifornien waren sie nur selten zu bekommen und wenn, dann zu Preisen, die wir niemals hätten bezahlen können. Aber hier am Straßenstand in Bethesda kosteten sie nicht viel, außerdem waren wir hungrig und durchgefroren. Wir kauften also ein paar von den Tieren und nahmen sie mit nach Hause zu Homa. Wir wollten für alle ein schönes Essen machen.

Auf dem Heimweg waren Robert und ich in gelöster Stimmung, und wir machten uns in unserer Vorfreude gegenseitig den Mund wäßrig. Heute abend würden *wir* uns um das Essen kümmern, und unsere Gastgeber sollten sich einmal ausruhen dürfen. Wir hielten diesen Plan wirklich für großartig.

Dabei war er geradezu idiotisch. Doch manchmal wird man so sehr von der Begeisterung gepackt, daß man vergißt, mit wem man es zu tun hat. Mein Schwager teilte unsere Begeisterung überhaupt nicht. Er empfing uns an der Tür und sah die Schachteln in unserer Hand. Er wußte sofort, was sie enthielten. Er wohnte immerhin schon ein paar Monate in Bethesda, und Hummerschachteln waren ihm inzwischen wohlbekannt.

Mohsen hat eine unverwechselbare, stets gleichbleibende Art, Leute zu begrüßen, und zwar ganz unabhängig davon, um wen es sich handelt. Während er uns die Tür öffnete, holte er, wie immer, tief Luft und blies den Brustkasten auf. Man mag ihm zugute halten, daß das vielleicht nur dazu dienen soll, eine aufrechte Haltung einzunehmen und einen respektablen Eindruck zu machen, aber es wirkt nun einmal so, als sei er darauf bedacht, Distanz herzustellen.

Mit herausgestreckter Brust musterte er Robert, vermied es aber, ihm dabei direkt in die Augen zu sehen. Die beiden gaben sich die Hand, dann bat er mich herein. Er fragte, ob wir einen angenehmen Tag verbracht hätten, dabei beugte er sich vor und hauchte mir einen Kuß auf die Wange – aber auch das vollzog sich auf die gleiche distanzierte Weise.

Er pflegte einen nie unmittelbar anzublicken, sondern er schaute immer haarscharf an seinem Gegenüber vorbei, als gäbe es hinter ihm etwas zu entdecken. Diesmal allerdings zog es seinen Blick magnetisch zur Seite. Auch während er mir den Kuß gab, blieben seine Augen auf die Hummerschachteln in Roberts Hand gerichtet.

»Was ist das? Was habt ihr uns denn mitgebracht?«

»Ach, das sind Hummer, wir haben sie unten in der Stadt entdeckt – sie sahen so lecker aus, daß wir einfach nicht widerstehen konnten. Wir haben uns gedacht, daß man heute das Abendessen zur Abwechslung mal ein bißchen anders gestalten könnte, und deshalb haben wir für jeden einen Hummer besorgt. Sie werden bestimmt phantastisch schmecken, meinst du nicht auch?«

Mohsen blieb stumm. Das Lächeln gefror auf seinen Lippen, und sein Gesicht nahm einen etwas ratlosen Ausdruck an.

»In Kalifornien gibt es keinen Hummer, jedenfalls nicht solch prächtige Exemplare – und außerdem kosten sie dort ein Vermögen!« Nur von ihnen zu sprechen machte mich schon wieder ganz aufgeregt. »Robert, Liebling, gib sie mir doch, dann kann ich schon in die Küche gehen und mit dem Kochen anfangen.«

Das war erst mal alles. Ich verzog mich in die Küche, Robert ging duschen, und Mohsen verschwand im Schlafzimmer.

Eine halbe Stunde später kam Homa aus dem Schlafzimmer und erschien bei mir in der Küche. Sie war sehr bleich und wohl auch etwas verstimmt.

»Parvin, was machst du da?« fragte sie.

»Heute, Homa, werden Robert und ich mal für euch kochen. Sieh mal, wir haben diese Hummer gekauft. Ich bereite alles übrige vor, und Robert wird gleich herunterkommen und die Viecher ins siedende Wasser werfen. Freust du dich nicht auch? Das wird das beste Essen, das wir uns seit Jahren geleistet haben!«

Als Homa antwortete, klang ihre Stimme aufgeregt und schrill.

»Was soll das?« sagte sie gekränkt. »Was denkst du dir eigentlich? Hast du vergessen, daß ihr unsere Gäste seid? Paßt euch etwas nicht bei uns? Das ist immer noch unser Haus, und *wir* haben für euch zu kochen – wieso willst du daran rütteln? Begreifst du überhaupt, was du uns damit unterstellst?«

Ich war überrascht, fast schockiert. »Also bitte, Homa, davon kann doch überhaupt keine Rede sein! Wir sind in der Innenstadt an diesem Hummerstand vorbeigekommen und fanden die Idee ganz toll, mehr nicht. Sicher, wir sind bei euch zu Gast, aber ich bin ja schließlich deine Schwester. Mein Gott, wir gehören jetzt doch alle zur selben Familie. Bevor wir wieder abreisen, wollten wir uns irgendwie erkenntlich zeigen, und wir dachten, das wäre doch eine hübsche Möglichkeit dazu.«

»Gut, ihr gehört zur Familie – aber darum geht es nicht. Hier in Maryland seid ihr immer noch unsere Gäste, und ihr wohnt in unserem Haus. Du weißt, daß es nicht geht, daß man ins Haus des Gastgebers Essen mitbringt. Es ist eine Beleidigung. Ist mit unserem Essen etwas nicht in Ordnung? Ist dir die persische Küche nicht mehr gut genug?«

In diesem Moment kam Robert. Er merkte zwar, daß Homa und ich einen Wortwechsel hatten, aber er konnte nicht verstehen, worum es ging, denn wir sprachen in unserer Muttersprache Farsi. Er stand in der Tür und sah mich fragend an. Er wollte wissen, ob er jetzt mit dem Kochen anfangen könnte oder ob er uns lieber noch eine Weile allein lassen sollte.

»Schatz, komm rein! Die Hummer sind dort drüben auf der Anrichte, und ich glaube, das Wasser kocht schon. Kümmere dich nicht um uns.«

Er kam herein und öffnete die Schachteln mit den Schalentieren.

Meine Schwester und ich nahmen unseren Disput wieder auf. »Homa, du weißt genau, daß ich die persische Küche sehr schätze, und bei Robert ist es nicht anders. Euer Essen schmeckt uns hervorragend. Wir sahen eben die Hummer und hatten spontan diese Idee. Wir wollten euch wirklich nicht beleidigen damit. Gut, ich gebe zu, daß ich einen Fehler gemacht habe. Was soll ich denn sonst noch sagen? Können wir es uns denn nicht dieses eine Mal schmecken lassen, und damit ist die Sache vergessen?«

Ich konnte die Einwände meiner Schwester zwar nicht nachvollziehen, aber ich hatte keine Lust mehr, mich mit ihr zu streiten. Ich wollte nichts anderes als gemütlich essen und den ganzen Streit begraben. Allmählich wurde es mir zuviel – über jede Kleinigkeit gab es Diskussionen.

»Jedenfalls, was ihr da gemacht habt, war falsch!«

Mit diesen Worten machte meine Schwester kehrt und rauschte aus der Küche. Sie verschwand im Schlafzimmer, ich trat an die Anrichte und machte mich daran, das Gemüse für die Beilagen zu putzen. Aber der Streit mit Homa wollte mir nicht aus dem Kopf gehen. In meinem ganzen Leben hatte ich sie noch nicht so leicht kränkbar erlebt. Sie tat gerade so, als ob sie tief in ihren Gefühlen verletzt sei, bloß weil wir ein paar Hummer mitgebracht hatten.

Es fiel mir allerdings schwer, ihr diese Kränkung abzunehmen. Das, was sie an Betroffenheit inszeniert hatte, wirkte nicht besonders echt. Wahrscheinlich steckte ihr Mann dahinter. Nachdem er uns die Tür aufgemacht hatte, war er sofort im Schlafzimmer verschwunden. Dort mußte er Homa von unserem Hummerkauf erzählt haben. Er hatte sie vermutlich erst eine Weile aufgestachelt, bis sie schließlich herausgekommen war, um mit mir zu reden.

Was seine Eßgewohnheiten betraf, war Mohsen vollkommen stur. Er lehnte alles ab, was nicht nach iranischem Rezept zubereitet war. Es wäre ihm nie in den Sinn gekommen, ein Gericht aus der Küche einer anderen Kultur zu probieren. Aus seiner Sicht stellte das Mitbringen der Hummer eine Beleidigung der Gastgeber dar: Indirekt übten wir damit Kritik an der Küche, die in seinem Haus gepflegt wurde.

Homa kam wieder herein, um etwas zum Trinken zu holen.

»Er steckt dahinter, nicht wahr?« Ich wollte sie aus der Reserve locken und ihr begreiflich machen, wie sehr sie schon in den Bahnen ihres Ehemannes dachte.

Sie nahm mich beiseite. »Sieh mal, mir sind die Hummer im Grunde völlig egal, aber es geht um Mohsen. Was ihr da gemacht habt, war sehr unüberlegt. Du weißt doch, wie er über Amerika denkt. Er kann dieses Land nicht leiden, und das, was man hier ißt, mag er auch nicht. Warum müßt ihr ihm dann noch einen zusätzlichen Grund geben, sich aufzuregen?«

Bei diesen Worten kamen mir Zweifel, ob wir tatsächlich miteinander verwandt waren.

»Wenn er sich hier so unwohl fühlt – was zum Teufel will er denn dann überhaupt in diesem Land? Warum ist er nicht im Iran geblieben?«

»Er bleibt hier nur noch so lange, bis er seinen Facharzt gemacht hat. Dann geht er sowieso wieder zurück.«

»Was? Ihr wollt in den Iran zurück?«

»Er will. Was *ich* machen werde, weiß ich noch nicht.«

Homa und ich deckten den Tisch. Während unsere Mutter die iranischen Speisen auftrug, die sie zusammen mit Vater zubereitet hatte, stellte ich den Hummer und etwas zerlassene Butter dazu. Ich hoffte inständig, daß uns während der Mahlzeit größere Diskussionen erspart bleiben würden, aber ich wußte nur zu gut, daß das ein frommer Wunsch war.

Wir hatten uns noch nicht richtig hingesetzt, da gerieten Mohsen und Robert schon in ein hitziges Wortgefecht, das hauptsächlich daraus bestand, daß

Robert von seinem Schwager unablässig mit erregten Fragen beschossen wurde. Schließlich, nachdem er eine Unmenge herabwürdigender Attacken über sich hatte ergehen lassen, wollte Robert von Mohsen wissen, wieso er denn bei seinem Haß auf die Vereinigten Staaten überhaupt in diesem Lande sei.

»Amerika lebt von dem Blut, das es sämtlichen unschuldigen Völkern auf der ganzen Welt aussaugt – auch meinem Volk!« rief Mohsen.

»Inwiefern saugt denn Amerika deinem Volk das Blut aus?« erkundigte sich Robert.

»Man nimmt uns unser Öl weg und unterstützt den Schah, so daß er die Bürger meines Landes umbringen kann. Außerdem machen amerikanische Firmen ihren Profit damit, daß sie ihr dreckiges westliches Zeug bei uns verkaufen. Die Vereinigten Staaten werden reicher und reicher auf Kosten armer Iraner!«

Das war Mohsens Stil zu diskutieren. Er sprang von einem Thema zum anderen, ob es einen Zusammenhang gab, war ihm gleichgültig. Es war eher eine Schimpfkanonade als eine Argumentation.

Homa fiel ihrem Gatten ins Wort. »Liebling, Robert kann doch nichts für das, was im Iran los ist. Das mußt du doch einsehen! Hör jetzt bitte auf, er ist schließlich der Mann meiner Schwester und unser Gast, und darauf solltest du Rücksicht nehmen. Laß es jetzt gut sein!«

»Wie kannst du behaupten, daß er nichts dafür kann? Schließlich werden die Politiker hier auch mit *seinem* Stimmzettel gewählt! Und diese Politiker haben im Iran den SAVAK aufgebaut, damit jeder, der ihnen nicht paßt, umgebracht werden kann. An dem

Tag, als 1953 der Staatsstreich stattfand, war ich dabei, mittendrin sogar, im Basar, und ich habe es mit meinen eigenen Augen gesehen! Man hat in der Innenstadt Wodka verteilt und die Besoffenen mit amerikanischen Dollars dazu angestiftet, Studenten zu verprügeln und Geschäfte zu plündern. Die Amerikaner haben zu verantworten, daß Mossadegh gestürzt wurde. Jawohl, sein Land war es! Das sind alles Imperialisten, die kennen keine Gnade für Völker wie das unsrige!«

Mohsen hörte nicht auf, Robert in dieser Weise zu attackieren. Er schäumte vor Angriffslust, endlich hatte er einen Amerikaner gefunden, dem er sämtliche Probleme seines Heimatlandes vorhalten konnte.

»Verdammt noch mal«, fuhr Robert ihn jetzt an. »Wenn es dir nicht paßt, in Freiheit zu leben, dann geh doch in dein Heimatland zurück! Dort kannst du dann in permanenter Angst vor deiner diktatorischen Regierung leben, wenn du das für so erstrebenswert hältst! Hör mal zu, ich bin nicht hergekommen, um die Führungsrolle Amerikas zu verteidigen, aber es hat ja wohl seine Gründe, daß dieses Land so mächtig geworden ist! Warum zum Teufel machst du nicht einfach, daß du von hier fortkommst? Es hat dich keiner gerufen, und du kannst jederzeit wieder gehen!«

Mit Roberts Beherrschung war es nun vorbei. Er sprang auf und brüllte Mohsen an.

»Aber du willst ja gar nicht weg von hier, nicht wahr? Auf gar keinen Fall willst du das! Du weißt genau, warum du hier bist! Du willst nämlich hier von uns etwas haben, das du im Iran niemals bekommen könntest! Und *unsere* Freiheit gibt dir die Möglichkeit dazu! Für die Vereinigten Staaten bist du doch nur ein armes Würstchen! Du widerst mich an! Und es ist mir wirklich ein Rätsel, was eine so großartige Frau wie Homa überhaupt an dir findet!«

Robert wandte sich zu mir und forderte mich auf, mit ihm zu kommen. Er wollte auf der Stelle dieses Haus verlassen. Es war aber schon viel zu spät für einen Aufbruch, und außerdem hatten wir für ein Hotel oder ein Taxi zu wenig Geld.

Ich ging mit meinem Mann für eine Weile nach draußen, bis wir uns wieder etwas beruhigt hatten. Dann zogen wir uns in unser Zimmer zurück. Am nächsten Morgen ließen wir uns von meiner Schwester zum Busbahnhof bringen und fuhren nach Vermont, wo Robert einen Bruder hatte.

Das war der erste Besuch im Hause meiner Schwester. Wir hatten es nur vier Tage ausgehalten.

Trennungspläne

In den folgenden drei Jahren hielt ich mit Homa lediglich telefonischen Kontakt. Wir sprachen allerdings jede Woche miteinander.

Im August 1970 schloß Homa ihr erstes Pflichtjahr als Fachärztin für Kinderheilkunde ab. Mohsen arbeitete für seine Zulassung als Facharzt für Psychiatrie, aber als er merkte, daß ihm dieses Gebiet nicht zusagte, wechselte er das Fach. Das aber bedeutete, daß er mit den beiden Pflichtjahren an einem Krankenhaus von vorne beginnen mußte. Hieraus ergab sich eine Situation, die offenbar für beide nur schwer zu bewältigen war: Homa hätte bei normaler Fortführung ihrer Arbeit die Zulassung als Facharzt ein Jahr früher als er bekommen. Ich hörte von Homa, daß sie sich deswegen häufig stritten und ihre Ehe sehr darunter litt. Sie beschloß, ein Jahr auszusetzen, damit Mohsen ihren Vorsprung aufholen konnte.

Dieses Jahr, in dem sie zu Hause blieb, war für Homa sehr schwierig. Wenn sie morgens nicht irgendwo antreten konnte, wo sie gebraucht wurde, fehlte ihr etwas. Dennoch war sie davon überzeugt, daß es für ihre Familie so am besten sei. Sie hatte das kleine Kind, um das sie sich kümmern mußte, und auch ihr starkes Interesse an der Politik sorgte für Beschäftigung.

Homa richtete ihre Aufmerksamkeit insbesondere auf die Menschenrechtsverletzungen, die in jener Zeit im Iran an der Tagesordnung waren. Sie engagierte sich in einigen politischen Parteien und gab auch eigene Flugblätter heraus, in denen sie darauf hinwies, daß der iranischen Bevölkerung das Recht auf freie Meinungsäußerung und friedliche Demonstrationen vorenthalten wurde.

Im Juli 1971 fing Homa schließlich wieder an zu arbeiten. Sie war inzwischen mit Mohsen nach New Jersey gezogen. Im »Misericordia Hospital« in New York absolvierte sie als Stationsärztin ihr zweites Pflichtjahr.

Homas Arbeitspause erzielte jedoch nicht die Wirkung, die sie sich erhofft hatte. Die Schwierigkeiten zwischen ihr und Mohsen bestanden weiter. Sie waren so extrem, daß Homas Ehe auf dem Spiel stand.

Im Jahre 1972 arbeitete ich in Glendale in Kalifornien. Außerdem hatte ich mich an der »University of Southern California« eingeschrieben mit dem Ziel, mein Diplom in Maschinenbau zu machen. Robert hatte die Journalistenschule bereits abgeschlossen und arbeitete für ein Verlagshaus.

Meine Schwester praktizierte inzwischen als Kinderärztin in New York. Sie lebte immer noch mit Mohsen und unserem Vater zusammen, Mutter war jedoch in den Iran zurückgekehrt, und zwar nicht lange nach Vaters Ankunft in Bethesda. Bis Vater sein Geschäft verkaufen und selbst herüberkommen konnte, hatte Mutter schon ein ganzes Jahr von ihm getrennt bei meiner Schwester gelebt. Ich glaube, in dieser Zeit hatten sie beide Gefallen daran gefunden, ohne den anderen zu leben.

Unser Vater war also keineswegs deprimiert, als seine Frau wieder fort war, er erkundete auf eigene Faust das Land und fühlte sich wohl dabei. Seine Frau hingegen war von den Vereinigten Staaten enttäuscht. Sie wollte sich einfach nicht damit abfinden, daß das hiesige Leben nicht so glanzvoll war, wie sie es sich wohl vorgestellt hatte.

Im Iran hatte sie ihren Mann noch ertragen können, aber hier redete sie von früh bis spät nur von Scheidung. Homa und ich waren uns darüber einig, daß eine Trennung der beiden unausweichlich war. Als Vater sich entschied, bei Homa zu bleiben, blieb Mutter nichts anderes übrig, als nach Teheran zurückzukehren.

Anfang Juli stellte ich fest, daß ich ein Kind erwartete. Ich besuchte weiter meine Abendkurse und ging tagsüber arbeiten, aber es kam immer wieder einmal vor, daß ich mich einfach zu elend fühlte, um zur Arbeit zu gehen.

Eines Samstags wurde ich erst ziemlich spät wach. Robert war schon früh am Morgen zum Angeln gegangen. Beim Aufstehen wurde mir schwindelig. Die Schwangerschaftsübelkeit, die sonst immer nur am Morgen auftrat, hielt diesmal den ganzen Tag an.

Es war ein heißer Vormittag. Gegen zehn ging ich hinaus und wollte mich hinter dem Haus in den Schatten setzen. Wir hatten einen hübschen Garten, den wir größtenteils für den Anbau von Gemüse und Erdbeeren nutzten. Eine kleine Fläche hatten wir allerdings für einen Tisch und ein paar Stühle freigehalten; dort ließen wir uns in der warmen Jahreszeit gerne zum Essen nieder.

Ich saß mit geschlossenen Augen da und hatte mir einen feuchten Waschlappen auf die Stirn gelegt. Ich dachte an die Jahre meiner Kindheit in Teheran und fragte mich, wie ich nur damals die Hitze überstehen konnte. Das Klingeln des Telefons riß mich aus meinen Erinnerungen. Ich ging hinein und nahm ab.

»Hallo Parvin. Ich bin's, Homa!« Ich hatte mit meiner Schwester schon beinahe einen Monat lang nicht mehr telefoniert.

»Homa, wie geht es dir?«

»Mir geht's gut.« Die Anspannung in ihrer Stimme war jedoch nicht zu überhören.

»Stimmt etwas nicht? Du klingst nicht besonders zufrieden«, fragte ich.

»Ach, Parvin, ich habe das Leben, das ich führe, wirklich satt. Ich halte es einfach nicht mehr aus mit

Mohsen. Er hat mir noch nie geholfen, nicht einen Handschlag tut er. Immer muß ich mich alleine um die Kinder kümmern und dafür sorgen, daß etwas zum Essen im Haus ist. Er macht keinen Finger krumm. Es reicht mir jetzt. Ich will keine Scheidung, weil ich nicht möchte, daß meine Töchter darunter leiden. Aber ich muß unbedingt hier raus. Ich will weg, und ich möchte die Kinder mitnehmen, aber ich weiß einfach nicht, wie ich das anstellen soll.«

»Im Ernst, willst du fort?«

»Aber natürlich!«

»Okay, dann brauchst du Tickets für den Flug. Hast du genügend Geld?«

»Das ist es ja gerade, ich weiß es nicht. Mohsen hat mich immer kurzgehalten. Ich weiß nicht, wo mein Geld hingeht und bei welcher Bank unser Konto geführt wird. Ich habe ihm immer meinen Gehaltsscheck ausgehändigt, und er hat dann alle Rechnungen bezahlt. Wenn das erledigt war, hat er mir mein wöchentliches Taschengeld gegeben.«

»Ach du lieber Gott! Homa! Ich konnte mir zwar immer schon ausmalen, daß zwischen euch nicht alles zum besten steht, aber daß es so schlimm ist, hätte ich nun doch nicht gedacht.«

»Ach, Parvin, ich weiß doch nicht, wen ich sonst anrufen sollte. Bitte, hilf mir!«

»Natürlich! Ich werde mich sofort um alles kümmern.«

Am nächsten Tag rief ich bei der medizinischen Fakultät der »University of Southern California« an, darauf bei der »University of the City of Los Angeles«, um mich nach freien Stellen zu erkundigen.

Nach mehreren Telefongesprächen mit den Klinikverwaltungen hatte ich schließlich einige Möglichkeiten für meine Schwester ausfindig gemacht. Genau eine Woche nach ihrem Anruf, also am darauffolgenden Samstag, rief ich Homa zurück.

»Homa, gute Neuigkeiten! Zwei hiesige Universitätskliniken sind bereit, dich einzustellen. Du müßtest dort allerdings noch ein Jahr als Stationsärztin arbeiten, weil in Kalifornien längere Pflichtzeiten verlangt werden, aber die Zeit in Bethesda wird dir angerechnet. Für dieses erste Jahr bieten sie dir 25000 Dollar. Wenn du dir noch etwas dazuverdienen willst, kannst du dort nach Bedarf Nachtdienst in der Notaufnahme machen.«

Homas Reaktion fiel weniger begeistert aus, als ich erwartet hatte.

»Hab vielen Dank, Parvin, aber ich weiß nicht so recht ... Für Vater und die Kinder bedeutet ein weiteres Jahr Krankenhausdienst vielleicht eine zu große Belastung. Vater war in der letzten Zeit nicht besonders guter Dinge. Ich befürchte, daß sich das bei ihm zu einer ernsthaften Depression auswächst, wenn ich weiterhin immer bis tief in die Nacht Dienst mache. Ich glaube, ich kann ihm das nicht zumuten.«

Ich hatte das Gefühl, daß wieder alles nur ein Vorwand war. »Aber Homa! Wenn du zu uns herüberkommst und dir irgendwo in unserer Nähe eine Wohnung besorgst, dann kann ich mich doch mit Vater beschäftigen und auf die Kinder aufpassen, während du im Dienst bist. Weißt du, ich bin seit einiger

Zeit schwanger. Vater wird seinen Spaß mit dem Neugeborenen haben. Du weißt doch, wieviel Freude es ihm macht, wenn er einem Baby zuschauen kann. Hier drüben wird es ihm bestimmt gefallen.«

»Ich muß mir das alles noch einmal durch den Kopf gehen lassen. Gib mir noch etwas Zeit!«

Es lief darauf hinaus, daß Homa nicht nach Kalifornien zog. Der Gedanke, noch ein Jahr als Stationsärztin verbringen zu müssen, schreckte sie ab; außerdem wurde sie von unserer Mutter bedrängt, doch bei Mohsen zu bleiben.

Am Ende dieses Jahres war Homa mit den Krankenhauspflichtjahren für Kinderheilkunde fertig und begann sofort mit den Pflichtjahren für Kinderpsychologie am »Harlem Hospital Center«, das an die »Columbia University« angeschlossen ist. In den folgenden zwei Jahren erwarb sie sich die fachärztliche Qualifikation als Kinderpsychologin.

Bald nach ihrer Rückkehr in den Iran merkte unsere Mutter, daß sie es in den Vereinigten Staaten doch besser gehabt hatte. Im Januar 1973 kam sie zurück, um mir und Robert während der Zeit meiner Niederkunft zu helfen. Wir hatten uns damals gerade eine Dreizimmerwohnung gekauft. Sie lag in Atwater, einem kleinen Stadtteil von Los Angeles in der Nähe des »Dodger Stadium«.

Unser Sohn Romin kam am 12. Februar dieses Jahres um neun Uhr auf die Welt. Fünf Wochen darauf arbeitete ich bereits wieder ganztags. Mutter kümmerte sich um Romin. Da es ihr jedoch nicht behagte, so eng mit uns zusammenzuleben, mußten wir ein Apartment für sie besorgen, wo sie alleine wohnen konnte.

Ich erklärte mich bereit, die Miete zu übernehmen. Dafür sollte sie jeden Morgen mit dem Bus zu uns kommen und auf Romin aufpassen. Am Abend würde ich sie dann wieder mit dem Auto zurückbringen.

Fast einen ganzen Monat lang funktionierte alles reibungslos. Doch dann kam Mutter plötzlich zu mir und sagte, sie müßte uns verlassen und nach New Jersey fliegen, weil Homa ihre Hilfe bräuchte.

»Aber Mutter, was ist mit mir? Es hat mich einige Mühe gekostet, das Apartment für dich zu finden, das war beileibe nicht einfach. Außerdem bin ich mit Romin wirklich auf deine Hilfe angewiesen. Warum willst du denn unbedingt fort?«

»Parvin, es geht nicht anders. Homa hat mich angerufen und mir erzählt, daß Vater in den Iran zurück will. Sie braucht dringend jemanden, der auf ihre Töchter aufpaßt. Du mußt doch nur aus dem Mietvertrag für das Apartment raus. Das schaffst du schon, ich kenne dich doch. Deine Schwester kommt nicht so gut zurecht wie du, deshalb muß ich zu ihr.«

Damit war die Sache erledigt. Am nächsten Tag brachte ich Mutter zum Flughafen, und sie flog nach New Jersey. Ihr Entschluß abzureisen war für mich allerdings nicht ganz aus heiterem Himmel gekommen. Sie konnte es noch nie lange an einem Ort aushalten. Sie wurde schnell trübselig und gab dann immer ihrer Umgebung die Schuld an ihrer Depression. Ich hatte daher das Apartment von vornherein nur Monat für Monat angemietet. Als Mutter auszog, mußte ich zu allem Überfluß noch für eine zusätzliche Monatsmiete aufkommen.

Interessanterweise ließ sich unser Vater mit seiner Reise in den Iran noch etwas Zeit. Homa hatte wohl deshalb unsere Mutter zu Hilfe gerufen, weil Vater krank geworden war und mit der Arbeit nicht mehr zurechtkam, die er in ihrem Haus zu bewältigen hatte.

Mohsen war bei seiner Abneigung gegen jegliche Kost, die nicht auf iranische Art zubereitet wurde, nicht dazu zu bewegen, in Restaurants zu gehen. Er duldete nicht, daß Essen ins Haus geliefert wurde, ebensowenig kam es für ihn in Frage, etwas mitzubringen, wenn er von der Klinik nach Hause kam. Die ganze Kocherei bürdete er seinen Schwiegereltern auf.

Die iranische Küche ist sehr zeitraubend. Mutter und Vater hatten fast den ganzen Tag lang alle Hände voll zu tun, um Gemüse und andere Zutaten für die traditionellen persischen Gerichte vorzubereiten. Während der ganzen Zeit, die meine Eltern in New Jersey verbrachten, waren sie daher beinahe ausschließlich damit beschäftigt, für Homa und ihren Mann den Haushalt zu führen. Wenn Mohsen nach Hause kam, ließ er sich in seinen Sessel fallen und Tee servieren. Die Alten kochten, putzten und kümmerten sich um die Kinder. Sie erledigten den gesamten Haushalt.

Aber für unsere beiden Eltern war es bald nicht mehr erträglich, so eng miteinander zu leben. Nach einigen Monaten setzten sie ein Scheidungsverfahren in Gang. Mutter flog für die offizielle islamische

Scheidung und für die Vermögensregelung ein zweites Mal in den Iran.

Nach 36 Jahren war die Ehe meiner Eltern endgültig gescheitert. Ein Zusammenleben war unmöglich geworden, aber auch die Trennung machte beiden arg zu schaffen. Nach ihrer Rückkehr aus dem Iran verfiel Mutter in tiefere Depressionen als je zuvor. Vater verlor sein Haus, er hatte es aufgrund der Vermögensregelung seiner Frau überlassen müssen. Unser Vater, der seit seinem zwölften Lebensjahr auf eigenen Füßen stand und keinerlei Abhängigkeit kannte, sah sich im Alter von 69 Jahren gezwungen, bei seiner Tochter und seinem Schwiegersohn in New Jersey unterzukriechen, weil er nichts mehr hatte, das er sein eigen nennen konnte.

An einem Sonntagmorgen des Jahres 1974, ich machte gerade das Frühstück, rief mich Homa aus New Jersey an.

»Parvin, du mußt herkommen! Wenn du Vater noch einmal lebend sehen willst, darfst du keine Minute verlieren. Es sieht nicht so aus, als ob er noch lange durchhalten würde.« Sie war vollkommen aufgelöst und sprach so hastig, daß ich sie kaum verstand.

»Homa, was ist passiert? Was ist mit Vater?«

»Er hat einen Blinddarmdurchbruch. Eine Operation hat er schon hinter sich, aber er muß noch ein zweites Mal operiert werden. Wir glauben allerdings nicht, daß er die zweite Operation überstehen wird. Wir wissen es einfach nicht – du mußt herkommen!«

»Wann um Gottes willen ist es denn passiert?« Ich

hatte schon seit Wochen nichts mehr von Vater gehört.

»Wir haben es erst vor kurzem festgestellt. Wann genau es passiert ist, wissen wir nicht.«

»Aber ihr seid doch beide Mediziner! Wieso ist es euch nicht aufgefallen, daß der Mann einen Blinddarmdurchbruch hat?«

»Du kennst ihn doch! Er hatte schon seit ein paar Tagen Schmerzen im Bauch, aber er hat keinem etwas davon gesagt. Als ich ihn gestern abend sah, war er ganz blaß. Da habe ich ihn untersucht und sofort ins Krankenhaus gebracht. Du weißt ja, daß er sein Leben lang ziemlich viel getrunken hat. Seine Leber ist vergrößert. Obendrein ist sein Blutdruck viel zu hoch und der Cholesterinspiegel auch.

Bei alldem hat er noch Glück gehabt. Die Kollegen kümmern sich uns zuliebe besonders um ihn. Vater ist in guten Händen, aber ich mache mir halt solche Sorgen! Bitte, wenn du ihn noch einmal sehen willst, solltest du morgen früh hier sein, bevor er wieder in den Operationssaal kommt.«

Wir beendeten das Gespräch, und ich buchte einen Nachtflug nach New York. Am nächsten Morgen um sieben Uhr kam ich mit meinem Sohn dort an. Mohsen holte uns ab. Wir ließen Romin bei Homa und fuhren sofort zum Krankenhaus weiter.

Ich ging gleich zur Intensivstation und fand Vater dort elend und bleich in seinem Bett. Seine Haut sah aus, als wäre er monatelang nicht an der frischen Luft gewesen. Er wirkte zerbrechlich und schwach. Es ging mir ein Stich durchs Herz, als ich meinen Vater in diesem Zustand sah.

Ich nahm seine Hand und sprach leise zu ihm.

»Vater, wie geht es dir?« Was für eine törichte Frage! »Ich bin's, Parvin.«

Er öffnete die Augen ganz weit und sah mich erstaunt an. Dann erkundigte er sich nach Romin und nach meinem Mann und fragte, wieso ich hier im Krankenhaus wäre.

»Ich habe mir Sorgen um dich gemacht«, sagte ich.

Meine Antwort setzte irgend etwas in dem alten Mann in Bewegung. Es war, als sei in Sekundenschnelle die Farbe wieder in sein Gesicht zurückgekehrt. Er betrachtete mich intensiv, und dann begannen wir zu reden. Es dauerte nicht lange, und wir lachten und diskutierten und vergaßen völlig, wo wir uns befanden.

Auf einmal, es mochten ein, zwei Stunden vergangen sein, kam ein Arzt herein. Mein Herz drohte stillzustehen. Es war soweit. Vater sollte auf die bevorstehende Operation vorbereitet werden. Aber was immer es war, das meinen Vater wieder hatte aufleben lassen – die Veränderung war auch dem Arzt nicht entgangen. Er überprüfte einige der Geräte im Zimmer und entschloß sich dann, die Operation zu verschieben. Ich werde diesen Augenblick nie vergessen.

»Sein Zustand hat sich gebessert«, sagte der Arzt in geschäftsmäßigem Ton, ohne irgendein Zeichen von Überraschung zu zeigen. »Wir werden noch etwas warten.« Und dann ging er wieder hinaus.

Später nahmen wir Romin mit ins Krankenhaus, damit auch er eine Weile mit seinem Großvater verbringen konnte. Mit der Zeit wurde Vater immer lebendiger und interessierter. An jenem Abend entschloß sich der verantwortliche Arzt, auf die Operation ganz zu verzichten.

»Herr Darabi hat nur ein bißchen Zuwendung von seiner jüngsten Tochter gebraucht«, sagte er zu den Besuchern. »Alles, was ihm fehlte, war Ihre Anwesenheit.«

Das war natürlich eine höchst merkwürdige Diagnose, aber wie hätte man sich die rapide Besserung sonst erklären sollen? Jedenfalls hatte ich an jenem Tag die besondere Gelegenheit zu lernen, was ein bißchen Zuwendung ausrichten kann.

Mohsen war mißgelaunt wie eh und je. Diese Erklärung paßte ihm überhaupt nicht. Er beharrte darauf, daß sich sein Arztkollege bei der ursprünglichen Diagnose geirrt haben mußte. Vielleicht hatte er sogar recht, aber für mich machte das keinen Unterschied. Für mich zählte nur, daß es meinem Vater besserging.

Er wurde auf die Normalstation verlegt, und ich blieb noch zwei Tage bei ihm. Als ich sicher sein konnte, daß er über den Berg war, flog ich mit meinem Sohn nach Los Angeles zurück. Drei Tage im Haus von Mohsen waren nach dem letzten Besuch an Weihnachten mehr als genug.

Die Freude über die Erholung meines Vaters war jedoch nicht von allzu großer Dauer. Innerhalb eines weiteren Jahres wurde bei ihm Prostatakrebs festgestellt. Wir wußten, daß seine Tage gezählt waren, und Homa kümmerte sich nach Kräften um ihn.

Leben im Zwiespalt

Noch im gleichen Jahr vollzog sich im Leben Homas eine überraschende Wendung. Mohsen ging endgültig in den Iran zurück, und Homa saß nun mit unserem Vater und ihren beiden Töchtern da. Mohsens Entscheidung, die USA zu verlassen, kam für mich völlig unerwartet, und ich fragte Homa, wie es dazu gekommen war.

»Warum will er denn unbedingt im Iran leben? Ihr seid doch beide Ärzte. Ihr könntet hier ein wunderbares Auskommen haben.«

»Du kennst doch Mohsen. Im Iran fühlt er sich wohl. Hier wäre er bloß ein Arzt unter vielen, und Amerika hat wahrlich genügend Ärzte. Aber im Iran sind Ärzte noch Halbgötter. Niemand zweifelt an ihrem Urteil, und man behandelt sie wie Könige. So etwas gefällt ihm.«

»Aber du bist doch auch noch da. Möchte er nicht mehr mit dir zusammensein?«

»Ich weiß nicht so recht. In der letzten Zeit lief es bei uns nicht sonderlich gut, wir hatten kaum noch ein gemeinsames Leben. Es ist jedenfalls nur eine Trennung auf Zeit, und ich will hoffen, daß unsere Töchter nicht darunter leiden. Ich bin dabei, meinen Facharzt in Kinderpsychiatrie zu machen, und das wird noch ein Weilchen dauern. Wenn ich damit fertig bin, werde ich mir überlegen, wie es mit unserer Ehe weitergehen soll.«

Ich wußte natürlich, daß Homa und ihr Mann nicht besonders gut miteinander auskamen, aber die Nachricht von seinem Weggang war für mich doch ein Schock. »Ich kann gar nicht glauben, daß er dich hier allein zurückgelassen hat.«

»Wie du weißt, ist es bei uns zu Hause ja durchaus üblich, daß der Mann woanders lebt als seine Frau und die Kinder. Außerdem glaube ich, daß es für mich jetzt an der Zeit ist, einmal eine Weile allein zu sein.«

»Ich hoffe nur, daß ihr später nicht das gleiche durchmachen müßt wie unsere Eltern, als sie getrennt lebten.«

»Das glaube ich kaum. Ich denke, es wird uns beiden guttun.«

In den folgenden Wochen blieben wir in engem Kontakt. Homa brauchte eine gewisse Zeit, um sich ans Alleinsein zu gewöhnen. Aber als sie es geschafft hatte, veränderte sich ihre Haltung zum Leben grundlegend. Zum ersten Mal überhaupt lernte sie, mit ihren Angelegenheiten allein fertigzuwerden.

In dieser Phase war sie außerordentlich beschäftigt. Sie beendete die Fachausbildung in Kinderpsychiatrie im Juni 1974 und nahm im September darauf ihr drittes Spezialgebiet, die Allgemeine Psychiatrie, in Angriff. Sie trat dafür eine Stelle am »Metropolitan Hospital Center« an. Im Oktober erhielt sie vom Staat New Jersey die Zulassung als Ärztin und Chirurgin. Mit dieser Zulassung hätte sie in sämtlichen amerikanischen Staaten außer New York, Florida und Kalifornien eine private Praxis eröffnen können, aber sie zog es vor, im Krankenhausdienst zu bleiben und ihre Weiterqualifikation zu betreiben.

Wir telefonierten praktisch jede Woche miteinander. Seit unserer Kindheit im Iran hatten wir nicht mehr ein so vertrautes Verhältnis.

»Wie schaut es bei dir aus?«

»Gut, Parvin, ich finde mich laufend besser zurecht. Ich habe jetzt meine eigene Wohnung, ein eigenes Bankkonto und ein Auto. Das bedeutet eine ganze Menge Verantwortung für mich.«

»Sicher. Aber das hört sich an, als kämest du mit allem gut klar! Wie geht es denn den Kindern?« erkundigte ich mich.

»Ganz gut, denke ich. Die Schule ist in unserer Nähe, und ich lasse sie den täglichen Schulweg alleine machen. Auch Vater ist gut beieinander. Er ist den ganzen Tag auf den Beinen und kümmert sich ums Kochen. Samstags gehen wir alle gemeinsam für die kommende Woche einkaufen. Auf diese Weise haben wir den Sonntag frei, um etwas zu besichtigen, Bekannte zu besuchen oder auszugehen. Ja, ich muß schon sagen, so langsam fügt sich alles!«

»Wie meinst du, daß es weitergehen soll? Willst du noch zurück in den Iran? Mutter möchte doch, daß du wieder mit Mohsen zusammenlebst.«

»Das weiß ich. Aber in der nächsten Zeit kann ich hier nicht weg. Ich würde ganz gerne fürs erste in Amerika bleiben. Ich habe mich sogar um die Staatsbürgerschaft beworben, und es sieht ganz danach aus, als ob ich sie in ein paar Monaten bekommen würde.«

»Das wäre ja toll! Warum versuchst du nicht, die Approbation für Kalifornien zu bekommen? Da könnten wir viel näher zusammen wohnen. Für dich wäre ein Übersiedeln doch nicht so schwer. Als Ärztin bist du weniger angebunden.«

»Ich brauche noch zwei Jahre, bis ich meine Qualifikation in Allgemeiner Psychiatrie in der Tasche habe, dann kann ich mir Gedanken über Kalifornien machen.«

Wir hatten viel Spaß an diesen Telefongesprächen. Wir redeten nicht über Politik und versuchten auch nicht, uns in das Leben des anderen einzumischen. Das war die Basis, auf der sich unsere Beziehung wieder festigen konnte – als eine Freundschaft unter Erwachsenen, die sich gegenseitig respektieren.

Im darauffolgenden Jahr bekam ich von der iranischen Elektronikindustrie das Angebot, ein Jahr lang im Iran zu arbeiten. Ich fragte Homa, was sie davon hielte, wenn ich vorübergehend in den Iran zurückkehren würde.

Sie war von der Idee ganz angetan. »Parvin, ich glaube, das solltest du machen. Der Iran ist unsere Heimat, wir sind dort aufgewachsen, und das sollten wir nie vergessen. Außerdem brauchen sie uns dort, du weißt, wie groß im Iran der Mangel an Fachkräften ist. Hier sind Leute wie du und ich nichts Besonderes, aber zu Hause gibt es viel zu wenige davon. Wir sollten unser möglichstes tun, um zu helfen.«

Es war zu spüren, daß sie mit großer innerer Überzeugung sprach. Ich selbst jedoch war mir noch keineswegs schlüssig.

»Ich weiß nicht recht. Ich bin mir einfach nicht sicher, ob ich dort zurechtkomme. Robert gefällt die Idee, er schwärmt noch immer von unserem Urlaub im letzten Jahr dort. Er hat sich in das Land geradezu verliebt und mag unsere Familie sehr, er würde wirklich gerne eine Weile im Iran leben. Aber ich verspüre wenig Lust, mich noch einmal mit all den Vorschriften herumzuschlagen, die wegen der strikten Geschlechtertrennung bestehen. Und noch weniger behagt mir der Gedanke, meinen Sohn in einer solchen Umgebung großziehen zu müssen.«

»Aber Romin kann doch dort auf eine amerikanische Schule gehen, er hat ja einen amerikanischen Vater. Versuch es doch einfach. Wenn es dir nicht gefällt, wirst du in Kalifornien bestimmt wieder einen Job finden.«

Ich wußte sehr wohl, weshalb Homa mir so zuredete, das Angebot nicht auszuschlagen. Sie liebte ihr Heimatland und sehnte sich stets dorthin zurück. Ich glaube, in den USA blieb sie nur deshalb, weil sie es im Interesse ihrer Töchter und ihrer beruflichen Karriere für angebracht hielt. Aber sie träumte stets davon, zurückzukehren und mit ihren Fähigkeiten das Los der Menschen im Iran verbessern zu helfen. Tief in meinem Inneren wußte ich, daß sie eines Tages diesen Schritt tun würde.

Ich nahm nach einigen Monaten Bedenkzeit das Angebot schließlich an und flog in der ersten Juliwoche des Jahres 1975 nach Teheran. Romin nahm ich mit, aber Robert blieb einstweilen noch in den USA, weil ich mir immer noch nicht sicher war und mir selbst eine Art von Probezeit einräumte.

Meine Arbeitskollegen gaben mir acht Wochen. In acht Wochen, sagten sie, würde ich genug vom Iran haben und wieder nach Hause kommen.

Sie sollten sich geirrt haben. Es dauerte nur sieben Wochen.

Ich richtete den Rückflug so ein, daß Romin und ich einen Tag bei Homa in New York verbringen konnten. Dazu sollte es jedoch nicht kommen, weil unsere Mutter es wieder einmal nicht lassen konnte, sich in unsere Planung einzumischen.

Sie war dagegen, daß ich meine Schwester schon aus dem Iran anrief, weil das angeblich zu kostspielig war. Ich rief Homa deshalb erst während der Zollabfertigung in New York vom Flugplatz aus an, aber sie war nicht zu Hause. Ich buchte daher unseren Flug um und flog direkt nach Los Angeles weiter. Von dort aus rief ich nochmals bei Homa an. Jetzt war sie da, und es stellte sich schnell heraus, was schiefgelaufen war.

»Homa, ich bin's, ich bin wieder zurück.«

»Ich weiß. Mutter hat mir gesagt, daß du zurückkommst. Aber warum bist du heute auf dem Flugplatz nicht herausgekommen? Ich habe stundenlang vor einer der Abfertigungen gewartet.«

»Das begreife ich nicht. Du warst dort?«

»Mutter hat mir gesagt, daß ihr hier einen Zwischenstopp einlegen wollt, und wir sollten euch abholen.«

Ich traute meinen Ohren nicht. »*Mir* hat sie gesagt, ich soll dich in New York vom Flughafen aus anrufen. Das Ferngespräch aus dem Iran sei zu teuer!«

»Oh, das kann nicht wahr sein!«

»Ich habe laufend bei dir angerufen, aber als niemand dranging, habe ich es schließlich aufgegeben, damit wir noch einen Heimflug bekommen konnten.«

»Und wir standen die ganze Zeit vor der Zollabfertigung und haben gewartet!«

»Aber es gibt doch dort eine ganze Reihe von Ausgängen. Wie wolltet ihr denn wissen, vor welchem ihr warten sollt?«

»Wir haben es ja auch nicht gewußt«, kam die Antwort. »Wir mußten annehmen, daß wir eben vor dem falschen gestanden haben.«

»Manchmal kann ich unsere Mutter einfach nicht verstehen.« Ich war enttäuscht und verärgert. Ich wäre wirklich gerne ein paar Tage bei Homa geblieben.

»So ist sie nun mal«, versuchte sie mich zu trösten. »Es tut mir leid, daß wir uns verpaßt haben.«

Romin und ich waren von der Reise ziemlich müde. Ich beendete das Telefonat.

Eine Woche darauf rief mich Homa wieder an.

»Ich habe heute gerade mit meinem neuen Job angefangen«, erzählte ich ihr. »Die Firma ist ganz in der Nähe. Ich hatte einen Tag nach unserer Rückkehr dort angerufen, und am Tag darauf war ich schon dort zum Vorstellungsgespräch. Jetzt kommt wenigstens ein bißchen Geld herein.« Da mein Mann zu dieser Zeit keine Arbeit hatte, brauchten wir dringend ein Einkommen. »Robert ist schon etwas enttäuscht, daß ich nicht im Iran bleiben wollte. Ich versuche, ihm die Probleme begreiflich zu machen, die dort herrschen.«

»War es schlimm?«

»Das Geld aus dem Ölexport hat ein rapides Wirtschaftswachstum ausgelöst. Der Iran erlebt eine Bevölkerungsexplosion, und dem ist die Infrastruktur des Landes einfach nicht gewachsen. Wohnraum ist knapp, die Lebensmittel sind teuer, und die Umweltverschmutzung ist horrend. Es ist nicht mehr das Land, in dem wir aufgewachsen sind.«

»Und wie erging es dir in der Firma? Wie ist das gelaufen?«

»Das war ziemlich hart. Ich konnte nicht ungehindert arbeiten. Der Firmenchef hatte Weisung gegeben, daß ich nur mit Amerikanern zusammenarbeiten darf. Iraner auszubilden hat er mir verboten.«

»Das ist ja lachhaft! Hast du dich nicht dagegen gewehrt?«

»Ich habe dem Mann gesagt, ich würde in Amerika mit Amerikanern arbeiten, aber hier ginge es mir um etwas anderes, nämlich darum, bei der Weiterqualifikation einheimischer Fachkräfte zu helfen.«

»Das war gut! Und was hat er dir geantwortet?«

»Nichts! Er bat mich zu gehen, es war nicht zu fassen. Er entschuldigte sich, er habe jetzt leider keine Zeit mehr für mich, und das war's.«

»Du liebe Zeit, das muß ja furchtbar gewesen sein!« Homas Enttäuschung war nicht zu überhören. Sie hatte sehr gehofft, daß ich mich mit den iranischen Verhältnissen würde arrangieren können. »Und was war sonst noch?« wollte sie wissen.

»In meiner letzten Woche dort gab es ein Rundschreiben, in dem alle Mitarbeiter aufgefordert wurden, sich jeden Tag um fünf Uhr nachmittags zu versammeln, um die Nationalhymne zu üben. Man wollte, daß wir vorbereitet waren, falls der Schah uns einmal beehren sollte. Für solche Sachen fehlt mir wirklich jedes Verständnis.

Das waren aber letztlich nur Nebensächlichkeiten. Das eigentliche Problem bestand darin, daß ich nie genau wußte, in welchen Zusammenhängen die Projekte standen, an denen ich arbeitete. Die Politik spielte bei dieser Firma in alles hinein, und meine Berichte machten schon langsam Furore, weil ich mich mit den bestehenden Verhältnissen nicht abfinden wollte. Ich konnte einfach nicht dort bleiben.«

»Du hast sicher die richtige Entscheidung getroffen«, meinte Homa. »Aber es ist trotzdem deprimierend. Ich jedenfalls habe furchtbare Sehnsucht nach dem Iran. In Amerika komme ich mir immer vor wie eine Fremde.«

»Ich weiß nicht. Ich kann kein Heimweh nach einem Land haben, das so mit seinen Bürgern umgeht.«

»Das ist schon richtig, aber darum geht es nicht. Mit fehlt einfach etwas. Es war unsere Heimat. Außerdem bin ich dem Land etwas schuldig. Ich habe doch nur deshalb meinen Titel, weil die Leute dort dafür bezahlt haben, das kann man doch nicht einfach vergessen. Manchmal habe ich direkt Gewissensbisse, weil ich weggegangen bin.«

Das folgende Jahr war für mich nicht leicht. Robert und ich hatten uns getrennt, und wir quälten uns durch das Scheidungsverfahren. Ich kaufte ein Häuschen in Orange County und zog zusammen mit meinem Sohn dort ein.

Auch für Homa wurde 1976 ein hartes Jahr. Sie lebte immer noch allein mit ihren Töchtern in New Jersey und hatte inzwischen ihre dritte Fachausbildung abgeschlossen. Ihre Entscheidung, in den USA zu bleiben, geriet wieder ins Wanken. Sie lebte nun schon einige Zeit von ihrem Mann getrennt, und das

Gefühl, sich voneinander immer weiter zu entfernen, schien beiden zu schaffen zu machen. Homa hatte sich zwar mittlerweile daran gewöhnt, allein zu leben, aber sie hatte wohl Angst, daß es für eine Versöhnung mit Mohsen irgendwann zu spät sein könnte. Als sie ihre Pflichtjahre am Krankenhaus abgeleistet hatte, gab es nichts mehr, was sie von der Rückkehr in den Iran abhalten konnte.

Sie hatte zwar inzwischen die amerikanische Staatsbürgerschaft erhalten, aber ich bin fest davon überzeugt, daß sie den Gedanken, in den Vereinigten Staaten zu bleiben, immer nur halbherzig verfolgt hatte. Unsere Mutter war ohnehin unverrückbar der Auffassung, daß ihre Tochter einen großen Fehler begehen würde, indem sie Mohsen so lange Zeit allein ließ. Sie meinte, es würde den Kindern schaden. Außerdem wußte sie sehr gut, daß Mohsen nach iranischem Recht die Befugnis hatte, Homa jederzeit die Kinder wegzunehmen, falls sie mit ihnen in den Iran kommen sollte.

Bei einem Entschluß Homas, in den Vereinigten Staaten zu bleiben, wäre es sicher zu einem endgültigen Bruch mit Mohsen gekommen. Dann aber hätte sie sich damit abfinden müssen, daß ihr die Rückkehr in ihre Heimat für immer versperrt war. Dieses Opfer war ihr ganz gewiß zu groß.

Aber letztlich war es doch Mohsen, der die Initiative ergriff. Er kam gegen Ende des Jahres 1976 herüber und drängte Homa, mit ihm zurückzugehen und dort gemeinsam zu leben. Sie gab ihm schließlich nach, wohl auch froh darüber, daß ihr wieder einmal die Entscheidung abgenommen wurde.

Nach ihrer Rückkehr übernahm Homa einen Lehrstuhl an der Medizinischen Fakultät der Universität Teheran. Dem Institut war ein Krankenhaus angegliedert, in dem Homa ebenfalls arbeitete. Außerdem eröffnete sie eine eigene Praxis, in der sie in ihrer freien Zeit tätig war.

Professoren genießen im Iran sehr hohes Ansehen. Homa war stolz auf ihre akademische Tätigkeit, denn dabei konnte sie endlich das in die Tat umsetzen, wovon sie immer geträumt und was sie immer erstrebt hatte: jungen Leuten zu helfen, ihre Fähigkeiten zu entwickeln, und damit dem Iran eine bessere Zukunft zu eröffnen.

Auch ihre private Praxis florierte. Der ausgezeichnete Ruf, den sie sich sehr schnell erwarb, verbreitete sich im ganzen Land; aus allen Regionen schickten die Ärzte Patienten zu ihr nach Teheran. So viel Freude Homa an der Arbeit in ihrer Praxis auch hatte, es war doch offensichtlich, daß sie ihre eigentliche Erfüllung in der Lehrtätigkeit fand. Sie sah darin, davon bin ich fest überzeugt, den Höhepunkt ihrer Karriere.

In den folgenden zwei Jahren mußten wir uns auf den telefonischen Kontakt beschränken, weil ich nicht die Zeit fand, in den Iran zu reisen. Dann, im Jahr 1978, besuchte mich meine Schwester in Kalifornien.

Votum für Khomeini

Sie reiste zusammen mit Mohsen und ihren Töchtern an. Sie hatten vor, mehrere Verwandte zu besuchen, die in verschiedenen Teilen der USA lebten, Homa wollte außerdem die Gelegenheit nutzen und zwei weitere Qualifikationen erwerben.

Im Sommer kam sie mit der ganzen Familie zu mir nach Nordkalifornien, wo ich damals lebte. Eine der von ihr ins Auge gefaßten Qualifikationen war die ärztliche Zulassung für den Staat Kalifornien, die ihr noch fehlte. Während ihres Aufenthalts meldete sie sich zum Examen an und legte zunächst die schriftliche Prüfung ab.

Anschließend fuhren sie alle nach Ohio weiter, um dort einige von Mohsens Verwandten zu besuchen. Von Ohio flog die Familie in den Iran zurück, während Homa noch einmal nach Kalifornien kam, um sich auch dem mündlichen Teil der Zulassungsprüfung zu unterziehen.

Die Mühe, die Homa damit auf sich nahm, zeigte mir, daß sie sich trotz allem noch immer nicht ganz sicher war, in welchem Land sie leben wollte. Offensichtlich sah sie in der Approbation für Kalifornien eine Art Rückversicherung, damit sie hier ihr Auskommen finden konnte, falls sie eines Tages doch den Iran wieder verlassen würde.

Auf dieser Amerikareise absolvierte sie außerdem die Prüfung für die Aufnahme in den amerikanischen Fachverband der Psychiater und Neurologen. Sie war die Tage vorher sehr nervös, weil bislang noch kein Iraner diese bekanntermaßen schwierige Prüfung bestanden hatte.

Mohsen hatte ihr von vornherein abgeraten, sich der Prüfung zu stellen, er war der Meinung, daß sie sowieso keine Erfolgsaussichten hätte. Ich glaube, sie stritten sich sogar deswegen. Am Ende ließ Mohsen sie die Prüfung machen; er war sicher, sie würde durchfallen.

Aber sie bestand. Im November 1978 wurde meine Schwester das erste iranische Mitglied des »American Board of Psychiatry and Neurology«. Die ganze Familie war voller Stolz.

In der Zeit, als Homa bei mir war, lud ich an einem Abend ein paar iranische Kollegen mit ihren Familien zu einem zwanglosen Essen ein. Ich wollte sie bei dieser Gelegenheit mit meiner Schwester bekannt machen.

Solche Einladungen verlaufen in der Regel sehr harmonisch – es darf nur keiner anfangen, über Religion oder Politik zu diskutieren. Aber leider findet sich meistens doch jemand, der es nicht lassen kann.

Im Iran spitzte sich gerade die Situation gefährlich zu. Von Paris aus betrieb der Ayatollah Khomeini den Sturz des Schah-Regimes; starke Unterstützung erhielt er nicht zuletzt durch die internationalen Medien, die ausführlich über ihn berichteten.

In Homa steckte natürlich immer noch die Aktivistin, die sie in ihrer Jugendzeit gewesen war. »Verkauft alle eure Sachen und geht in den Iran zurück«, forderte sie uns auf. Wir hatten es uns bei ein paar Flaschen Wein im Wohnzimmer gemütlich gemacht. »Die Revolution hat begonnen, und in ein paar Monaten sind wir den Schah los«, fuhr sie fort. »Anstelle der Monarchie wird es eine Demokratie geben. Zum ersten Mal in unserer Geschichte wird der Iran ein freies Land sein!«

»Aber Homa«, warf ich ein, »Khomeini ist ein Mann der Religion. Und du weißt doch, daß Religion und Politik sich schlecht miteinander vertragen!«

»Ihr begreift überhaupt nichts!« Mit erhobener Stimme redete sie auf die Anwesenden ein. »Ihr sitzt hier in euren komfortablen Häusern – amerikanischen Häusern – und wißt gar nicht mehr, was im Iran los ist. Khomeini ist ein intelligenter und gebildeter Mann. Er hat in Rußland studiert, und er hat mehrere Bücher geschrieben. Er will den Iran vom Schreckensregime des Schah befreien und das Land wieder dem Volke zurückgeben. Er denkt überhaupt nicht daran, sich als Politiker zu betätigen und die Macht an sich zu reißen.«

Die Auseinandersetzung mit meiner agitatorischen Schwester ließ sich wohl doch nicht umgehen. »Was denn für Bücher?« fragte ich. »Man hat sie doch alle verbrannt! Der Schah hat Khomeini 1963 aus dem Land geworfen und alle seine Bücher vernichten lassen.«

Einer der Gäste meldete sich zu Wort. »Homa, was gefällt dir denn nicht am Schah?«

»Machst du Witze?« gab sie zurück. »Er zapft den Iranern das Blut ab, um seine Brut damit zu mästen!«

Wir schauten sie alle etwas befremdet an.

»Er zieht Gelder aus dem Iran ab und hortet sie auf seinen Schweizer Bankkonten. Er betreibt den Ausverkauf unserer Zukunft. Das Land ist in diesem Jahr mit 7,4 Milliarden verschuldet!

Ihr wißt doch noch, wie er 1971 das grandioseste Fest der ganzen Menschheitsgeschichte veranstaltet hat, um das zweieinhalbtausendjährige Bestehen der persischen Monarchie zu feiern. Etwa 200 Millionen Dollar sind für dieses Ereignis ausgegeben worden und ins Ausland geflossen – und zur gleichen Zeit starben im Iran Menschen an Unterernährung. Präsidenten, Prinzen und Würdenträger aus 69 Nationen haben sich mit Kaviar und Pfauenbraten, die man aus Pariser Nobelküchen herbeischaffen ließ, die Bäuche vollgeschlagen. Man trank französischen Wein aus feinstem Kristall. Und obwohl es im Iran die schönsten Blumen der ganzen Welt gibt, wurde der Blumenschmuck für das Fest aus Dänemark importiert. Und da fragt ihr, was mir am Schah nicht gefällt!«

»Aber er wollte doch nur ein wichtiges Ereignis unserer Geschichte angemessen begehen«, warf ein anderer Gast ein.

»Was für ein Ereignis? Die iranische Monarchie hat doch gar keine ununterbrochene zweieinhalbtausendjährige Geschichte. Bekanntlich wurde der erste König Kouroush Kabir im Jahre 559 v. Chr. gekrönt. Bis 1971 macht das 2530 Jahre. Und außerdem wurde 1906, als Mozaferaldin-Schah die Verfassung unterzeichnete, die Monarchie abgeschafft und in eine konstitutionelle Monarchie umgewandelt.«

»Also ich sehe das nicht so. Das war eben ein großes Fest und nichts weiter.«

»Ja, er hat eine Party veranstaltet und zuviel dafür ausgegeben. Ist das denn so schlimm?« pflichtete der erste Gast bei.

»Aber glaubt ihr denn, wir werfen ihm nur eine Party vor? Was ist denn mit den Verbrechen des SAVAK? Und was ist mit all denen, die in den Gefängnissen gefoltert und ermordet worden sind?«

»Das sind doch meistens Kommunisten gewesen!«

»Auch Kommunisten haben gewisse Rechte!«

Das war allerdings ein Satz, der auch in Amerika nicht besonders gut ankam. Homa schien das zu spüren. Jedenfalls änderte sie ihre Argumentation.

»Im Jahr 1964 ließ sich der Schah 200 Millionen Dollar dafür bezahlen, daß er Angehörigen der amerikanischen Streitkräfte per Gesetz den Schutz vor Strafverfolgung für jegliche von ihnen im Iran begangenen Verbrechen zusicherte. Also, das ist doch wirklich empörend!« Homa redete sich immer mehr in Zorn.

Sie hatte sich auf ihrem Stuhl vorgebeugt und gestikulierte heftig. »Damals hat Khomeini gesagt, der Schah habe dafür gesorgt, daß ein iranischer Bürger weniger Rechte habe als ein amerikanischer Hund. ›Wenn jemand einen solchen Hund überfährt‹, sagte er, ›dann wird er strafrechtlich verfolgt. Wenn aber ein amerikanischer Soldat eine iranische Frau vergewaltigt und anschließend erschießt, dann darf keiner etwas dagegen unternehmen.‹ Er hatte völlig recht.«

Ich wußte sofort, worauf Homa anspielte. In einem ihrer Briefe hatte sie mir einen Zeitungsausschnitt über dieses Gesetz geschickt. Damals, es war 1964, schrieb sie mir, daß sie jetzt das Vertrauen zu den Vereinigten Staaten und zum Schah verloren hätte. Sie würde so lange gegen dieses Gesetz kämpfen, bis es wieder abgeschafft sei.

Als ich damals den Artikel gelesen hatte, war ich genauso betroffen und wütend. Man mußte tatsächlich den Eindruck gewinnen, die gesamte iranische

Regierung habe sich zum Lakaien der amerikanischen Außenpolitik gemacht.

Natürlich lag auch mir das Schicksal des iranischen Volkes am Herzen, und wie Homa war ich davon überzeugt, daß ein Wandel fällig war. Aber ich brachte es nicht über mich, für die Mullahs einzutreten. Ich erinnerte mich an das, was mein Vater von diesen Leuten gehalten hatte. Nein, ich konnte mich unmöglich auf die Seite Khomeinis schlagen.

Die Diskussion artete schnell in einen Streit aus, und ich mußte mir etwas einfallen lassen, damit es nicht zu Handgreiflichkeiten kam. Ich bat um Ruhe und forderte alle Anwesenden auf, gemeinsam mit mir ein Versprechen abzugeben.

»Wir glauben nicht an die Gesetze der Mullahs, und wir werden daher zum jetzigen Zeitpunkt nicht in den Iran zurückkehren. Aber wenn Khomeini eine Demokratie errichtet, die völlig unabhängig ist von der islamischen Geistlichkeit, wird sich jeder von uns nach besten Kräften am Aufbau des Landes beteiligen.«

Darauf konnten sich alle einigen.

»Jetzt sollten wir uns aber den köstlichen Dingen zuwenden, die unsere Mutter hergerichtet hat. Sie hat den ganzen Tag für uns gekocht!«

Die Unterhaltung wandte sich weniger brisanten Themen zu, und es wurde noch ein recht angenehmer Abend.

Einige Tage darauf flog Homa nach Ohio und von dort zurück in den Iran. Sie wurde an der Universität gebraucht, und außerdem hatte sie weitreichende Pläne.

Eines von Homas größten Kümmernissen war die Art und Weise, wie man im Iran mit Problemkindern umging. Hyperaktive, depressive oder lerngestörte Kinder waren nach der herkömmlichen Auffassung geisteskrank und wurden zwangsweise in entsprechende staatliche Einrichtungen abgeschoben, in denen kaum bessere Verhältnisse als in Gefängnissen herrschten. Die Anstaltsärzte wußten nichts Rechtes mit ihnen anzufangen, die Kinder galten schlichtweg als hoffnungslose Fälle.

In den sechs Jahren, die sie in den Vereinigten Staaten zugebracht hatte, um sich so umfassend wie möglich zu qualifizieren, hatte sie beständig das eine Ziel vor Augen: Sie würde eines Tages in den Iran zurückkehren und eine Klinik zur Behandlung dieser Kinder aufbauen. Als sie aus Kalifornien zurückkam, war es soweit.

Die Errichtung einer solchen Klinik war selbstverständlich mit großen Schwierigkeiten verbunden, Patienten allerdings fanden sich leicht. Aus dem ganzen Lande brachte man Homa Kinder zur Behandlung. Bislang waren sie dazu verurteilt gewesen, den Rest ihres Lebens in staatlichen Verwahranstalten zu verbringen; jetzt gab es Hoffnung für sie, daß sich ihr Leben auf Dauer zum Besseren wendete. Die Arbeit in dieser Klinik erfüllte Homa mit tiefer Befriedigung.

Das Ende der Hoffnungen

Ein schwarzer Tag für den Iran

Der 4. November 1979 war ein Tag, der unabsehbare Folgen für uns alle haben sollte. Ich befand mich auf Geschäftsreise in Österreich. In meinem Hotel saß ich im Frühstücksraum, der ungefähr zur Hälfte besetzt war, und genoß ein reichhaltiges Frühstück mit mehreren Sorten Brot, Käse, Aufschnitt und Marmelade. In die Zimmerdecke waren kleine Lautsprecher eingelassen, und während ich frühstückte, wurde ich von den Nachrichten berieselt.

Der Sprecher sprach schnell und in ziemlich kurzen Sätzen. Da ich die Landessprache nicht beherrschte, bemühte ich mich, mich auf einzelne mir bekannte Wörter zu konzentrieren, meist Namen von Ländern und Städten oder Personen. Ich versuchte, den Inhalt der Meldungen zu erraten, indem ich mir auf jene Namen, die gemeinsam in einem Satz vorkamen, einen Reim zu machen suchte.

Dann wurde ich plötzlich hellhörig. Immer wieder, fünf Minuten lang, hieß es »Iran« und »Vereinigte Staaten«. Ich verstand zwar nicht, worum es ging, aber der Ton des Sprechers beunruhigte mich. Ich begriff, daß etwas Schlimmes passiert sein mußte.

Zu jenem Zeitpunkt hatte Khomeini schon längst die Führung des Iran an sich gerissen. Zwei Wochen vor der triumphalen Rückkehr des Ayatollah war der

Schah außer Landes geflohen; er hatte sich gegen die ungeheure Popularität seines Rivalen nicht behaupten können. Khomeini hatte es während seines französischen Exils in der Tat ausgezeichnet verstanden, sich die Macht der Medien zunutze zu machen.

Der Schah war vor kurzem, noch bevor ich meine Geschäftsreise angetreten hatte, in die USA gekommen, um sich dort ärztlich behandeln zu lassen. Mir war klar, daß dies den Zorn der Iraner herausfordern mußte. Inzwischen sahen viele von ihnen im Schah einen Feind ihres Landes, und jeder Staat, der den Kontakt mit ihm nicht einstellte, wurde automatisch ebenfalls als Gegner betrachtet. Ich begann mir schon damals, vor meiner Reise nach Europa, ernsthafte Sorgen um alle Amerikaner zu machen, die sich noch im Iran befanden. Jetzt, während ich meinen Kaffee trank, machte ich mich auf das Schlimmste gefaßt.

Es war Sonntag. Meinen nächsten Termin hatte ich am Montag in Bonn. Nach dem Frühstück packte ich meine Koffer ins Auto und machte mich auf nach Deutschland. Während des ganzen Weges versuchte ich, im Radio einen englischsprachigen Sender zu finden, aber ohne Erfolg; in den deutschen Nachrichten hörte ich weiter ständig die Worte »Iran« und »Vereinigte Staaten«. Als ich endlich in Köln in meinem Hotel angekommen war, griff ich zum Telefon und rief Homa in Teheran an.

»Homa? Was ist bloß los bei euch? Es muß ja etwas ganz Furchtbares passiert sein!«

»Parvin, du bist's! Wo steckst du? Es ist ja so entsetzlich, was hier geschieht! Du weißt, heute ist der fünfzehnte Jahrestag von Khomeinis Gang ins Exil. Außerdem gab es genau vor einem Jahr die blutigen Auseinandersetzungen zwischen der Nationalgarde des Schah und den Studenten der hiesigen Universität. Es war jedenfalls eine sehr aufgeheizte Stimmung.« Homas Stimme verriet ihre Bestürzung.

»Am Morgen zog eine Gruppe von Frauen, alle in schwarze Tschadors gehüllt, durch das Tor der amerikanischen Botschaft und begann dort zu demonstrieren. Du weißt schon – die üblichen Beschuldigungen der USA wegen der Unterstützung des Schah-Regimes. Dann stürmte plötzlich ein riesiger Trupp Männer die Botschaft. Es waren vor allem Studenten der Universität. Sie brüllten ›Nieder mit Amerika!‹, fielen über die Amerikaner her und nahmen sie als Geiseln. Sie verbanden ihnen die Augen, und manche der jungen Männer hielten den Geiseln sogar den Lauf der Pistole an den Kopf, während sie mit ihnen vor den Kameras herumstolzierten.« Sie brach ab, und ich hörte, wie sie weinte.

Ich konnte kaum glauben, was sie mir geschildert hatte. Bei dem Gedanken an die möglichen Auswirkungen dieser Ereignisse stockte mir der Atem. Jetzt begriff ich den eindringlichen Ton, in dem die Nachrichten verlesen worden waren.

Homa sprach weiter. »Es ist schrecklich, daß so etwas passiert. Das haben wir nicht gewollt! Parvin, wo bist du denn? Du mußt jetzt vorsichtig sein!«

»Um mich brauchst du dir keine Sorgen zu machen. Ich bin zur Zeit in Westdeutschland. Aber wie konnte es nur dazu kommen? Ich frage mich, warum die Regierung der USA auf solche Ausschreitungen nicht vorbereitet war. Sie hätte zum Schutz ihrer Botschaftsangehörigen Vorsorge treffen müssen!«

»Das frage ich mich auch«, sagte Homa. »Mir scheint, die Amerikaner waren am Aufstieg von Khomeini nicht ganz unbeteiligt. Ich glaube, der Schah ist ihnen zu mächtig geworden und hat den Ölpreis zu sehr in die Höhe getrieben. Wahrscheinlich wollten sie ihn loswerden, aber sie haben ihn durch den falschen Mann ersetzt.«

»Aber Homa, Khomeini hatte doch das ganze iranische Volk hinter sich. Ich habe gelesen, daß 98 Prozent der Wahlberechtigten bei der Volksabstimmung im Frühjahr für die Einführung der Islamischen Republik gestimmt haben.«

»Aber doch nur, weil er ihnen etwas vorgegaukelt hat! Er sollte als eine Art *Mohallel* dem Iran die Demokratie bringen und sich dann wieder aus der Politik zurückziehen und in der heiligen Stadt Gom seine religiösen Lehren verkünden.«

Khomeini hatte dieses Versprechen in der Tat abgegeben, aber als er an die Macht gekommen war, überlegte er es sich anders und ließ eine Abstimmung beim Volk durchführen, ob seine Auslegung der islamischen Religion zur Grundlage der staatlichen Verfassung gemacht werden sollte.

»Bei der Volksabstimmung ging es aber nicht mit rechten Dingen zu«, fuhr Homa fort. »Man hat den Leuten erzählt, wenn sie für die Islamische Republik stimmen würden, dann bekämen alle kostenlos Wasser und Strom, und die Regierung würde unentgeltlich Brennstoff zum Heizen und Kochen ins Haus liefern. Khomeini versprach sogar mietfreie

Unterkunft für alle Familien mit sechs oder mehr Kindern.«

»Und die Leute haben tatsächlich geglaubt, sie könnten all das umsonst bekommen?« fragte ich, fassungslos angesichts einer solchen Naivität.

»Sie haben es nicht besser gewußt. Außerdem hatte Khomeini verkündet, daß die Öleinnahmen groß genug seien, um jedem ein bequemes Auskommen zu garantieren.«

»Aber das geht doch gar nicht. Im Iran leben 35 Millionen Menschen!«

»Sie haben eben keine Ahnung.«

»Wie furchtbar!«

»Mit so etwas habe ich nie gerechnet.«

»Homa, das weiß ich doch.«

Als ich aufgelegt hatte, blieb ich eine Weile in meinem Hotelzimmer sitzen und ließ mir das Telefongespräch noch einmal durch den Kopf gehen. Homas Gleichsetzung Khomeinis mit einem »Mohallel« war vielleicht gar nicht so abwegig. Ein Mohallel ist jemand, der im Islam zwischen geschiedenen Eheleuten vermittelt, die sich entschlossen haben, ihre Ehe doch weiterzuführen.

Wenn ein Mann die Scheidung vollziehen will, muß er nach islamischem Recht nur dreimal die entsprechende Absicht verkünden. Nach dem dritten Mal ist die Ehe faktisch geschieden. Es kommt jedoch häufig vor, daß ein Mann im Verlaufe eines Ehekrachs im Eifer des Gefechts die Scheidung erklärt, ihm dieser Schritt aber leid tut, wenn er sich wieder beruhigt hat. Falls die Frau bereit ist, zu ihm zurückzugehen, müssen die beiden einen Mohallel einschalten, bevor sie erneut einander heiraten können.

Der Mohallel muß für mindestens 24 Stunden mit der geschiedenen Frau eine Ehe eingehen. Nachdem er die Ehe vollzogen hat, ist er gehalten, sich wieder von der Frau zu scheiden. Sie ist dann frei und kann ihren früheren Ehemann ein zweites Mal heiraten.

Die Rolle eines solchen Mittlers wird häufig von Angehörigen der Geistlichkeit übernommen. Man kann also durchaus sagen, daß Khomeini als Mohallel des Iran auftrat. Er wurde gerufen, als das iranische Volk sich von seiner Regierung trennte. In der Übergangszeit sollte er für die Bildung einer neuen Staatsführung sorgen und das Volk wieder mit seiner – neuen – Regierung vermählen. Damit war seine Aufgabe eigentlich beendet, und er hätte sich wieder zurückziehen sollen.

Aber es kam anders. Als Khomeini am 1. Februar 1979 auf dem Flughafen von Teheran eintraf, wurde er von einer wogenden Menschenmenge begrüßt; drei Millionen Iraner feierten mit den Rufen »Agha Amad« (Der Ehrenwerte ist gekommen) und »Allah-u-Akbar'« (Gott ist groß) seine Ankunft.

Da entschied sich der Mohallel, die Frau zu behalten.

Die Revolution frißt ihre Töchter

Die Jahre, die der Revolution unmittelbar vorausgingen, waren für viele Iraner schwierige Jahre – insbesondere aber für die Frauen. Vor seiner Machtübernahme sparte Khomeini nicht mit Lob und Anerkennung für sie – er bezeichnete die Frauen als die tapferen Anführerinnen der Revolution, und er versprach, für ihre Freiheit zu sorgen, sobald seine Revolution gesiegt hätte. Kaum war er jedoch an der Spitze der iranischen Regierung, legalisierte er die Polygamie und nahm die Lockerung der Kleidungsvorschriften für Frauen wieder zurück.

Homa war entsetzt, als der *Hijab*, die strenge islamische Kleiderordnung, wieder eingeführt und seine Einhaltung streng überwacht wurde. Sie gehörte zu den ersten, die gegen die Führung der Islamischen Republik protestierten. Sie nahm zusammen mit anderen Frauen an Demonstrationen teil und sprach sich offen gegen den Rückfall in überholte Zustände aus. Sie forderte die Errichtung der Demokratie, die ihnen versprochen worden war.

Im Jahre 1980 wurde Abdolhassan Bani Sadr Staatspräsident des Iran. In ihrer Eigenschaft als Sprecherin einer Frauenorganisation hatte Homa eine Unterredung mit ihm, bei der sie den Präsidenten auf die neuerlassenen Gesetze zum Hijab ansprach. Homa bezeichnete die Gesetzgebung als ungerecht und völlig überholt.

Bani-Sadr war ein bedingungsloser Parteigänger von Khomeini und dessen islamischer Gesetzgebung. Er hatte für Homa eine sehr einfache Antwort parat. Er belehrte sie, daß die Regeln des Hijab für Frauen sogar sehr gut seien, denn sie würden ihrem Schutz dienen, und zwar deshalb, weil vom Haupthaar der Frau eine machtvolle Strahlung ausgehe, die die Männer in Hypnose versetze. Indem die Frau das

Haar bedecke, verhindere sie, daß die Männer in ihrer Umgebung von animalischen Instinkten überwältigt würden.

Homa übte nach wie vor ihre Lehrtätigkeit an der Universität aus und arbeitete nebenher in ihrer eigenen Praxis. Dazu verstärkte sich in dieser Periode ihr politisches Engagement beträchtlich. Eine Zeitlang war sie davon überzeugt, daß sie etwas bewegen könnte: dafür zu sorgen, daß die schlimmsten Auswüchse der repressiven Gesetzgebung zurückgenommen werden.

Als gegen Ende des Jahres 1980 das Nachbarland Irak den Iran angriff, war es mit Homas Zuversicht jedoch bald wieder vorbei. Das öffentliche Interesse wandte sich schnell vom Kampf um die Freiheit im eigenen Land ab und richtete sich nahezu vollständig auf den Krieg mit dem Irak. Die meisten Anliegen, für die sich Homa einsetzte, waren für die breite Masse der Bevölkerung bedeutungslos geworden. In einer Situation, in der in erster Linie gefordert war, nach Kräften den Krieg gegen den Aggressor aus dem Nachbarland zu unterstützen, galt Homas politischer Kampf vielen als unangebracht, wenn nicht sogar als störend.

Homas Hoffnungen schwanden fast vollkommen nach einer Fernsehrede des ersten Premierministers unter Khomeini. Der Premier verkündete, er habe den Mond angeschaut und dort Khomeinis Gesicht erkannt. Die Reaktion, die er damit bei der Bevölkerung auslöste, war unbeschreiblich. Die Leute glaubten an seine Worte wie an eine göttliche Offenbarung. Der Gedanke, daß der Mond die Züge ihres politischen Führers trage, vermittelte Millionen von Iranern ein Hochgefühl.

Als Homa erlebte, welch ungeheure Wirkung von dieser Parole ausging, wurde ihr klar, wie gigantisch die Mächte waren, mit denen sie es aufgenommen hatte. Der überschwenglichen Reaktion der Öffentlichkeit gegenüber war sie ratlos. Sie beschloß, ihre politische Tätigkeit weitgehend einzuschränken und sich auf den Beruf zu konzentrieren.

Ihr Protest äußerte sich jetzt nur noch in hintergründigen Bemerkungen, die sie auf Ärztekonferenzen fallen ließ, und im Hörsaal, wo sie die Jugend des Iran über Freiheit und Bürgerrechte aufklärte, wann immer das Thema der Vorlesung als Vehikel dafür taugte.

Ein weiteres Mal sah ich Homa 1984. Mutter war nach meinem Umzug von Sunnyvale nach Mountain View aus dem Iran gekommen und wohnte ganz in der Nähe in einem eigenen Appartement. Homa weilte wegen eines Ärztekongresses in den Vereinigten Staaten und nutzte die Gelegenheit, um uns in Kalifornien zu besuchen. Sie kam nachmittags an, wir setzten uns zusammen und tauschten Neuigkeiten aus. Wir hatten uns seit 1978 nicht mehr gesehen, und es gab viel zu berichten.

»Kennst du die Geschichte mit Dariush?« fragte sie.

»Was ist mit ihm?« Dariush war der Vorsitzende der Paniranischen Partei. Homa hatte sich Ende der fünfziger Jahre, als sie mit ihren politischen Aktivitäten begann, dieser Partei angeschlossen.

»Stell dir vor, kaum hatte sich der Iran zur Islamischen Republik erklärt und die Polygamie wieder legalisiert, da nahm er sich schon eine zweite Frau!«

»Das ist doch wohl ein Scherz? Willst du behaupten, er hätte eine zweite Frau geheiratet, ohne sich von seiner Frau Parvaneh scheiden zu lassen? Ich dachte, er hätte sich immer für die Gleichstellung der Geschlechter eingesetzt. Was hat denn Parvaneh dazu gesagt?« Parvaneh war die zweite Cousine unseres Vaters, und Homa war mit ihr befreundet.

»Nichts. Was hätte sie denn machen sollen? Sie hat ja keine Rechte mehr.«

»Ach Homa, wie kannst du da nur mitmachen«, sagte ich voller Enttäuschung.

»Ich mache nicht mehr mit. Ich habe mein Parteibuch zurückgegeben.«

»Das war gut.«

»Mein ganzes Leben habe ich für die Gleichheit und die Befreiung der Frauen gekämpft. Was Dariush gemacht hat, ist ein entsetzlicher Schlag für mich. Ich fühle mich hintergangen.«

»Was willst du jetzt machen?«

»Im Moment konzentriere ich mich vor allem auf meine Praxis. Die ganze Entwicklung im Iran ist für mich eine einzige Enttäuschung. Die wenigen Rechte, die wir unter dem Schah hatten, sind uns jetzt auch noch genommen worden. Frauen gelten mittlerweile als Bürger zweiter Klasse, wir sind nur noch halb so viel wert wie ein Mann. Ich habe das Gefühl, daß die Anstrengungen von drei Jahrzehnten völlig umsonst gewesen sind. Der Iran des dreizehnten Jahrhunderts wirkt gegen den Iran von heute geradezu modern! Ich glaube, ich bin mit alldem fertig.«

»Ich habe immer gedacht, die Revolution sei von den Frauen ausgegangen und von ihnen getragen worden. Was ist denn nur geschehen, daß sich alles so gedreht hat?« fragte ich.

»Ich weiß es nicht genau. Wir wollten eine Revolution, die mit den Benachteiligungen und Ungerechtigkeiten Schluß macht, die das Schah-Regime gebracht hatte. Die Straßen waren voll mit protestierenden Frauen, aber die meisten waren aus ganz anderen Gründen da. Viele hatte man einfach gekauft. Die iranischen Frauen, die so denken wie ich, wollten nie den Islam als Staatsideologie. Wir haben für den Fortschritt gekämpft, aber man hat uns einfach überrollt.«

»Homa, das war mir alles nicht bekannt! Ich weiß leider viel zu wenig darüber. Manchmal frage ich mich, wie es überhaupt zu dieser Revolution gekommen ist.«

»Da bist du keineswegs die einzige. Ich begreife auch nicht, was eigentlich geschehen ist. Wir gingen mit dem Ruf ›Tod dem Schah‹ auf die Straße, und praktisch über Nacht gab es auf einmal Hochrufe auf die Islamische Republik, und die Leute schrien ›Allah-u-Akbar'‹. Ich liege nachts manchmal wach und sage mir, ich selbst hätte den Tod verdient dafür, daß ich damals ›Tod dem Schah‹ geschrien habe.«

Unser Gespräch verstummte für eine Weile. Dann wendeten wir uns einem anderen Thema zu.

»Homa«, sagte ich, »wir müssen über Vater reden.«

»Ja, er ist sehr krank. Sein Krebs wird immer

schlimmer«, antwortete sie mit ernster Stimme. Man merkte ihr an, wie sehr es sie bedrückte.

»Warum läßt du ihn nicht in Ruhe sterben? Er hat jetzt lange genug gelitten. Neulich hat er gesagt, daß er, wenn es dich nicht geben würde, schon vor Jahren gestorben wäre.«

Homa machte in ihrer iranischen Heimat all ihren Einfluß als Ärztin geltend, damit unser Vater bestens versorgt und sein Leben damit so weit wie nur möglich verlängert wurde. Von einem bestimmten Punkt an war das für ihn aber nur noch eine Qual.

»Parvin, ich bin Ärztin! Ich habe einen Eid abgelegt, alles zu tun, was in meiner Macht steht, wenn es darum geht, einen Menschen am Leben zu erhalten. Außerdem ist dieser Mann mein Vater. Ich kann ihn nicht einfach sterben lassen.« Sie kämpfte mit den Tränen, während sie sprach.

»Homa, als ich ihn in der letzten Woche anrief, hat er mich nicht mehr erkannt! Ich mußte ihn daran erinnern, daß er eine Tochter und einen Enkel in Amerika hat. Es dauerte eine ganze Weile, bis er wieder wußte, wer ich bin. Und weißt du, was er dann zu mir gesagt hat? Er sagte: ›Parvin, deine Schwester kommt dich in Amerika besuchen. Bitte sag ihr, daß ich endlich sterben möchte. Ich kann die Schmerzen nicht mehr ertragen. Sag ihr, sie soll sich nicht so anstrengen, um mich am Leben zu erhalten, ich habe auch ein Recht zu sterben.‹«

Während ich sprach, saß Homa mit abgewandtem Blick da und tat so, als würde sie nicht zuhören.

»Ich glaube, daß er recht hat. Du solltest ihm die Erlösung gönnen!« sagte ich mit Nachdruck.

Es dauerte eine Weile, bis sie mich wieder ansah.

»Ich kann es nicht.« Sie wendete den Blick erneut zur Seite. »Nur Gott darf ein Leben wieder nehmen, und ich bin nicht Gott.« Sie wurde unwillig.

»Das weiß ich doch. Aber Gott und der Fortschritt der medizinischen Technik sind doch zweierlei. Wir sind jetzt so weit, daß man einen Leichnam noch jahrelang am Leben erhalten kann. Du selbst hast gesagt, daß das Leben nicht mehr lebenswert ist, sobald man seine Umgebung nicht mehr richtig wahrnimmt. Das einzige, was unser Vater noch mitbekommt, sind seine Schmerzen. Er leidet doch! Wenn du ihn in Ruhe läßt, kann er ganz natürlich sterben.«

»Parvin, als Mensch kann ich dir nur zustimmen, aber als Ärztin darf ich meinen Patienten nicht im Stich lassen!«

Wir waren mittlerweile beide ziemlich erregt und mußten das Thema fallenlassen.

Drei Wochen später, Homa war inzwischen in Ohio, rief sie mich mit einer sehr traurigen Nachricht an.

»Parvin, bist du's?« Ihre Stimme klang ganz schwach, sie brachte die Worte kaum hervor.

»Homa, was ist? Warum bist du so verstört?«

»Parvin, er ist gestorben!« Sie begann hemmungslos zu schluchzen.

»Wann? Oh Gott, wann ist es passiert?« Auch ich fing an zu weinen.

»Als ich noch bei dir war«, sagte sie.

»Was?!« Ich konnte es einfach nicht glauben. »Warum hat mir niemand ein Wort davon gesagt? Ich habe andauernd versucht, bei ihm anzurufen, aber ich kam einfach nicht durch. Irgend jemand hätte mir doch Bescheid geben müssen! Warum haben sich Mohsen oder Onkel Hossein nicht gerührt?« Ich war so konsterniert, daß ich nur langsam und mit Unterbrechungen sprechen konnte.

»Onkel Hossein wollte dich ja anrufen, aber Mohsen war dagegen. Er wollte mir meinen Urlaub in den USA nicht verderben.«

»Aber Homa! Es geht hier schließlich auch um *meinen* Vater. Wieso nimmt sich dein Mann das Recht, über meine Angelegenheiten zu entscheiden?«

»Das weiß ich nicht.« Ihre Stimme zitterte noch immer. »Vater ist jetzt schon fast drei Wochen tot. Am Tag meiner Abreise aus Teheran fiel er in ein Koma. Drei Tage später ist er dann gestorben.«

»Während wir uns noch über sein Leben gestritten haben, war er also schon tot?«

»Ja, da war er schon nicht mehr unter uns.«

»Wie hast du es denn erfahren?«

Sie antwortete in dem weinerlichen Tonfall eines Kindes, das berichtet, wie es sich weh getan hatte. »Ich rief ständig bei Mohsen an und wollte wissen, wie es Vater geht, und er sagte, Vater sei im Krankenhaus, und dann habe ich Mohsen im Krankenhaus angerufen und verlangt, daß er mich mit Vater sprechen läßt – und da hat er es mir endlich gesagt.«

»Das werde ich deinem Mann nie verzeihen, daß er mir verheimlicht hat, daß unser Vater im Sterben liegt. Hätte ich es gewußt, hätte ich Vater vielleicht noch einmal sehen können.«

»Aber Parvin, du bist amerikanische Staatsbürgerin! Du kannst nicht in den Iran kommen. Mohsen war der Meinung, daß es viel zu gefährlich für dich wäre, wenn du herkommst.« Sie stellte sich tatsächlich vor ihren Mann. Wir vergaßen unseren Kummer und fingen an zu streiten.

»Trotzdem! Man hätte mir jedenfalls die Möglichkeit nicht nehmen dürfen, selbst zu entscheiden, was ich tue. Ich hätte zumindest zum Abschied noch einmal mit ihm telefonieren können.«

»Er lag doch im Koma. Er hätte mit niemandem telefonieren können!« gab Homa zurück.

»Das sagt Mohsen. Aber ob es stimmt, wissen wir nicht. Es wäre nicht das erste Mal, daß er mich angelogen hat.«

»Wovon redest du da?« fuhr sie mich an.

»Willst du es wirklich wissen? Vater kam doch 1977 nach Orange County, um einen Monat bei Romin und mir zu verbringen. Nach drei Tagen war er wieder fort, weil Mohsen angerufen und gesagt hatte, daß euere Jüngste sehr krank geworden sei. Glaubst du denn, ich hätte die Wahrheit nicht erfahren? Ich habe mir nämlich Sorgen um die Kleine gemacht und Vater deswegen am nächsten Tag angerufen. Da hat er mir gesagt, daß ihr überhaupt nichts fehlt.

Schon damals hat Mohsen gelogen, und du hast ihn gedeckt. Vielleicht lügt er auch jetzt, nur daß er diesmal uns alle beide belügen würde. Die Entscheidung, ob ich Vater ein letztes Mal sehen oder bei seiner Beerdigung dabeisein will, hätte man gefälligst mir überlassen sollen!«

»Daran läßt sich jetzt nun mal nichts mehr ändern.«

Empört verabschiedete ich mich knapp und legte auf. Ich fühlte mich hintergangen und wieder einmal ausgeschlossen. An dem Tag, an dem ich vor vielen Jahren nach Amerika aufbrach, hatte ich offenbar auch meine Familie verloren. Und in gewisser Weise galt das sogar in bezug auf meine Schwester Homa.

Ich war überzeugt davon, daß selbst jetzt keine von uns beiden Bescheid wissen würde, wenn Homa nicht im Iran angerufen und darauf bestanden hätte, mit Vater zu sprechen. Es war genauso wie damals, als Großmutter Madar starb.

Homa flog mit Mutter in den Iran zurück, um an der Gedächtnisfeier teilzunehmen, die am vierzigsten Tag nach dem Tod des Verstorbenen stattfindet. Ich blieb zu Hause und wollte von niemandem etwas wissen. Ich war immer noch gekränkt.

Als Fremde im eigenen Haus

Die folgenden drei Jahre lehrte und arbeitete Homa weiter unter schwierigen Bedingungen. Bei unseren Telefonaten klagte sie ausgiebig über den Krieg mit dem Irak, der sich immer länger hinzog und täglich für die Schlagzeilen sorgte. Auch in Teheran selbst war das Leben nicht ungefährlich. Immer wieder gab es Luftalarm, und jeder lebte mit der Angst, daß die Bomben eines Tages sein Haus treffen könnten.

Es waren harte Zeiten für Homa. Ich fragte mich oft, weshalb sie den Iran nicht verließ und irgendwo hinging, wo es sicher war. Ich schlug ihr vor, zu mir nach Kalifornien zu kommen, aber sie war dagegen – die Patienten im Krankenhaus bräuchten sie jetzt mehr denn je, pflegte sie zu sagen.

Viele ihrer Patienten waren Soldaten, die mit schweren körperlichen und seelischen Schäden von der Front zurückkamen. Das Schicksal dieser Männer lag Homa sehr am Herzen, und es kam für sie nicht in Frage, sie im Stich zu lassen.

Ich bin überzeugt davon, daß die Kriegsjahre Homas Selbstbewußtsein entscheidend verändert haben. Homa war bestürzt darüber, daß sich kein Mensch mehr für die unhaltbaren Zustände interessierte, die sich unter dem streng religiös ausgerichteten Regime entwickelten. Willkürliche Hausdurchsuchungen waren an der Tagesordnung, wobei insbesondere nach verbotenen westlichen Produkten gefahndet wurde. Beispielsweise wurden »westliche« Musikaufnahmen regelmäßig beschlagnahmt, da nach Ansicht des Regimes eine islamische Lebensführung mit dieser Musik unvereinbar war. Aber niemand schien sich wegen dieser Übergriffe aufzuregen. Das einzige, worüber sich die Leute Sorgen machten, war der Krieg.

Doch damit nicht genug: Homa mußte mit ansehen, wie die Verwundeten, die sie im Krankenhaus gesundpflegte, unverzüglich wieder an die Front geschickt wurden. Ein zweites Mal kehrten diese Männer, wenn überhaupt, zumeist als Krüppel zurück.

Die Verzweiflung, von der Homa überall umgeben war, blieb nicht ohne nachhaltige Auswirkungen auf ihren seelischen Zustand. Von einem Telefonat zum nächsten verlor sie zusehends ihren Schwung und wurde immer resignierter. Ich hätte ihr nur allzu gern geholfen.

Im Jahr 1987 schlug ich Homa ein Treffen in Deutschland vor, wo ich damals geschäftlich viel zu tun hatte. Eine Reise in den Iran schien mir nicht ratsam zu sein, zum einen wegen des Krieges, zum anderen deshalb, weil der Iran meine doppelte Staatsbürgerschaft nicht anerkannte. Durch meine amerikanische Staatsbürgerschaft aber war ich für das Regime automatisch zum Feind geworden.

Homa flog deshalb nach Frankfurt. Zusammen mit einem Bekannten holte ich sie am dortigen Flughafen ab, und wir fuhren weiter nach München, wo wir uns ein paar schöne Tage machen wollten. Am Marienplatz suchten wir uns ein Restaurant, wo man auch im Freien sitzen konnte.

Es war mir nicht entgangen, daß Homa deprimiert war. Schon während der Fahrt hatte sie kaum etwas gesagt und so gut wie nie gelächelt.

Nun, als wir uns niedergelassen hatten, sprach ich sie darauf an. »Homa, was ist los mit dir? Du bist so nachdenklich. Was macht dir zu schaffen?«

Sie sah mich an und holte tief Luft. »Parvin, ich weiß nicht mehr ein noch aus. Ich komme mit meinem Leben nicht mehr zurecht.« Sie wirkte vollkommen mutlos.

»Wie meinst du das? Was ist denn nicht in Ordnung?«

»Es ist immer das gleiche Problem, und es wird laufend schlimmer. Ich habe das Gefühl, daß Mohsen das Interesse an mir verloren hat. Er arbeitet nur noch und weigert sich, einmal freizunehmen. Wir schlafen auch fast überhaupt nicht mehr miteinander. Es macht mich ganz krank.«

»Was glaubst du, woran es liegt? Ist es wegen dir, oder steckt eine andere Frau dahinter? Hat er eine Affäre?«

»Ich weiß nicht, aber ich glaube es eigentlich nicht. Er zeigt nicht das geringste Interesse an Sex. Ich kann machen, was ich will, er liegt einfach nur da wie ein Toter.« Es fiel ihr sichtlich schwer, darüber zu sprechen.

»Aber du bist doch noch viel zu jung, um unter euer Intimleben einen Strich zu ziehen. Kannst du nicht mit einem Arzt darüber sprechen? Vielleicht liegt das Problem bei Mohsen.«

»Ich weiß es nicht. Manchmal macht es mich so fertig, daß ich es nicht mehr im gleichen Bett mit ihm aushalte. Ich habe schon wer weiß wie oft in unserem Wohnzimmer auf der Couch geschlafen.«

»Das muß ja schrecklich sein.«

»Die Familie macht mir schon die Hölle heiß. Sie wissen so gut wie alle Bescheid. Mutter macht mir unentwegt Vorhaltungen, ich würde mich falsch verhalten und dürfte nicht so oft aus dem Schlafzimmer flüchten.«

»Das ist ja furchtbar. Ihr seid jetzt beide siebenundvierzig, eure Kinder sind groß, und ihr habt einen einträglichen, angesehenen Beruf. Ihr solltet euer Leben genießen. Ihr habt lange genug darauf gewartet, und jetzt könntet ihr es.«

Die Probleme in ihrer Partnerschaft waren für

Homa offenbar so frustrierend, daß sie an diesem Tag ihr gesamtes Leben in düsterem Licht sah.

»Meinen Kindern bin ich auch völlig gleichgültig. Durch Mohsens Erziehung sind sie richtige ›Havou‹ geworden. Immer hat er sich ihre Zuneigung mit Geld erkauft. Wenn sie etwas wollen, und ich sage einmal nein, dann gibt er ihnen das Geld und seinen Segen noch dazu, und sie können machen, was ihnen beliebt, auch wenn ich dagegen bin.«

Über Homas Titulierung ihrer Töchter als »Havou« war ich schockiert. Havou sind – oft unter schlimmsten Bedingungen lebende – Frauen, die mit dem gleichen Mann verheiratet sind und sich für ein bißchen Geld oder für besseres Essen in unwürdigster Weise gegenseitig auszustechen suchen.

»Homa, übertreibst du jetzt nicht ein bißchen? Deine Töchter liegen doch nicht mit ihrer Mutter im Wettstreit um die Liebe ihres Vaters – das geht wirklich zu weit!«

Aber sie gab sich ihrem Pessimismus widerstandslos hin. Er wirkte wie ein geistiges Buschfeuer. »Ich habe in meinem eigenen Haus nichts zu sagen. Ich komme mir in meiner eigenen Familie wie eine Fremde vor, ich kann überhaupt nichts dagegen machen. Ich sitze wie ein gefangener Vogel in meinem Käfig. Ich glaube, ohne meine Arbeit könnte ich nicht mehr weiterleben.«

»Und eine Scheidung? Das ist doch immer noch ein Ausweg. Du bist eine attraktive Frau, eine angesehene Medizinerin und amerikanische Staatsbürgerin. Du könntest leicht wieder einen Mann finden – einen, der dich achtet und auf deine Bedürfnisse eingeht. Du hast gar keinen Grund, Trübsal zu blasen. Komm mit mir zurück in die USA und fang dort ein neues Leben an!«

»Das geht nicht. Selbst wenn ich es wollte, bei unseren Gesetzen würde ich die Scheidung niemals durchkriegen. Und überhaupt, unsere Töchter haben jetzt angefangen zu studieren. Eine Scheidung ihrer Eltern könnte für sie negative Folgen haben. Außerdem müßte ich sie bei Mohsen lassen und würde sie dann wohl nur noch ganz selten zu Gesicht bekommen. Damals, vor langer Zeit, da hatte ich meine Chance. Ich habe sie nicht genutzt, und jetzt ist es zu spät.«

»Homa, was ist damals eigentlich passiert? Warum bist du 1976 zurückgegangen? Ich dachte, du würdest dich von Mohsen scheiden lassen und mit den Kindern in den Vereinigten Staaten bleiben.« Ich hatte lange Zeit überlegt, was ihre Beweggründe gewesen sein mochten, war aber zu keinem Ergebnis gekommen.

»Wenn unsere Mutter mich in Ruhe gelassen hätte, wäre ich wohl dort geblieben und hätte mir ein eigenes Leben aufgebaut. Aber sie drängte und drängte, bis sie mich so weit hatte, daß ich wieder zurückging. Nach iranischem Recht, hielt sie mir vor, könne Mohsen leicht eine andere Frau finden, nur halb so alt wie ich, und mit ihr eine neue Familie gründen. Er würde mit ihr auch Kinder bekommen und unsere Töchter vergessen, ich hätte mich alleine durchs Leben zu schlagen, und unsere Kinder müßten ohne Vater auskommen. Sie sagte, ich dürfte nicht aus egoistischen Gründen die Zukunft unserer Töchter aufs Spiel setzen.«

»Aber das hängt doch wesentlich davon ab, in welchem Kulturkreis du lebst. Wenn du in den USA geblieben wärst, hätte das alles überhaupt keine Rolle gespielt«, gab ich zu bedenken.

»Kinder brauchen Stabilität. Sie brauchen beide Elternteile, und eine Scheidung zerstört den festen Rahmen, den sie nun einmal benötigen. Denk mal an unsere Mutter. Ich glaube nicht, daß wir heute hier in München sitzen könnten, wenn sie sich in unserer Jugendzeit von unserem Vater hätte scheiden lassen. Das, was wir sind, sind wir nur deshalb geworden, weil sie einen Teil ihres Lebens für unser Fortkommen geopfert hat.«

»Aber Homa, seit unserer Kindheit ist vieles anders geworden. Ich bin ja auch der Meinung, daß Kinder stabile Verhältnisse nötig haben, aber sie brauchen auch ein liebevolles Elternhaus, wo beide Elternteile an einem Strang ziehen und nicht miteinander um die Liebe der Kinder konkurrieren. Irgend etwas muß bei euch vollkommen schiefgelaufen sein, wenn du dir in deinem eigenen Haus wie eine Fremde vorkommst.«

»Vielleicht hätte ich unseren Eltern nicht soviel Einfluß auf mein Leben zugestehen sollen. Wahrscheinlich war es falsch, Mutter damals nach Amerika zu holen, damit sie sich um unser erstes Kind kümmert. Aber ich wollte ja nur mit meiner Ausbildung fertig werden, und das wäre doch nicht zu schaffen gewesen, wenn ich zu Hause bei dem Kind geblieben wäre. Ach, ich habe so viele Fehler gemacht. Manchmal frage ich mich, ob ich überhaupt jemals etwas richtig gemacht habe.«

»Homa, was soll das jetzt? Du kannst doch nicht für alles, was nicht richtig geklappt hat, dir allein die Schuld geben. Dein einziger Fehler ist gewesen, daß du dich in den falschen Mann verliebt hast. Er hätte dich aus den Fängen deiner Familie befreien sollen, damit ihr beide euer gemeinsames Leben selbständig, unabhängig von anderen, hättet führen können.«

»Das war auch immer ein Problem. Wenn Mohsen und ich einmal einig waren, dann waren entweder Mutter oder unser Vater dagegen. Nie gab es für mich eine Entscheidung ohne Konflikte, und wenn es auch nur darum ging, was abends auf den Tisch kommen soll.«

»Homa, jetzt ist aber Schluß damit! Laß uns über etwas anderes reden.«

Aber sie ließ sich nicht bremsen. »Am Anfang brauchte ich unsere Eltern noch, um meine Ausbildung durchzuziehen«, fuhr sie fort. »Als ich endlich damit fertig war, war ihr Leben ein solcher Trümmerhaufen, daß ich sie nicht allein lassen konnte. Ihr Leben war unlösbar mit dem meinen verknüpft, und ohne mich hätten sie vor dem Nichts gestanden.

Du weißt, Mutter hatte schwere psychische Probleme seit ihrer Heirat. In Maryland wurde es nur noch schlimmer. Ich habe versucht, ihr zu helfen, aber man kann ihr einfach nicht helfen. Sie hat als Kind einen Schaden erlitten, von dem sie sich nie wieder erholt hat. Jetzt läuft sie herum wie eine heruntergekommene Landstreicherin, und ich stehe hilflos daneben.«

Ohne daß sie einmal innehielt, sprudelte es weiter aus Homa hervor; und alles, was sie sagte, diente offenbar dazu, sie in ihrer Niedergeschlagenheit noch zu bestärken.

»Vater bekam zum Schluß Prostatakrebs, und sein Zustand verschlimmerte sich immer mehr. In den letzten zwei Jahren seines Lebens habe ich alles getan, um ihm sein Los zu erleichtern. Ich habe ihn gefüttert und gebadet und versucht, ihm die schlimmsten Schmerzen zu ersparen.

Du warst ja weit weg in Amerika, weit weg von den Problemen unserer Familie, den Schrecken des Krieges und den Wirren der Revolution. Ich aber mußte mich durch all das hindurchkämpfen.

Du weißt ja nicht, was es heißt, mit der täglichen Angst vor Bomben zu leben. Du kannst dir gar nicht vorstellen, wie man sich als Ärztin fühlt, wenn man für seine Patienten keine Medikamente hat. Täglich habe ich mit Kindern zu tun, die körperlich und geistig zugrunde gerichtet von der Front zurückkommen. Du liest nur davon. Aber ich muß es mir ansehen, muß damit leben.

Und auf all dem lastet noch die Erinnerung an die Islamische Revolution. Die Revolution hat das Land ins Mittelalter zurückgeschleudert, das einzige, was sie unserem Volk gebracht hat, ist Armut und Elend. Es raubt mir den Verstand, wenn ich nur daran denke, daß ich einmal eine Befürworterin der Revolution gewesen bin! Du hast ja keine Ahnung, was für Grausamkeiten heutzutage bei uns ständig begangen werden. Dagegen war der Schah geradezu ein Engel. Junge Mädchen werden vergewaltigt und hingerichtet, Frauen werden gesteinigt, Männer werden aufgehängt. Sie haben sogar Mrs. Parsa umgebracht.«

»Was? Faroukhlou Parsa, die Direktorin meines Gymnasiums?«

»Ja. Unter dem Schah war sie Erziehungsministerin, die erste Frau auf einem Ministersessel, und man hat sie umgebracht.«

»Aber warum?«

»Man hat ihr den Kopf geschoren, sie nackt in einen groben Sack gesteckt und erschossen. So heißt es jedenfalls.«

»Warum nur? Was hat sie denn verbrochen?« Ich war tief erschüttert. Ich verehrte diese Frau sehr. Auf ihre Anregung hin hatte ich Mathematik studiert, ihr verdanke ich meine Karriere als Elektronikingenieurin.

»Man beschuldigte sie, sie hätte sich für den Schah und die Mitglieder seines Kabinetts als Kupplerin betätigt und ihnen junge Mädchen zugeführt.«

»Hatte man denn Beweise? Gab es einen ordentlichen Prozeß?«

»Fragst du das im Ernst?« entgegnete sie. »Unser Oberster Richter Sadeq Khalkhali ist der Ansicht, daß zum Schutz der Menschenrechte auch das Liquidieren von unerwünschten Personen gehört, damit die anderen frei und ungestört leben können. Strafverteidiger haben seiner Meinung nach in einem Revolutionstribunal, das dem gerechten Zorn des iranischen Volkes Ausdruck verleihe, nichts zu suchen. Sie würden lediglich mit dem Zitieren von Paragraphen Zeit schinden wollen, und das würde die Geduld der Menschen über Gebühr strapazieren.«

»Und da ist Mrs. Parsa hineingeraten?«

»Ja. Khalkhali sah in ihr eine unerwünschte Person und ließ sie zum Wohle der Gesellschaft hinrichten.«

»Oh, laß uns aufhören. Mir ist schon ganz übel.«

Wir schwiegen eine Zeitlang, saßen nur reglos da und starrten den Passanten hinterher. In der Erinnerung an Mrs. Parsa kamen mir die Tränen. Sie war eine Frau, die dort zu Erfolg gekommen war, wo Frauen normalerweise nicht akzeptiert wurden. Als ich damals hörte, daß sie als erste Frau Mitglied des Kabinetts geworden war, durchströmte mich das Gefühl, daß ich in meinem Leben alles würde erreichen können. Ich fragte mich, wie es jetzt nach ihrer Ermordung um die Hoffnungen der jungen iranischen Mädchen bestellt sein mochte.

Als Homa nach einigen Minuten wieder das Wort ergriff, bemühte sie sich, die Stimmung zu heben. Sie erzählte einige beliebte Witze über die Islamische Republik und deren Führer. Ich revanchierte mich mit einer Blütenlese aus meiner Sammlung – aber es wollte trotzdem keine unbeschwerte Heiterkeit aufkommen.

Die nächsten Tage verbrachten wir im Hause eines Bekannten. Bevor ich wieder nach Kalifornien aufbrechen mußte, sprach mich Homa wegen unserer Erbschaft an.

»Ich möchte das Haus und das Grundstück verkaufen, das wir von unserem Vater geerbt haben. Mohsen und ich brauchen das Geld für die Erweiterung unserer Klinik.«

»Aber ich kann jetzt nicht alles verkaufen.«

»Das müssen wir aber. Wir brauchen das Geld.

Mit Onkel Hosseins Hilfe haben wir sämtliche regierungsamtlichen Genehmigungen besorgen können, und jetzt mußt nur noch du nach Teheran kommen und dort ein paar Urkunden unterschreiben. Der Verkauf ist nur rechtskräftig, wenn wir beide anwesend sind.«

»Homa, bist du verrückt? Ich gehe nicht in den Iran, das ist viel zu gefährlich! Ich hätte das Risiko allenfalls noch auf mich genommen, um Vater zu sehen, aber glaubst du denn im Ernst, ich würde das nur für einen Grundstücksverkauf tun?«

»Aber was soll ich denn jetzt machen?«

»Nicht verkaufen! Onkel Hossein soll mir den offiziellen Schätzwert von Haus und Grundstück mitteilen, und ich zahle euch dann die Hälfte davon aus.«

»Wenn herauskommt, daß du amerikanische Staatsbürgerin bist, wird die ganze Liegenschaft beschlagnahmt. Darüber bist du dir doch im klaren, oder?«

»Das weiß ich, aber dieses Risiko nehme ich in Kauf. Ich bin sicher, daß die Situation sich ändern wird und ich eines Tages zurückkommen kann. Außerdem wird sich der Wert von Immobilien steigern. Ich möchte das Haus und das Grundstück behalten.«

Damit endete unser gemeinsamer Aufenthalt in Deutschland. Homa flog in den Iran zurück und widmete sich weiter der Lehre und ihrer Arbeit als Ärztin. Die Situation entspannte sich etwas, da allmählich ein Ende des Krieges in Sicht kam.

Im folgenden Jahr kam Homa in die USA, um an einem Kongreß für Kinder- und Erwachsenenpsychiatrie in San Francisco teilzunehmen. Es war ihr gelungen, ihren Aufenthalt so einzurichten, daß wir ein paar Tage miteinander verbringen konnten. Wir waren gerade vom Flughafen nach Hause gekommen, als sie die Erbschaftsangelegenheit zur Sprache brachte.

»Parvin, wir haben es jetzt endlich geschafft, das Haus zu verkaufen, aber es war gar nicht so einfach, nachdem du ja nicht kommen wolltest«, sagte sie.

»Aber Homa! Warum habt ihr es denn verkauft? Ich habe doch angeboten, euch die Hälfte vom Wert auszubezahlen!« Ich war zwar überrascht, daß sie das Haus eigenmächtig verkauft hatte, aber ich kann nicht behaupten, daß ich bei dieser Familie nicht auch mit dieser Möglichkeit gerechnet hätte.

»Die Regierung hätte die Liegenschaft dann doch beschlagnahmt.«

»Aber das war *mein* Risiko!«

»Nun hör mal! Wir hatten die größten Schwierigkeiten mit dem Verkauf, weil du dich nicht von hier fortbegeben wolltest. Und jetzt, anstatt mir zu danken, bist du sauer auf mich!«

»Wofür sollte ich dir danken? Du hast dieses Haus verkauft, und ich hatte dich gebeten, es nicht zu tun. Ich habe dir sogar deinen Anteil in bar angeboten. Manchmal komme ich mir vor, als sei ich Luft für euch!«

»Mohsen dachte, du könntest das Geld ohnehin

nicht zusammenbringen, und da haben wir uns eben entschlossen zu verkaufen.«

»Woher zum Teufel will Mohsen das denn wissen? Woher will *er* wissen, was ich mir leisten kann und was nicht!«

»Er dachte eben, als Ingenieurin hättest du bestimmt nicht soviel Geld.«

»Hier ging es um *unsere* Erbschaft. Du hättest dich ruhig erst mal bei mir erkundigen können, wie es mit dem Geld aussieht. Zumindest die Möglichkeit, daß ich zahlungsfähig bin, hättest du mir zugestehen können.«

»Das Haus ist jetzt jedenfalls verkauft, und daran ist nichts mehr zu ändern. Ich habe hier eine Liste mit den Ausgaben für den Hausverkauf und für das Begräbnis unseres Vaters. Diese Beträge werden von dem Erlös abgezogen.«

»Und wo ist das Geld von meinem Anteil?«

»Es liegt sicher auf meinem Bankkonto in Teheran. Du kannst das Geld jederzeit haben.«

»Gut, dann hätte ich es gerne jetzt.«

»Aber das Geld ist im Iran! Ich kann es dir schikken, wenn ich wieder zu Hause bin. Du mußt mir schon ein bißchen vertrauen.«

»Wieso eigentlich? Du hast mir ja auch nicht getraut, als ich dir sagte, du könntest von mir das Geld für deinen Anteil am Haus bekommen. Mit welchem Recht kannst du dann jetzt von mir Vertrauen erwarten? Homa, du redest schon wie unsere Mutter. Immerzu betont sie, daß Geld zwischen Mutter und Tochter kein Thema sein darf. Wer wem etwas gebe, sei letztlich gleichgültig. Merkwürdig bloß, daß der

Spruch immer nur dann gilt, wenn ich diejenige bin, die zahlt.«

Ich hätte meiner Schwester nur zu gern vertraut – aber es kam mir nicht ganz geheuer vor, daß sie es geschafft hatten, das Haus ohne meine Einwilligung zu verkaufen.

Als ich am nächsten Tag von der Arbeit nach Hause kam, saßen Homa und Mutter im Wohnzimmer und unterhielten sich mit zwei Gästen, einer Bekannten meiner Mutter und deren Sohn. Mit einem solchen Besuch hatte ich nicht gerechnet.

Die drei Damen erörterten die Frage, ob und unter welchen Bedingungen man Homas älteste Tochter Azita mit dem Sohn der Besucherin verheiraten könnte. Azita war 1987 in die Vereinigten Staaten gekommen, um an der »Ohio State University« zu studieren. Schon allein die bloße Diskussion darüber machte mich ganz krank. Es ging mir einfach nicht in den Kopf, daß eine gebildete Frau wie Homa es immer noch für nötig hielt, für ihre Tochter eine Ehe zu arrangieren. Ich hatte immer gedacht, die Zeiten, in denen Eltern über die Ehepartner ihrer Kinder bestimmen, seien vorbei – aber hier, in meinem Wohnzimmer, wurde mir vor Augen geführt, daß es Dinge gibt, die sich niemals ändern.

Nach einem eilig von mir zubereiteten Abendessen brachen die Besucher auf, und ich war wieder mit Homa und unserer Mutter allein.

»Was sollte das bloß wieder?« fragte ich. »Warum laßt ihr Azita sich nicht selbst einen Mann suchen?«

Mutter ging sofort in Abwehrstellung und verfiel

in ihr übliches lautstarkes Gezeter. Homa und ich achteten nicht weiter darauf.

»Ihr Vater will, daß sie heiratet«, sagte Homa. »Wir möchten beide nicht, daß sie alleine in Amerika herumhängt. Wenn sie sich gegenseitig ein bißchen mögen, dann ist das doch die normalste Sache von der Welt. Mohsen ist vollkommen dafür.«

»Ist Azita *auch* dafür?«

»Das wissen wir noch nicht. Bisher haben wir es noch nicht mit ihr besprochen.«

»Ein Mädchen muß zusehen, daß es unter die Haube kommt!« warf Mutter dazwischen.

»Warum eigentlich?« wollte ich wissen. »Es gibt auch Frauen, die nie heiraten. Aber *wenn* Azita heiraten will, dann wird sie im Studium oder am Arbeitsplatz schon jemand kennenlernen und kann dann selbst die Entscheidung treffen. Warum wollt ihr sie denn unbedingt loswerden?«

»Es geht nicht darum, sie loszuwerden«, widersprach Homa. »Es ist nur einfach so, daß man um so besser dran ist, je früher man heiratet, weil man dann nicht soviel voneinander erwartet. Ich denke manchmal, daß eine arrangierte Ehe doch vorzuziehen ist. Vermutlich wissen Eltern besser, was gut ist für ihre Kinder.«

»Du lieber Gott! Ich kann einfach nicht glauben, daß ausgerechnet du so redest! Du machst mich krank!«

»Dann werde ich eben gehen, wenn es dir hilft, dich wohl zu fühlen!« Homa packte unsere Mutter, die immer noch hysterisch war, und die beiden fuhren zu Mutters Appartement.

Einige Tage darauf kehrte Homa in den Iran zurück. In den folgenden Monaten beschränkte sich unser Kontakt auf regelmäßige Telefonate.

Im Herbst 1988 verbrachte ich zwei Wochen in Deutschland. Ich war gerade von der Reise zurückgekehrt, als Homa mich aus Ohio anrief. Sie war zusammen mit Mohsen zu einem gemeinsamen Forschungsurlaub in die Vereinigten Staaten gekommen, und beide arbeiteten irgendwo in der Nähe der Stadt Columbus.

»Ich rufe nur an, weil ich dir sagen will, daß Angela, Mohsens Schwägerin, dich und Romin wieder für den Thanksgiving Day nach Columbus eingeladen hat. Sie hat bei dir angerufen, als du nicht da warst, und dich natürlich nicht erreicht. Sei so gut, melde dich bei ihr und sag ihr Bescheid, was du vorhast.«

»Gut, mache ich.«

Am nächsten Tag rief ich Angela vom Büro aus an. Ich bedankte mich für die Einladung und sagte ihr, daß ich leider absagen müßte, da ich wohl so schnell keinen Flug mehr bekommen könnte.

»Aber Parvin«, drängte sie, »bitte versuch es doch. Es war so nett mit dir das letzte Jahr. Du und Romin, ihr könnt bei uns wohnen. Romin kann sich mit unserem Ältesten die Zeit vertreiben, und wir können in der Stadt durch die Museen und Galerien bummeln.«

»Gut, ich seh mal zu, was sich machen läßt. Aber wenn ich doch noch einen Flug bekomme, dann gehe ich mit Romin in ein Hotel, damit wir Euch nicht belästigen müssen.«

»Nein, bitte, ich bestehe darauf. Wir holen euch am Flughafen ab, und ihr wohnt dann bei uns.«

Ich bekam tatsächlich einen Flug und rief nochmals bei Angela an, um sie von unserem Kommen zu unterrichten. Dann begannen Romin und ich mit unseren Reisevorbereitungen. Es war wohl etwas naiv von mir anzunehmen, daß alles glattgehen würde. Ich erhielt einen Anruf von meiner Schwester.

»Hallo?«

»Parvin! Wie konntest du nur Angelas Einladung annehmen?« Homa war erzürnt. »Mohsen ist zutiefst gekränkt. Er möchte wissen, wieso du dich im Hause seines Bruders einquartierst.«

»Ja, man hat mich eben eingeladen«, antwortete ich etwas ratlos.

»Mohsen sagt, man hätte dich zum traditionellen Thanksgiving Dinner eingeladen, und jetzt machst du ein ganzes Wochenende daraus. Er ist vollkommen außer sich. Er kann absolut nicht verstehen, wieso *du* im Hause seines Bruders wohnen wirst, während *er* es nicht tut. Bitte, Parvin, du mußt etwas unternehmen. Er brüllt mich unentwegt an. Bitte sag die Reise ab!«

»Aber Homa, warum hast du mir denn nichts von euren Schwierigkeiten gesagt, als du mich das erste Mal angerufen hast? Du hättest mir doch gleich sagen können, daß es euch lieber wäre, wenn ich absage.«

»Mohsen ging davon aus, daß du so kurzfristig ohnehin keinen Flug bekommen würdest. Ich versteh's ja auch nicht, aber jetzt ist er eben sauer.«

»Dabei geht es ihn doch überhaupt nichts an, wenn Angela mich einlädt.«

»Sieh mal, ich möchte nur, daß es keinen Streit gibt. Mir tut das alles sehr leid – ich kann ja auch nicht immer nachvollziehen, was in meinem Mann vorgeht.«

Ich hängte ein, ich hatte einfach keine Lust, mit meiner Schwester weiter darüber zu reden. Sie hatte offenbar so lange kein Problem mit dieser Einladung gehabt, bis Mohsen etwas daran auszusetzen fand. Es war schon frustrierend zu sehen, wie sehr sie sich von ihm dominieren ließ.

Ich entschloß mich, die Flugtickets wieder zurückzugeben, und wollte gerade das Reisebüro anrufen, als das Telefon erneut klingelte. Es war meine Mutter.

»Homa hat mir gesagt, du hättest Angelas Einladung für Thanksgiving angenommen! Wie konntest du das nur tun? Mohsen ist außer sich!« Es kam mir vor, als hörte ich eine Schallplatte mit einem Sprung.

»Na und? Sie hat mich eingeladen, und ich habe ihre Einladung angenommen.«

»Aber Parvin, versteh doch, Mohsen hat recht! Es ist doch unmöglich, daß du im Hause seines Bruders übernachtest, wenn er selbst in der Stadt weilt. Du solltest bei ihm wohnen.«

»Es wird dich beruhigen zu hören, daß ich nicht hinfahre. Würde ich nämlich kommen, dann hätte Mohsen, da bin ich mir ganz sicher, nichts Besseres zu tun, als mir die Hölle heiß zu machen. Und ich will mir nicht schon wieder eine Erholungsreise ruinieren lassen.«

»Willst du Angela Bescheid geben?«

»Natürlich! Ich werde sie anrufen.«

»Wann wirst du dort anrufen?«

»Das weiß ich jetzt noch nicht. Ich muß noch mal über die Sache nachdenken.«

»Was willst du ihnen denn sagen?«

»Mutter! Jetzt ist es aber genug!«

Ich wußte in der Tat nicht, was ich Angela sagen sollte. Ich hatte ihre Familie sehr gerne, und mit dieser Geschichte kam ich mir albern vor, zumal dort alle immer so nett zu mir waren. Ich wartete also mit meinem Anruf bis zum Thanksgiving Day und erzählte dann, wir seien in einem Stau steckengeblieben und hätten das Flugzeug verpaßt.

Ich habe nie begriffen, was Mohsen an mir so störend fand. Mein Verhalten ihm und seiner Familie gegenüber kann ihm keinen Anlaß gegeben haben, sich auf diese Weise aufzuführen; ich habe mich immer bemüht, sie höflich und zuvorkommend zu behandeln.

Im Jahr 1989, als der Krieg mit dem Irak endlich vorbei war, trat bei Homa noch einmal ein Sinneswandel ein. Ihre beiden Töchter waren endgültig in die Vereinigten Staaten übergesiedelt; das Verhältnis zu Mohsen war nach wie vor unbefriedigend. Homa faßte den Entschluß, nach Kalifornien zu ziehen und sich auf eigene Füße zu stellen.

Am »Veterans Hospital« im San Fernando Valley fand sie eine Anstellung. Sie nahm zusammen mit einer ihrer Cousinen eine sehr schöne Wohnung, und bald besaß Homa auch ein Auto. Ich hatte damals den Eindruck, daß sie zu guter Letzt doch noch den Absprung geschafft hatte.

Mohsen allerdings war mit dieser Entwicklung überhaupt nicht einverstanden. Homa lebte schon ungefähr zehn Monate getrennt von ihm, als er aus dem Iran anreiste, um sie wieder mit nach Hause zu nehmen.

Als er ankam, flog ich nach Los Angeles. Dort lud ich Mohsen und Homa in einen iranischen Nachtclub ein, das »Cabaret Teheran«. Wir speisten dort zu Abend und sahen uns die Show an. Mohsen machte alles andere als einen begeisterten Eindruck, der ganze Abend schien ihn zu langweilen. Ich kam mir vor, als hätte ich mich bei den beiden dafür zu entschuldigen, daß ich ihnen eine solche Tortur zugemutet hatte.

In der Nacht nach dem Kabarettbesuch konnte ich nicht schlafen. Ich betete für Homa. Ich hoffte inständig, daß sie die Kraft aufbringen würde, sich dem Wunsch ihres Gatten zu widersetzen und in Kalifornien zu bleiben. Hier war sie unabhängig und mußte keine Unterdrückung fürchten, weder von einer Regierung noch von einem Ehemann. Ich zweifelte nicht daran, daß dies ihre letzte Chance war, sich von ihrem Ehemann zu lösen und ein eigenes Leben zu führen.

Leider war sie der Überredungskunst von Mohsen nicht gewachsen. Was auch immer er ihr gesagt haben mochte, sie glaubte ihm und kehrte noch vor dem Sommer 1990 in den Iran zurück, wo sie ihr früheres Leben wieder aufnahm.

Der verblichene Glanz vergangener Zeiten

Im August 1990 flog ich mit meinem Sohn Romin für 18 Tage in den Iran. Der Krieg war vorbei, und das Regime hatte seine Politik gegenüber Iranern mit doppelter Staatsangehörigkeit geändert, so daß ich unbeanstandet einreisen konnte. Ich reiste nicht ohne Herzklopfen, denn ich hatte vor, alle meine Verwandten zu besuchen, die ich schon seit so langer Zeit nicht mehr gesehen hatte.

Ich quartierte mich bei Mohsen und Homa ein, die in einem der ersten Wohnhochhäuser lebten, die im Iran errichtet worden waren – noch vor der Revolution.

Das Gebäude hatte 17 Stockwerke, Homas Wohnung lag allerdings im Souterrain. Es gab drei große Schlafzimmer, drei Bäder, ein Wohn- und ein Eßzimmer und eine ziemlich winzige Küche. Da das Haus steil in den Hang hineingebaut war, lag die eine Seite der Wohnung zwei Stockwerke tief unter der Erde. Fenster gab es nur auf der anderen Seite. Das Wohnzimmer hatte eine Glasschiebetür, durch die man auf einen schmalen Vorplatz hinausgelangen konnte. Dieser Vorplatz war jedoch von einer hohen Betonmauer umgeben, die kaum Licht in den Wohnbereich gelangen ließ. In der Wohnung war es fast immer dunkel.

Es war praktisch unmöglich, Durchzug zu machen und frische Luft in die Wohnung hereinzulassen. Eine Klimaanlage gab es auch nicht. Die Luft war immer feucht und abgestanden – des öfteren liefen einem große Kakerlaken über den Weg, die sich in dieser Feuchtigkeit wohl fühlten.

Als ich die Wohnung sah, war ich entsetzt – ausgerechnet zwei Ärzte lebten in solchen Wohnverhältnissen. Außerdem war ich besorgt wegen meiner Schwester. Ich fragte mich, ob sie auf Dauer in einer solchen Umgebung würde leben können; sie brauchte mehr Licht, Luft und Sonne, als diese *Dakhmeh*, dieses »Kellerloch«, wie es von allen nur genannt wurde, bieten konnte.

Während unseres Aufenthalts machte mein Onkel Hossein mit uns eine Fahrt an das Kaspische Meer. Ich freute mich sehr auf diese Reise. In meiner Jugendzeit waren wir oft in den Ferien in diese Region an der nördlichen Grenze des Iran gefahren, und ich war gespannt darauf, wie es in dieser Gegend wohl heute aussah. Unsere Reisegesellschaft bestand aus vier Personen: aus Romin, Onkel Hossein, dessen Frau Giti und mir.

Unterwegs wollte ich eine Toilette aufsuchen, aber ein sauberes Örtchen war nirgendwo zu finden. Es gab lediglich Plumpsklosetts, manchmal mit und manchmal ohne Anschluß an eine Sickergrube. Ich kannte das noch sehr gut aus meiner Jugendzeit. Da es keine Kanalisation gab, ließ es sich auch gar nicht anders machen. Onkel Hossein empfahl mir, mich noch eine Weile zu gedulden, bis wir zu dem alten »Hyatt Hotel« kommen würden, das auf unserem Weg lag. Dort ließe man mich bestimmt ein Bad in einem der Hotelzimmer benutzen.

»Nach der Revolution«, erläuterte er, »wurden in den Hotellobbies, Restaurants, Flughäfen und öffentlichen Gebäuden aus den Toiletten sämtliche europäischen Kloschüsseln herausgerissen und durch Toilettenanlagen ersetzt, wie sie im Iran üblich sind. In den alten Hotels europäischen Stils haben aber die Zimmer meistens noch die sanitären Anlagen von früher.«

»Was hat die Religion eigentlich mit den Toiletten zu tun, die die Leute benutzen?« fragte ich ihn.

»Das ist nun mal so«, gab er zurück. »Jetzt sind eben diese Leute am Drücker. Wir können lediglich ja und amen dazu sagen. Sie haben die Gewehre und die Macht, und wer dagegen aufmuckt, dem machen sie sofort Beine.«

Wir waren inzwischen am Hotel angekommen. Onkel Hossein versuchte ein geeignetes Zimmer mit einer Toilette für mich ausfindig zu machen. Ich stand derweil in der Lobby und ließ meine Blicke über das schweifen, was einstmals ein nobles Hotel gewesen sein mußte. Eine von Kopf bis Fuß in schwarze Gewänder gehüllte Frau trat auf mich zu, griff nach meinem Halstuch und versuchte, es mir nach vorne über die Haare zu zerren.

Ich schob sie von mir weg und fragte sie auf Englisch, was sie von mir wollte.

»Ich wollte nur Ihren Hijab in Ordnung bringen«, gab sie in der Landessprache Farsi zurück.

Ich sagte, ich sei Amerikanerin und sie möchte mich in Ruhe lassen, aber sie ließ nicht locker. Onkel Hossein bemerkte unser kleines Handgemenge, kam zu mir herüber und meinte, es wäre wohl besser zu gehen.

Ich mußte mich eine weitere Stunde gedulden, bis wir zu unserem Hotel in Ramsar kamen. Ich konnte mich noch gut an meinen letzten Aufenthalt in diesem Ort erinnern. Es war im Sommer des Jahres 1957, in dem Jahr, in dem Homa sich das erste Mal verliebt hatte. Wenn ich die Augen zumachte, sah ich wieder die eleganten Damen vor mir, die in farbenfrohen Badeanzügen oder in prächtigen Abendgarderoben am Strand flanierten. Ich erinnerte mich an das sorglose Gelächter, das damals die warme Luft erfüllt hatte. Man mußte Monate im voraus reservieren, wenn man in diesem Hotel logieren wollte. Aus der ganzen Welt waren die Leute angereist und hatten mit dem erlesensten Champagner und dem besten Kaviar diniert, die für Geld zu bekommen waren; nächtelang hatten sie sich bei Tanz und Spiel amüsiert.

Aber jetzt war alles wie ausgestorben. Das Hotel stand praktisch leer. Nur noch eine weitere Familie außer uns hatte sich angemeldet. Wir ließen uns die Schlüssel geben, und endlich fand ich auch eine benutzbare Toilette.

Gleichwohl war dieses Hotel eines der besten im ganzen Iran. Hier stammte noch alles aus der Zeit vor der Revolution. Die Möbel trugen zwar deutliche Spuren des Alters, die Bettwäsche war verschlissen und die Farbe an den Wänden verblichen, aber ich war dankbar für die Toilette und dafür, daß ich nicht im Freien duschen mußte.

Beim Abendessen fragte ich meinen Onkel: »Warum gehen wir nicht zusammen an den Strand wie damals?«

»Das geht nicht. Wir können wohl an den Strand, aber du und Giti, ihr müßt an den Damenstrand, und

Romin und ich müssen zum Herrenstrand am anderen Ende der Stadt.«

»Und wie ist es mit dem Swimmingpool? Können wir dort gemeinsam schwimmen gehen?«

»Nein, zusammen nicht. Es gibt zwei Schwimmbecken. Das Damenbad ist ringsum zu und vor Blikken geschützt, das Herrenbad aber nicht. Wenn du Lust hast, kannst du mit Giti im Damenpool schwimmen. Ich gehe mit Romin in den anderen.«

»Aber Onkel Hossein, wir sind doch miteinander verwandt! Warum dürfen wir nicht zusammen schwimmen gehen?«

»Liebling, *ich* habe die Vorschriften nicht gemacht«, gab er zurück. Ich merkte, daß ihm meine ständigen Fragen auf die Nerven gingen. Vor Jahren mochte er sie sich alle noch selbst gestellt haben, aber inzwischen war ihm wohl die Lust dazu vergangen.

Der Geschäftsführer des Hotels kam an unseren Tisch und unterhielt sich eine Weile mit meinem Onkel. Er war hochgewachsen und gut gekleidet, doch in seine Gesichtszüge hatte sich ein Ausdruck bitterer Verzweiflung gegraben. Er beklagte sich über den Mangel an Gästen und schwelgte in der Erinnerung an bessere Tage, als er Hunderte von Angestellten hatte und das Telefon am Empfang pausenlos klingelte. Jetzt betreute er ganz allein den Empfang und das Restaurant, und zwei Halbtagskräfte besorgten die Zimmer. Es gab zwar ein Hotel, aber keine Gäste, um die Zimmer zu füllen. Er könne nicht begreifen, sagte er, womit er einen solchen herben Rückschlag in seinem Leben verdient habe.

Mit dem, was in meiner Erinnerung war, hatte dies alles hier nichts mehr zu tun. Wir fuhren am nächsten Tag wieder nach Teheran zurück. Der ausgestorbene Ort lastete zu sehr auf meinem Gemüt.

Bevor Romin und ich den Iran wieder verließen, gaben wir ein großes Fest auf der Terrasse des »Evin Hotel« in Teheran, eines der ältesten und luxuriösesten Hotels im Iran. Ich hatte die gesamte nähere Verwandtschaft eingeladen, und es kamen ungefähr hundert Gäste.

Der Swimmingpool des Hotels hat Wettkampfformat und ist von einem weitläufigen gepflasterten Innenhof umgeben. Vier- bis fünfhundert Gäste können mit Leichtigkeit am Pool bewirtet und unterhalten werden. Vor der Revolution erklang hier so gut wie jeden Abend Musik, und in den nächtlichen Himmel über Teheran stieg das fröhliche Lachen tanzender Paare.

An diesem Abend war jedoch nur die Stimme eines Hotelbediensteten zu hören, der die Frauen zur Einhaltung des Hijab ermahnte. Außer unserer Party fanden noch drei weitere Veranstaltungen am Pool statt. Eine davon war eine Hochzeit, bei der strikte Geschlechtertrennung herrschte; die männlichen Gäste standen draußen am Pool herum, während sich die Frauen drinnen in einem der großen Konferenzräume im Erdgeschoß aufhielten.

Ich hatte den Eindruck, es würde nur auf unserer Feier gelacht. Homa war wie immer die Seele des Festes, den ganzen Abend sorgte sie mit ihren Scherzen für Heiterkeit.

Alle weiblichen Gäste mußten in einem langen Gewand und mit Kopftuch erscheinen. Nie werde ich den Witz vergessen, den der Taxifahrer zum besten gab, der Homa und mich zu unserem Fest fuhr.

»Wissen Sie, der Hijab ist nichts anderes als eine Verlegenheitslösung. Der Iran hat nämlich den Chinesen Öl geliefert, und die konnten nur mit Tuch bezahlen. Da wußte unsere Regierung nicht, wohin mit all dem Tuch, bis einer auf die Idee kam, einfach die Frauen in der Bevölkerung zu zwingen, sich jeweils in 50 Meter Stoff zu hüllen – selbstverständlich nur zu beziehen über die Islamische Republik.«

Homa und ich mußten herzlich über diese Pointe lachen. Es war der passende Auftakt für einen wunderbaren Abend. Seit Jahren schon hatte ich nicht mehr soviel Spaß mit Homa gehabt. Sie sprühte vor Energie und Lebensfreude, und ich fühlte mich in unsere gemeinsame Jugendzeit zurückversetzt.

Es war das letzte Mal, daß ich eine glückliche Homa erlebte. Am nächsten Tag reisten Romin und ich in die Vereinigten Staaten zurück.

Eine unerwünschte Einladung

Im September 1991 beschloß Homas Tochter zu heiraten. Ich war gerade nach Maryland zu meinem Verlobten gezogen, der dort ein Projekt betreute. Damit begann für uns beide ein neues Kapitel in unserem Leben – wir hatten zum ersten Mal die Möglichkeit, hier in den USA längere Zeit zusammen zu verbringen. Es war auch das Jahr, in dem ich fünfzig wurde. Reiner und ich hatten vor, für ein verlängertes Wochenende in die Karibik zu reisen und dort meinen Geburtstag und den Start unseres neuen Lebens zu feiern.

Da rief Homa, die noch in Teheran war, bei mir an, um mich für die Hochzeit einzuladen, die am gleichen Wochenende stattfinden sollte.

»Parvin, meine Tochter heiratet!«

»Meinen Glückwunsch! Welche ist es denn?«

»Meine Älteste«, sagte sie voller Stolz.

»Und wer ist der glückliche Bräutigam?« fragte ich.

»Ich kenne ihn noch gar nicht. Er ist Professor an der Universität von Montreal und hat einen Doktor in der Elektrotechnik.«

»Mensch, das ist ja wirklich toll! Wie haben die beiden sich denn kennengelernt?«

»Azita hat ihn getroffen, als sie in Montreal bei Bekannten Urlaub machte, und dann haben sie sich ineinander verliebt.«

»Ach, das ist ja wunderbar. Azita ist ein so hübsches Mädchen, und ich bin wirklich froh, daß sie jemanden gefunden hat, mit dem sie glücklich werden kann. Wie gefällt es dir, daß du Schwiegermutter wirst?« fragte ich sie.

»Ich kann's gar nicht erwarten. Ich bin ja so gespannt auf den jungen Mann. Ich möchte, daß du mit Reiner auch kommst. Plant doch schon mal für den 15. September Columbus in Ohio ein!«

Ich freute mich sehr für sie, aber ich war der Meinung, daß ich der Einladung besser nicht Folge leisten sollte. Ich hatte nämlich allen Grund anzunehmen, daß ich auf der Hochzeit von Homas Tochter nicht willkommen war.

Homa hatte zwei Töchter, Azita und Soraya. Das Verhältnis zu meinen beiden Nichten war immer sehr harmonisch gewesen, aber in der jüngsten Zeit waren erhebliche Verstimmungen aufgetreten.

Bei meinem Besuch im Iran waren Soraya und ich wegen der Politik aneinandergeraten. Sie hatte heftig mit meinem Sohn diskutiert, ausgerechnet über staatliche Zensur. Als die Diskussion zu hitzig zu werden drohte, war ich dazwischengegangen. Das Resultat war, daß Soraya nun anfing, mit mir zu streiten, und als sie nicht mehr weiterwußte, wurde sie ausfallend. Dabei sagte sie etwas, das mir wirklich weh tat. Sie warf mir an den Kopf, daß die Leute hier im Iran sich nur deshalb mit mir abgeben würden, weil ich Dollars hätte.

Nach diesem Zwischenfall sprach ich nicht mehr mit ihr. Für mich war klar zu erkennen, daß ich gegen die gewaltigen Vorbehalte, die sie mir gegenüber entwickelt hatte, nichts ausrichten konnte.

Auch zwischen ihrer Schwester Azita und mir war es zu einem Zerwürfnis gekommen. Einige Zeit nach meiner Rückkehr in die Vereinigten Staaten befand ich mich auf Geschäftsreise an der Ostküste. Ich hatte ein Wochenende frei und fragte bei Azita an, ob es ihr recht wäre, wenn ich sie besuchen käme.

Sie sagte ja, und ich kaufte mir ein Ticket von Baltimore nach Columbus. Als ich sie noch mal anrief, meinte sie allerdings, sie hätte inzwischen mit ihrem Vater gesprochen und dabei von meinem Streit mit ihrer Schwester erfahren. Es wäre nicht gut, wenn ich käme, weil sie zu ihrer Schwester halten müßte.

Ich hatte aber schon mein Flugticket und rief deshalb meine Schwägerin Angela an, um sie an einem der Tage des Wochenendes zu einem gemeinsamen Mittagessen einzuladen. Angela bestand aber darauf, daß ich das ganze Wochenende mit ihr und ihrer Familie verbringen sollte, was ich auch gerne tat.

Das wiederum gefiel Azita nicht. Sie suchte mich in Angelas Haus auf und forderte von mir eine Erklärung für mein Verhalten. Sie kompromittierte mich vor Menschen, an denen mir wirklich viel lag, und sie schaffte es, mir den restlichen Aufenthalt in Ohio gründlich zu verderben.

Das war der letzte Kontakt zwischen Azita und mir gewesen, und jetzt wurde ich auf einmal auf ihre Hochzeit eingeladen. Mir fehlten die Worte.

»Homa, es tut mir leid, aber ich glaube nicht, daß ich kommen kann. Deine Töchter haben mir ziemlich unmißverständlich zu verstehen gegeben, daß sie mich nicht in ihrer Nähe haben wollen, und ich glaube, es reißt nur alte Wunden auf, wenn ich komme. Außerdem ist der 16. September mein fünfzigster Geburtstag, und Reiner und ich haben uns schon etwas vorgenommen.«

»Aber Parvin«, insistierte sie, »du bist ihre einzige Tante, und du mußt dabeisein, wenn sie heiratet!«

»Gewiß *sollte* ich dabeisein. Aber leider kann ich nicht davon ausgehen, daß ich deinen Töchtern und ihrem Vater auch willkommen bin. Laß uns beide doch einfach unsere Beziehung als Schwestern pflegen, und vergessen wir den Rest unserer Familie.«

»Bitte, Parvin, komm doch. Tu's für mich. Ich habe mit meinem Mann und seiner Familie deinetwegen schon soviel Ärger gehabt. Mach's doch nicht noch schlimmer.« Ihre Stimme klang müde.

»Was soll denn das nun wieder heißen?«

»Ach weißt du, sie sind mit deinen Scheidungen nicht einverstanden. Mohsen sagt, jedesmal, wenn er dich sehe, hättest du einen anderen Mann. Wenn du jetzt auch noch der Hochzeit fernbleibst, dann werde ich nie wieder meine Ruhe haben.«

Ich konnte kaum glauben, was ich da von meiner eigenen Schwester zu hören bekam. Sie schien sich vollkommen widerstandslos der Meinung ihres Mannes unterzuordnen.

»Homa, es geht euch überhaupt nichts an, wie oft ich heirate! Und überhaupt, wenn meine Person euch sowieso nur Peinlichkeiten bereitet, warum sollte ich dann ausgerechnet zur Hochzeit eurer Tochter kommen? Stell dir mal vor, wie sie sich das Maul zerreißen werden, wenn herauskommt, daß ich mit Reiner ohne Trauschein zusammenlebe!«

»Das weiß ja keiner. Mohsen und seine Familie denken doch, daß ihr verheiratet seid.«

»Wir sind es aber nicht! Mein Gott, Homa, das ist hier *mein* Leben, und das geht niemand etwas an!«

»Das weiß ich ja, aber für Mohsen und seine Verwandtschaft spielt die Religion eben eine ganz andere Rolle als für unsere Familie. Scheidung ist für sie einfach unvorstellbar, für sie ist das ein Zeichen von Schwäche.«

»Und was ist das für eine Religion? Eine Religion, die einer Frau die Scheidung versagt, während ein

Mann so viele Frauen haben kann, wie er nur will! Da kann ich doch nur lachen!« erwiderte ich voller Zorn.

»Parvin, du verstehst das nicht, im Iran ist es heute nun mal so. Dagegen kann keiner etwas machen. Die religiösen Fanatiker gewinnen jeden Tag an Einfluß.« Ihre Stimme klang nur noch resigniert, die Empörung, die man bei ihr früher immer gespürt hatte, wenn es um diese Themen ging, war fort. Ich fragte mich, wo die einst so energische Aktivistin Homa geblieben war.

»Trotzdem«, fuhr sie fort. »Ich möchte, daß du bei der Hochzeit dabei bist. Meine Töchter sind doch noch so jung, und sie machen eben manchmal auch Fehler. Komm doch bitte! Ich will mich nicht mehr herumstreiten.«

»Ich werde mal sehen, was sich machen läßt«, sagte ich, bevor wir auflegten. Nach diesem Gespräch bestand für mich keinerlei Veranlassung, der Einladung zu folgen.

Es dauerte aber nicht lange, und fast meine gesamte Sippschaft rief an, um sich bestätigen zu lassen, daß ich kommen würde. Die Sorge war groß, daß ich andernfalls dem Ruf der Familie schaden könnte. Meine Mutter meinte, ich solle Homas Töchtern vergeben und den Streit begraben, sie seien schließlich noch Kinder, und ich als die Ältere müsse ihnen die Hand reichen.

Ein ungutes Gefühl sagte mir, daß es besser wäre, die Einladung nicht anzunehmen. Als aber auch noch Azita anrief und sich für die Geschehnisse im letzten Jahr entschuldigte, gab ich meinen Widerstand schließlich auf.

Am Ende sollte ich es bereuen. Bei der Hochzeit hatte ich kaum Gelegenheit, mit meiner Schwester zu sprechen, weil sie sich unentwegt um ihre Gäste kümmern mußte. Außerdem wirkte Homa abwesend und seltsam befangen, es war, als ob es ihr gar nicht recht sei, daß ihre Tochter sich verheiratete. Sie lief mit einem gezwungenen Lächeln herum, und wenn man sie auf das Brautpaar ansprach, rang sie sich wohlwollende Belanglosigkeiten ab.

Man mußte den Eindruck gewinnen, daß sie von ihrem Schwiegersohn enttäuscht war. Mir war das unverständlich, denn auf mich wirkte er sehr einnehmend. Ich konnte meine Schwester nicht begreifen. Jahrelang hatte sie auf diesen Augenblick gewartet, doch als er endlich kam, war sie unzufrieden.

Am Tag nach der Hochzeitsfeier gingen Reiner und ich noch einmal bei Mohsens Schwester vorbei, um uns vor unserem Rückflug nach Maryland zu verabschieden. Im Wohnzimmer stießen wir auf Azita. Sie wühlte sich durch ihre Geschenke und klagte, sie wüßte gar nicht, wie sie das ganze Zeug nach Montreal schaffen sollte.

Homa war auch da, aber sie tat den Mund fast überhaupt nicht auf. Sie saß auf der Couch, hatte die Arme verschränkt und fuhr sich unentwegt mit den Fingerspitzen über die Lippen. Mit blassem Gesicht blickte sie starr auf ihre Tochter. Zwischendurch biß sie auf ihren Nägeln herum. In der anderen Ecke des Wohnzimmers saß meine Mutter. Sie jammerte über ihre Probleme und beschwerte sich, daß Homa sich nicht mit ihr unterhielt.

Reiner und ich warfen uns gegenseitig einen verwunderten Blick zu; wir verstanden nicht, wieso alle in so gedrückter Stimmung waren. Da hatte eine junge Frau gerade geheiratet, und jetzt hatte sie nichts anderes zu tun, als in ihren Geschenken herumzuwühlen, während ihre Mutter einsam daneben saß. Und einsam war noch untertrieben. Homa wirkte völlig gedankenverloren und abwesend – als könne sie das, was in ihrem Kopf vorging, niemandem je mitteilen.

Reiner und ich verabschiedeten uns ziemlich schnell. Die Atmosphäre dort war einfach zu deprimierend. Als wir an jenem Abend endlich wieder zu Hause waren, haderten wir mit uns selbst, daß wir uns schließlich doch hatten überreden lassen, dorthin zu fahren. Die Reise war reine Zeit- und Geldverschwendung gewesen. Zugleich aber machten wir uns beide Sorgen wegen Homa. Wir konnten uns nicht erklären, weshalb sie das ganze Wochenende so bedrückt gewesen war.

Der schwarze Schatten des Tschador

In den folgenden Monaten verschlechterte sich Homas Gemütszustand deutlich. Bekannte aus dem Iran riefen mich an, um mir zu berichten, daß Homa zunehmend ein merkwürdiges Verhalten an den Tag lege. Sie würde sich über alles beklagen, über ihr Leben, ihre Kinder, selbst über den Mann, den ihre Tochter geheiratet hatte.

In dieser Zeit kam Homa in die Wechseljahre. Unsere Mutter machte sich Sorgen, denn sie fürchtete um Homas seelisches Gleichgewicht. Im Februar 1992 flog sie nach Teheran, um sich um Homa zu kümmern.

Im Juni desselben Jahres führte mich eine Geschäftsreise in den Iran. Mein Onkel holte mich am Flughafen ab, und ich übernachtete bei ihm zu Hause. Am nächsten Morgen kam Homa schon sehr früh herüber, um mich zu begrüßen. Sie war mit ihren Gedanken allerdings ganz woanders. Sie sprach von nichts anderem als von ihrer neuen Waschmaschine.

»Giti? Hast du auch eine Waschmaschine von AEG?« erkundigte sich Homa bei Onkel Hosseins Frau und ging den Flur hinunter zu der Stelle, wo die Maschine unserer Tante stand.

»Ja. Warum?« wollte Tante Giti wissen.

Auch ich war über die Frage erstaunt.

Homa hatte sich vor die Maschine hingekauert, die Tür geöffnet und lugte nun interessiert in die Waschtrommel. »Wir haben uns gerade eine neue AEG-Waschmaschine gekauft, aber sie pumpt nicht richtig ab«, sagte Homa.

»Ich weiß nicht, ob ich dieselbe Maschine habe«, erwiderte Giti. »Du müßtest erst mal feststellen, welches Modell es ist. Ruf doch einfach den Händler an.«

Ich fragte mich, was in meine Schwester gefahren war. Haushaltsangelegenheiten waren ihr bislang immer gleichgültig gewesen. Ich glaube, sie hatte noch nie in ihrem ganzen Leben eine Waschmaschine benutzt. Wenn etwas kaputtging im Haushalt, dann wurde eben der Reparaturdienst bestellt. Sie lehnte es ab, sich mit solchen Dingen zu belasten.

»Sieh mal, Homa«, meinte ich, »diese Maschinen sind alle verschieden. Ich werde nachher mit zu dir kommen und nachsehen, ob ich vielleicht den Fehler finden kann. Laß uns jetzt über etwas anderes reden!«

Ich versuchte von Homa zu erfahren, wie es ihren Töchtern ging und was die anderen Mitglieder unserer Familie machten, aber sie hörte kaum zu. Sie versicherte mir eilig, daß es allen gutginge, und ich merkte deutlich, daß sie mit ihren Gedanken schon wieder bei der Waschmaschine war. Ihr Gesicht wirkte äußerst angespannt, und sie zupfte nervös mit einer Hand an der anderen herum. Die kleine technische Unregelmäßigkeit bei der neu erworbenen Maschine schien sie in tiefster Seele zu beunruhigen.

Wir saßen eine Weile wortlos beieinander. Dann kamen ein paar Bekannte von Onkel Hossein vorbei, wir begrüßten sie und setzten uns alle zusammen ins Wohnzimmer.

»Frau Froog Khanoum, haben sie eine Waschmaschine von AEG?« erkundigte sich Homa bei einer der Besucherinnen.

»Ja. Warum fragen sie?«

»Weil wir uns gerade eine neue AEG-Waschmaschine gekauft haben, und sie pumpt nicht richtig ab«, sagte Homa.

Ich begann mir allmählich ernste Sorgen um meine Schwester zu machen. Sie war unfähig, eine normale Unterhaltung zu führen, weil sie an nichts anderes denken konnte als an ihre Waschmaschine, die nicht abpumpen wollte.

»Warum rufen Sie nicht bei der Firma an«, schlug

Frau Froog vor, »und sagen, man soll ihnen einen Monteur schicken? Der kann das in Ordnung bringen. Auf der Maschine ist doch noch Garantie?«

»Ich habe ja schon bei der Firma angerufen, und die haben mir auch einen Monteur geschickt. Der hat aber gesagt, daß die Maschine vollkommen in Ordnung ist. Das müßte so sein.«

»Warum tauschst du sie nicht um«, warf Giti ein.

»Mohsen will sie nicht zurückbringen.«

»Warum bringst *du* sie nicht zurück? Du hast sie doch auch gekauft«, meinte Giti.

»Nein, Mohsen hat die Maschine gekauft.«

Ich hätte gern gewußt, was mit Homa nicht in Ordnung war, aber von den Anwesenden war wohl kaum etwas zu erfahren. Ich schlug ihr deshalb vor, mit zu ihr nach Hause zu fahren und nach der Maschine zu sehen. Sie willigte ein, und wir machten uns zusammen mit unserem Onkel auf den Weg.

»Homa, was ist los?« fragte ich sie, als wir im Auto saßen. »Du bist heute ja gar nicht du selbst!«

»Nichts ist los, gar nichts. Ich bin bloß ein bißchen nervös, weil ich noch einen schriftlichen Beitrag für eine Konferenz ausarbeiten muß. Und die Sache mit der Waschmaschine macht mir auch sehr zu schaffen.«

»Warum bist du heute eigentlich nicht in der Universität?«

»Ich arbeite nicht mehr an der Uni. Ich bin nur noch jeden Abend ein paar Stunden lang in meiner eigenen Praxis.«

»Was? Du hast an der Uni gekündigt?«

»Nein, es wurde mir einfach nur zuviel. Die paar

Stunden jeden Abend sind eigentlich genug. Unsere Kinder sind jetzt groß, Azita ist verheiratet, und Soraya studiert an der ›Ohio State University‹. Mohsen geht ganz in seiner Arbeit auf. Mit unserem Geld kommen wir gut zurecht. Nichts spricht dagegen, daß ich etwas kürzertrete.«

Ich hatte nicht gewußt, daß sie ihre Dozentenstelle an der Universität aufgegeben hatte. Vor allem aber irritierte mich, daß sie der Verlust ihrer Stellung so gleichgültig ließ. Sie war mit großer Begeisterung Dozentin an der Universität, sie hatte darin immer die Erfüllung ihrer beruflichen Existenz gesehen. Und nun berichtete sie mir mit apathischem Gesicht und lebloser Stimme, daß sie ihre Lehrtätigkeit nicht mehr ausübte. Das war nicht meine Schwester, wie ich sie kannte.

»Aber Homa, ich weiß doch, daß es dir bei deiner Arbeit nie um das Geld gegangen ist. Du wolltest immer nur den Menschen helfen. Und der Iran braucht deine Hilfe mehr denn je, wo doch gute Ärzte mittlerweile so rar geworden sind. Warum arbeitest du denn nicht mehr an der Uni? Das war doch schließlich der Grund, weshalb du hierhin zurückgekehrt bist. Oder etwa nicht?«

In gewisser Weise war ich enttäuscht von ihr. Es hatte mir zwar nicht gefallen, daß sich meine Schwester für den Iran entschieden hatte, aber ihren Beweggründen konnte ich meine Hochachtung nicht versagen. Ich war sogar stolz darauf, eine Schwester zu haben, die bereit war, für ihren humanitären Einsatz ein Großteil ihrer persönlichen Freiheit zu opfern.

Homa sah mich an. Ich hatte das Gefühl, als ob sie mir etwas erklären wollte. »Aber …«

»Parvin«, rief Onkel Hossein dazwischen. »Schau doch mal, was der neue Bürgermeister von Teheran aus der Stadt gemacht hat! Sieht es hier nicht wunderschön aus? Er hat überall Bäume pflanzen und Blumenbeete anlegen lassen. Aus Brachflächen hat er Parks gemacht, und für die Kinder sind Spielplätze angelegt worden. Und sag, wie hat dir diesmal bei deiner Ankunft der Flughafen gefallen?« wollte er wissen.

Onkel Hosseins offensichtliche Taktlosigkeit gab mir zu denken. Er mußte ja wissen, daß ich auf Homas Antwort gespannt war. Trotzdem hatte er uns unterbrochen. Ich nahm an, daß er dafür seine Gründe hatte, und ging auf seine Fragen ein.

»Ich habe von dem neuen Bürgermeister schon gehört. Du hast recht, der Flughafen ist viel sauberer geworden. Es ist ja nur 18 Monate her, aber man kann in der Tat eine erstaunliche Verbesserung bemerken.«

Während Hossein und ich uns weiter über die Veränderungen unterhielten, saß Homa unbewegt da und sah zum Fenster hinaus. Sie wirkte wie eine Tagträumerin.

»He, du!« Ich stupste sie an. »Darf man erfahren, was du denkst?«

»Ach, Parvin, ich weiß gar nicht, womit ich anfangen soll. Vielleicht ergibt sich später eine Gelegenheit zum Reden. Azita und ihr Mann wollen diese Woche herkommen, und ich muß noch soviel für ihren Besuch vorbereiten.«

In Homas Wohnung überprüfte ich die Waschmaschine. Ein Fehler war nicht zu finden, allerdings hatte die Maschine im Schleudergang eine geringere Drehzahl als bei anderen Maschinen üblich. Deshalb blieb auch mehr Feuchtigkeit in der Wäsche zurück. Ich zeigte Homa, wie sie mit der Waschmaschine umzugehen hatte, dann mußten Hossein und ich auch schon wieder gehen.

Als wir ins Auto einstiegen, bat mich Hossein, Homa nicht mehr auf ihre Stellung an der Universität anzusprechen.

»Warum denn nicht?« wollte ich wissen.

»Sie wurde unehrenhaft aus ihrem Amt als Professorin entlassen.« Während Onkel Hossein mit mir sprach, starrte er angestrengt nach draußen auf die Straße und kurbelte hektisch am Lenkrad, um sich einen Weg durch das Verkehrsgewühl zu bahnen.

»Was?« Mein Herz stockte bei seinen Worten. »Was soll das heißen? Was ist denn vorgefallen? Das ist ja schrecklich – was wird sie denn jetzt tun?«

»Im letzten Jahr wurde sie an eine andere Klinik versetzt. Der dortige Chefarzt ist überaus religiös. Du weißt ja, wie sehr sich Homa gegen die traditionelle Frauentracht sträubt und daß sie auch keine Socken verträgt, wegen ihrer Hautallergie.«

»Ja, natürlich!«

Onkel Hossein machte ein betrübtes Gesicht.

»Der Chefarzt sagte ihr, daß sie sich den Vorschriften des Hijab in der striktesten Auslegung zu beugen hätte, andernfalls könnte man sie nicht weiterbeschäftigen.«

»Ach du lieber Gott. Und was hat sie gemacht?«

»Sie hat ihm geantwortet, sie würde lieber sterben als den Tschador anziehen.«

»Im Ernst?«

»Ja. Dann hat sie auf einer Ärztekonferenz in Anwesenheit des Gesundheitsministers einen Vortrag gehalten. Darin führte sie aus, daß es in der Propaganda zwar immer heiße, der Hijab würde den Frauen ihre Würde zurückgeben, daß sie aber gar nichts Würdevolles darin sehen könne, wenn die Frauen gezwungen werden, sich unter Lagen von Stoff zu verstecken. Damit war sie für die Führungsschicht nicht mehr tragbar, und man hat sie rausgeschmissen.«

»Mein Gott, Hossein, wie konnten sie das tun? Dieses Land braucht doch Leute wie Homa!«

»Ich mache mir wirklich große Sorgen«, fuhr ich nach einer Weile fort. »Vor ein paar Jahren hat mir Homa gesagt, die Kraft zum Weitermachen käme für sie nur aus ihrer Arbeit. Was soll jetzt aus ihr werden?«

»Wir sind alle sehr besorgt«, sagte Hossein. »Und ich glaube nicht, daß Mohsen sie wieder nach Amerika gehen läßt. Es war ein Fehler von ihr, daß sie damals zurückgekommen ist. Jetzt sitzt sie in der Falle. Ich denke, es ist für sie sogar noch schlimmer geworden, weil sie sich immer gewünscht hat, daß ihre Kinder hier im Iran leben. Aber der Mann von Azita möchte nicht hier leben, und es sieht auch nicht danach aus, als würde Soraya wieder nach Hause kommen. Ich weiß, daß das Homa sehr zu schaffen macht.«

Onkel Hossein setzte mich beim Haus meiner

Mutter ab, wo ich mich für die restlichen Tage meines Aufenthaltes einquartierte.

Was ich über meine Schwester erfahren hatte, beunruhigte mich sehr. Der Rausschmiß, der, wie mir Onkel Hossein gesagt hatte, schon im Dezember 1990 erfolgt war, muß für Homa äußerst schmerzhaft und kränkend gewesen sein. Damit war ihr alles genommen worden, auf das sie ein ganzes Leben lang hingearbeitet hatte. Ich wußte, wieviel ihr die akademische Lehrtätigkeit bedeutet hatte: Durch sie konnte sie ihrem Heimatland die Dankesschuld für ihre eigene Ausbildung in der unmittelbarsten Form abtragen, indem sie nämlich die Ärzte heranbildete, welche die zukünftige Versorgung des Landes sichern würden. Das war ihr wichtiger gewesen als irgend etwas sonst.

Und dann mußte sie erleben, aus einem so jämmerlichen Grund entlassen zu werden – weil sie es ablehnte, sich vom Scheitel bis zur Sohle zu vermummen! Noch schlimmer wurde die Sache dadurch, daß es im Gefolge einer Revolution geschah, die sie selbst unterstützt und herbeigesehnt hatte. Homa tat mir unendlich leid, denn ich wußte, wie sehr man sie betrogen hatte.

Am nächsten Morgen kam Homa zu uns. Wir setzten uns in Mutters Wohnzimmer. Homa wirkte bedrückt, sie war sehr ernst, saß fast regungslos da und hob den Blick kaum vom Boden.

»Homa, was fehlt dir? Warum erzählst du es mir nicht? Vielleicht kann ich dir helfen.«

»Ich glaube, mir kann keiner mehr helfen. Mein

Leben ist verpfuscht – ich weiß nicht mehr ein noch aus«, antwortete sie.

»Aber Homa, du hast doch alles. Du hast noch deinen Beruf als Ärztin, einen Mann, dein Zuhause, du brauchst dir keine Sorgen um das Geld zu machen. Deine Töchter haben es zu etwas gebracht. Die eine hat ihr Diplom und ist mit einem erfolgreichen Mann verheiratet. Die andere studiert. In ein bis zwei Jahren hast du ein Enkelkind. Wie kann es dir da so schlechtgehen?« wollte ich wissen.

»Parvin, ich weiß gar nicht, wo ich anfangen soll.«

»Fang einfach *irgendwo* an.«

»Mohsen und ich leben jetzt schon seit Jahren in einer reinen Wohngemeinschaft. Ein Intimleben haben wir nicht mehr.«

»Du meinst, seit unserem Gespräch damals in Deutschland hat sich nichts geändert?«

»Gar nichts. Er benimmt sich, als seien wir Geschwister.«

»Warum hast du ihn nicht verlassen?«

»Es geht nicht. Es ist gesetzlich nicht möglich.«

»Du hättest dich doch scheiden lassen können, als du in Amerika warst. Warum hast du es damals nicht getan?«

»Was hätte ich von einer amerikanischen Scheidung gehabt? Ich hätte für den Rest meines Lebens in Amerika bleiben müssen und nie mehr hierherkommen können. Das kam für mich keinesfalls in Frage, dafür liebe ich dieses Land viel zu sehr. Lieber finde ich mich mit meinem Leben ab, so wie es nun mal ist, als den Rest meiner Tage woanders als im Iran verbringen zu müssen.«

»Liebst du deinen Mann?« fragte ich.

»Aber natürlich! Was denkst du denn, warum ich mich so elend fühle? Ich liebe meinen Mann, und ich liebe mein Land, doch von beiden kommt nicht das geringste zurück. Trotzdem kann ich mich nicht von ihnen trennen.«

»Ich verstehe.« Entscheidungen waren für Homa schon immer schwierig, und hier waren sie es ganz besonders. Wir saßen eine Weile schweigend da und tranken den Tee, den uns Mutter gekocht hatte. Homa nahm das Gespräch wieder auf.

»Und dann ist da das Problem mit der Hochzeit meiner Tochter«, sagte sie über den Rand des Teeglases hinweg.

»Was ist mit Azitas Hochzeit?« fragte ich.

»Sie hat uns praktisch vor vollendete Tatsachen gestellt. Die beiden haben schon vorher geheiratet«, sagte sie. »Die Feier kam danach, als schon alles gelaufen war.«

Das kam jetzt völlig überraschend für mich, aber ich versuchte, mir nichts anmerken zu lassen. »Na wenn schon. Letztlich macht es doch keinen Unterschied. Sie mochten sich und haben ohne eure Erlaubnis geheiratet. So etwas passiert heutzutage nun mal. Erinnerst du dich noch an deine eigene Hochzeit?«

»Das war etwas ganz anderes. Azita hat ihren Mann im Urlaub kennengelernt. Er ist dann für eine Weile nach Ohio gezogen, damit sie sehen, ob sie miteinander zurechtkommen.« Sie fing an zu weinen. »Als er nach Columbus kam, sorgte Mohsens Schwester dafür, daß die beiden erst mal heirateten, bevor ihre Beziehung allzu eng wurde. Azita sollte ja gerade nach Teheran fliegen. Ihre Tante hat sie, ohne ihrem Vater oder mir ein Wort zu sagen, einfach verheiratet. Als Azita in Teheran ankam, war schon alles gelaufen.« Die Tränen liefen Homa über die Wangen.

»Homa, belaste dich doch nicht mit diesen Geschichten. Du weißt doch, wie rückständig deine angeheiratete Verwandtschaft ist. Für die kommt nicht in Frage, daß sich die jungen Leute erst einmal beschnuppern. Ihre allergrößte Angst ist, daß eine ihrer Töchter vor der Hochzeit die Unschuld verlieren könnte. Worauf es ankommt, ist doch nur das eine, nämlich daß deine Tochter glücklich ist. Ich glaube, sie liebt ihn.« Ich hielt Homa in den Armen und versuchte sie zu trösten.

»Darf ich mich etwa nicht darüber aufregen? Was würdest du denn tun, wenn dein Sohn mit einer Frau ankäme, und er wäre schon mit ihr verheiratet?«

Ich würde den Kerl umbringen, dachte ich im stillen. »Ich weiß nicht, wahrscheinlich wäre ich empört, aber ich würde mich wohl im Laufe der Zeit damit abfinden. Ich will vor allem, daß er glücklich wird.«

»Eben! Aber ich weiß ja noch nicht einmal, ob meine Tochter aus Liebe geheiratet hat oder einfach nur deshalb, weil sie glaubte, daß es für sie langsam an der Zeit wäre. Und da war eben zufällig einer da und hat ihr einen Antrag gemacht. Ich mache mir Sorgen, weil sie doch so lebhaft ist, und ihr Mann ist ganz still. Bei der ganzen Hochzeitsfeier habe ich keinen Ton von ihm gehört. Vielleicht passen sie überhaupt nicht zusammen. Ich möchte halt nicht, daß sie so einsam wird, wie ich es nach all den Jahren geworden bin.«

Homa hatte schon recht, Azitas Mann war tatsächlich sehr ruhig, zweifellos hochintelligent, aber eben immer in Gedanken versunken. »Homa, mach dir keine Sorgen. Azita ist nicht auf den Kopf gefallen, sie weiß schon, was sie tut. Gib ihnen deinen Segen und wünsche ihnen das Beste.«

»Ach Parvin, du kannst die Dinge manchmal so gelassen betrachten. Ich wünschte mir, ich könnte das auch. Ich glaube, du hast von unseren Eltern einfach das bessere Erbgut abbekommen.«

»Homa, jetzt ist es aber gut!«

»Ich bin halt so besorgt über Azitas Zukunft.«

»Du bist ihre Mutter. Es ist normal, daß du dir Sorgen machst.«

Wieder gab es eine Pause. Homa versuchte, ihrer Tränen Herr zu werden. Ihre Gedanken drehten sich fortwährend im Kreise, sie kam immer nur von einem deprimierenden Thema zum anderen und fand einfach keinen Ausweg.

»Und damit nicht genug«, schniefte sie, »habe ich auch noch meinen Job verloren. Man hat mich rausgeschmissen – weil ich mich nicht vorschriftsmäßig verhüllt habe. Bei der Arbeit wurde es in der letzten Zeit immer schlimmer. Die Regierung hatte einmal für sämtliche Krankenschwestern einen Wettbewerb im Koranlesen angesetzt. Als mir eine der Schwestern von meiner Station sagte, sie könnte sich jetzt nicht mehr um die Patienten kümmern, weil sie für den Koranwettbewerb üben müßte, da ist mir der Kragen geplatzt. Ich schrie sie an, man sollte eher

Wettbewerbe in Krankenpflege und Zuverlässigkeit veranstalten als im Herunterleiern des Korans!«

»Wie furchtbar, die Religion hat Vorrang vor den Patienten«, sagte ich kopfschüttelnd. »Es ist wirklich nicht zu glauben, daß dies die Regierung ist, für die du und dein Mann euch damals so eingesetzt habt, als es darum ging, den Schah abzulösen. Weißt du noch, wie du mich damals überreden wolltest, aus Amerika fortzugehen und Khomeini zu unterstützen?«

»Das brauchst du mir nicht auch noch unter die Nase zu reiben.«

»Das will ich auch gar nicht. Es ist halt nur so traurig.«

»Das ist nicht die Regierung, die wir gewollt haben. Wir haben für Freiheit und Demokratie gekämpft. Wir dachten, Khomeini würde die Regierungsgewalt an die Partei der Nationalen Front abtreten und sich als Prediger nach Gom zurückziehen. Wir waren Idioten. Ich wünschte den Wechsel so sehnsüchtig herbei, daß es mir ganz egal war, wie er sich vollzog. Jetzt muß ich jeden Tag dafür bezahlen.

Und ich meine das ganz wörtlich, jeden Tag! Ich kann nicht einmal mehr Vorlesungen halten, sie wollen mich zugrunde richten. Was habe ich denn noch in meinem Leben außer meinen Studenten? Wer kann ihnen das vermitteln, was ich ihnen beibringen kann? Hier ist doch niemand außer mir, der dazu imstande wäre – du weißt das. Da muß die Professorin all diese gescheiten jungen Leute im Stich lassen, und warum? Wegen einer idiotischen Kleiderordnung!«

»Ach Homa, es ist alles so furchtbar«, sagte ich. »Aber deine private Praxis ist dir ja geblieben. Schließlich kannst du da noch arbeiten.«

»Ja, schon, das bißchen ist mir noch geblieben. Aber wenn ich mich umsehe, sind da so viele, die dringend Hilfe brauchen. Ich versuche ja, ihnen beizustehen, aber es sind einfach zu viele.«

»Homa, es tut mir wirklich leid, ich wollte doch nicht dir die Schuld geben! Ohne dich wäre es genauso zu dieser Revolution gekommen. Da waren Kräfte am Werk, auf die du keinen Einfluß hast. Aber darauf kommt es jetzt nicht mehr an. Wir müssen nach vorne sehen.«

»Vielleicht hast du ja recht«, sagte sie, aber ihre trübe Stimmung wollte nicht weichen. Sie war in Gefahr unterzugehen.

Freitagsrituale

Einige Tage danach wurden Mutter und ich zusammen mit Homa in die Villa von Homas Schwager Karim eingeladen. Das Haus liegt am nördlichen Stadtrand von Teheran, der sich die Hänge des Elburs-Gebirges hinaufzieht. Dort oben vergißt man das trockene Wüstenklima, das im größten Teil des Landes herrscht.

Karims wunderbar gelegene Villa ist ringsum von einer hohen Betonmauer umgeben. Als ich im Jahre 1990 das erste Mal hier heraufkam, erkundigte ich mich bei Homa über die gewaltige Mauer und den hohen Wachturm, der das Haus überragt. Sie erklärte mir, daß das alles zu dem berüchtigten »Evin«-Gefängnis gehört, in das man politische Gefangene einlieferte.

»Wie kann man nur neben einem Gefängnis wohnen?« rief ich aus.

»Mein Geschmack ist es auch nicht«, gab sie zurück, »aber mein Schwager Karim hat es zu einem sehr günstigen Preis bekommen.«

»Das ist ja noch schlimmer, als an einem Friedhof zu wohnen. Bei einem Friedhof weiß man wenigstens, daß dort nur Tote liegen. Ich kann wirklich nicht verstehen, wie man neben einem Gefängnis wohnen kann, in dem Menschen ihrer Überzeugung wegen gefoltert werden.«

»Ich komme nicht gern hierher«, sagte sie. »Hier werde ich immer an die Menschen erinnert, die man aus politischen oder religiösen Gründen hingerichtet hat – vor und nach der Revolution. Wenn Hinrichtungen stattfinden, kann man hier oben die Schüsse hören«, setzte sie hinzu.

»O mein Gott, das ist ja furchtbar.«

»Karim ist aber nur freitags hier. Freitags sind keine Hinrichtungen.«

Als wir bei Karims Anwesen eintrafen, lief mir angesichts des Wachturms ein Schauer über den Rücken. Ich mußte an Mrs. Parsa denken und daran, wie bestialisch sie umgebracht wurde.

Wir gingen nach oben in den Wohnbereich des Hauses. Meine Mutter gesellte sich unverzüglich zu den Damen, die sich in einem der vorderen Zimmer versammelt hatten. Nach einer kurzen Begrüßung ging ich weiter auf den Balkon, wo Homa und die Mehrzahl der Männer sich aufhielten.

Ich bemerkte sogleich, daß Homa gerade von ihrem Schwiegervater ins Gebet genommen wurde. Irgend etwas, das Homa hinsichtlich der Waschmaschine unternommen hatte, mußte ihn verärgert haben.

»Eine Frau sollte ihrem Mann mehr Respekt entgegenbringen«, sagte er. »Sie sollte sich nicht vor anderen Leuten über ihn beklagen. Ist es nicht so?« Er sah mich an.

»Nun, ich war nicht dabei, und ich weiß auch nicht, was die Waschmaschine damit zu tun hat«, gab ich zurück.

Der alte Herr lehnte sich in seinem Sessel zurück und nippte an seinem Tee. »Es geht nicht um die Waschmaschine. Das war nur ein Beispiel. Sie halten sich doch für einen gebildeten Menschen, oder?«

»Sicher.« Ich fühlte mich unbehaglich, da ich nicht erkennen konnte, worauf er hinauswollte.

»Sagen Sie mir eines: Ist es Ihrer Meinung nach schicklich, wenn sich eine Frau bei der Familie ihres Mannes über ihn beschwert?«

»Herr Keyhani, ich sagte ihnen bereits, daß ich leider nicht in der Lage bin, darauf zu antworten. Ich weiß ja gar nicht, was zwischen meiner Schwester und ihrem Mann vorgefallen ist.« Mein unangenehmes Gefühl verstärkte sich.

»Nun, ganz allgemein gesprochen, wie stehen Sie dazu?«

»Ganz allgemein gesprochen bin ich der Ansicht, daß man vor anderen Leuten den gebührenden Respekt voreinander wahren sollte.«

Jetzt schaltete sich Homa ein. »Parvin, ich mag die Maschine nicht! Ich möchte, daß er eine andere besorgt, eine, mit der ich zurechtkomme. Aber er will einfach nicht! Heute morgen hatten wir deswegen eine Auseinandersetzung, und jetzt geben alle mir die Schuld – dabei hat *er* doch davon angefangen!«

»Ich möchte mich wirklich nicht in familiäre Streitigkeiten einmischen«, sagte ich. »Ich denke, die beiden sollten sich untereinander einig werden, ich bin hier nicht der Schiedsrichter. Lassen Sie uns bitte das Thema wechseln!«

»Aber glauben Sie denn nicht auch, daß sich Ihre Schwester ungebührlich benommen hat?«

»Ich sagte ihnen doch schon, ich war nicht dabei.«

Es reichte mir. Ich stand auf und verließ den Balkon, um mich drinnen zu den Frauen zu gesellen. Es war das erste Mal, daß ich freiwillig an einem iranischen Frauenpalaver teilnahm. Alles drehte sich ums Kochen, Heiraten und die Kinder. Nach einer Weile fragte ich meine Mutter, ob wir jetzt gehen könnten, aber sie wollte noch bleiben und weiter mit Mohsens Verwandtschaft schwätzen. Ich habe nie verstanden, was sie dazu bewog, die Gesellschaft solcher Leute zu suchen.

Als wir endlich aufbrachen, forderte ich Homa auf, mit uns zu kommen. »Homa, komm doch eine Weile mit zu uns. Ich möchte dir ein paar Sachen zeigen, die ich von zu Hause mitgebracht habe.«

»Sie kann nicht mitkommen«, mischte sich Mutter ein. »Sie muß nachher mit Mohsen zu seinem ältesten Bruder zum Abendessen.«

»Kann Sie denn nicht wegbleiben?« fragte ich.

»Das geht nicht. Das Essen ist so etwas wie eine feste Tradition.«

»Wie meinst du das?«

»Das werde ich dir gleich erzählen. Hier können wir nicht darüber reden.«

Wir verabschiedeten uns ringsum und kletterten in ein Taxi, das meine Mutter schon einige Zeit vorher bestellt hatte. In Teheran ist der innerstädtische Verkehr ein großes Problem. Die Bevölkerungszahl hat sich seit der Revolution verdreifacht, aber die Zahl der Busse und Taxis ist ungefähr gleichgeblieben.

Wenn man sich in der Stadt einigermaßen zügig fortbewegen will, muß man den Service eines der Taxirufdienste in Anspruch nehmen, die dann einen Wagen schicken. Diese Funktaxis sind allerdings viel teurer als jene, die man auf der Straße heranwinkt.

Viele Bedienstete der öffentlichen Verwaltung, die es vor der Revolution zu einem Auto gebracht haben, arbeiten nun nach Feierabend mit ihren Privatwagen als Taxifahrer, um das Familieneinkommen etwas aufzubessern. Unser Fahrer war beim nationalen Telekommunikationsdienst beschäftigt.

Als wir aus dem Villengrundstück hinausfuhren, fragte ich meine Mutter, wieso Homa heute abend unbedingt bei Mohsens ältestem Bruder zu sein hatte.

»Weißt du, der Vater von Mohsen möchte am Freitag immer seine Kinder um sich versammelt sehen. Deswegen trifft man sich für gewöhnlich an diesem Tag dort zum Essen. Nun ist es allerdings so, daß der älteste Sohn und Karim seit fünfzehn Jahren nicht mehr miteinander reden. Damit keiner sich zurückgesetzt fühlt, trifft man sich zusätzlich am Freitagabend reihum bei einem der anderen Brüder. Diese Woche ist der älteste Bruder von Mohsen dran. Nächste Woche ist dann Mohsen an der Reihe.«

»Und das geht jeden Freitag so?«

»Ja, es ist, wie gesagt, eine feste Tradition.«

»Was hält denn Homa davon?« wollte ich wissen.

»Homa kann kaum etwas dagegen machen. Es wäre unziemlich, wenn sie sich den Wünschen seiner Familie widersetzen würde. Parvin, hier ist das eben so. Wenn ein älterer Angehöriger etwas wünscht, hat man sich danach zu richten!«

»Aber das ist doch der reine Stumpfsinn!«

»Manchmal können sie sich dem ja auch entziehen. Wenn es bei Mohsens Patienten einen Notfall gibt oder wenn sie Besuch von Verwandten haben, dann lassen sie schon mal eines dieser Abendessen aus. Trotzdem, so gut wie jedes zweite Wochenende bin ich zusammen mit Homas Dienstmädchen Khadijeh jedesmal einen ganzen Tag beschäftigt, um das Essen für die Sippe vorzubereiten.«

»Wieso mußt *du* denn dafür herhalten?«

»Wer sollte es denn sonst machen? Homa kann sich nicht darum kümmern; sie hat zuviel zu tun. Bisher habe ich ihr diese Arbeit immer abgenommen. Aziz hilft auch mit.«

»Aber für dich und Großmutter ist das doch ein Haufen Arbeit. Warum laßt ihr das Essen nicht von einem Restaurant kommen?«

»Das will Mohsen nicht. Es würde ihn ja viel mehr kosten.«

»Dann müssen sich die Mitglieder der Familie also jeden Freitag versammeln, ob es ihnen gefällt oder nicht«, stellte ich fest.

»So ist das nun mal bei uns. Bei vielen Familien läuft das auch nicht anders.«

»Das ist ja furchtbar. Ich finde, Homa und ihr Mann sollten an ihrem freien Tag auch mal ungestört zusammensein können.«

Wir hatten die Bergregion hinter uns gelassen und fuhren jetzt durch die Innenstadt. Es war heiß und stickig, und wir schwitzten.

»Fahren die zwei denn gelegentlich miteinander weg? Machen sie gemeinsamen Urlaub, gehen sie zusammen wandern oder schwimmen oder zum Einkaufen in die Stadt?« fragte ich.

»Nein, so was machen sie nie.« Mutter dachte einen Moment lang nach. »Weißt du, ich habe nie erlebt, daß sie einmal herzlich zueinander gewesen wären. Ich habe auch noch nie gesehen, daß sie sich einen Kuß gegeben hätten.«

»Das ist aber traurig. Mutter, ich mache mir Sorgen wegen Homa. Sie ist nicht mehr die alte.«

»Wir machen uns alle Sorgen«, meinte sie.

»Daß sie sich für den Haushalt interessiert, hat es bei ihr auch noch nie gegeben. Es ist schon merkwürdig, daß sie sich wegen einer Waschmaschine so anstellt. Ich glaube, sie ist krank; mir scheint, sie hat Depressionen.«

»Seit sie ihre Dozentenstelle aufgeben mußte, hat sie sich immer mehr in sich selbst zurückgezogen. Es hat sie schwer getroffen, so einfach rausgeworfen zu werden. Ich glaube auch, daß ihr die Wechseljahre zu schaffen machen. Wahrscheinlich geht das wieder vorbei. Sie braucht eben etwas Zeit.«

»Da bin ich mir nicht so sicher«, entgegnete ich. »Ich möchte ihr gerne helfen. Ich glaube nämlich nicht, daß ihr Mann das tun wird.«

»Sie sagt aber, daß es ihr gutgeht! Und außerdem arbeitet sie ja noch jeden Abend.«

»Na ja, ich mache mir halt Sorgen.«

In der darauffolgenden Woche waren Mutter, Großmutter und ich zu einer weiteren Freitagsgesellschaft in Karims Villa eingeladen. Wir hatten uns bei Homa verabredet, um von dort aus zusammen hinaufzufahren.

Wir trafen uns um elf Uhr in Homas Dakhmeh, ihrem »Kellerloch«. Um zwölf sollten wir in der Villa sein. Für die Fahrt brauchte man etwa eine Stunde. Wir wären daher gerne sofort aufgebrochen, aber wir mußten uns gedulden, weil Mohsen noch arbeitete.

Während wir warteten, bemerkte ich eine große Kiste, die draußen vor dem Schiebefenster mitten auf dem Vorplatz stand. Als ich Homa darauf ansprach, verriet sie mir, daß die Kiste zwei Kronleuchter enthielt.

»Habt ihr die gekauft?« wollte ich wissen.

»Oh nein. Einer von Mohsens Patienten ist soeben gestorben. Er hat Mohsen die Kronleuchter als Honorar für seine Behandlung vermacht. Sie sind heute morgen bei uns angeliefert worden, noch bevor die Erben zugreifen konnten.«

Wir setzten uns und warteten weiter auf Mohsen. Er kam um zwanzig nach zwölf. Homa war wütend.

Sie wollte wissen, warum er sich so verspätet hätte, aber er blickte nur durch sie hindurch und würdigte sie keiner Antwort. Dann sah er sich suchend um.

»Sind die Kronleuchter gekommen?« war das erste, was er sagte.

»Sie sind draußen auf dem Vorplatz«, antwortete Homa.

Mohsen eilte zu der Kiste und zog einen der Kronleuchter heraus.

»Homa, bring mir einen Schraubenzieher!« rief er. »Ich will sie gleich aufhängen!«

»Aber Mohsen«, wandte sie ein, »dein Bruder wartet auf uns. Wir sind schon jetzt viel zu spät dran. Warte doch mit den Kronleuchtern bis morgen.«

Er beachtete ihren Einwand nicht, ich bin mir nicht einmal sicher, ob er ihn überhaupt wahrgenommen hatte. Er kletterte auf einen Stuhl und begann, die alte Lampe von der Decke abzumontieren. Homa mochte sagen, was sie wollte, Mohsen war von seinem Entschluß, seine Geschenke sofort aufzuhängen, nicht abzubringen.

Es wurde mir langsam zu dumm. Ich fragte Homa, ob wir nicht ohne ihn fahren könnten. Er sollte eben nachkommen.

»Ich hasse es, überall immer allein hingehen zu müssen«, sagte sie mit einem Blick auf ihren angestrengt schraubenden Gatten. »Laß uns gehen.«

Im Hinausgehen hörten wir es hinter uns klirren. Wir drehten uns um und sahen, daß Mohsen in seiner Hektik einen Arm des Lüsters abgebrochen hatte.

Es war schon nach vier, als Mohsen endlich bei

Karim eintraf. Wir hatten um diese Zeit längst gegessen und uns danach etwas ausgeruht, und wir waren gerade dabei, Tee zu trinken und einen kleinen Imbiß zu uns zu nehmen.

Als wir an diesem Abend zum Haus meiner Mutter zurückfuhren, saß ich mit meiner Großmutter zusammen in einem Taxi. Schon beim Einsteigen begann sie über Homa zu sprechen.

»Sie tut mir so leid«, sagte sie. »Hast du mitbekommen, was er heute mittag wieder gemacht hat? Er war über seine Kronleuchter so aus dem Häuschen, daß er seine Frau und ihre Familie völlig vergessen hat.«

»Ja, es war abscheulich«, stimmte ich ihr zu.

»Er gibt sich nur mit den Männern seiner Familie ab. Mit uns will er nichts zu tun haben. Homa hat früher immer ›Doreh-Parties‹ gegeben.« Dabei handelte es sich um Parties, die unter Bekannten reihum jeden Monat in einem anderen Haus veranstaltet wurden. »Sie mußte sie aufgeben«, fuhr Aziz fort, »weil Mohsen einfach nicht dazu zu bewegen war, auch einmal zu einer dieser Parties mitzugehen.«

»Was hat ihn denn abgehalten?«

»Während der Woche war es zugegebenermaßen für ihn schwierig, sich von seiner Arbeit freizumachen, aber er hatte ohnehin nie viel für Parties übrig. In dieser Hinsicht sind die beiden das glatte Gegenteil voneinander.«

»Hätte man, damit er auch kommen kann, die Doreh nicht auf einen Freitag legen können?«

»Der Freitag ist doch seit jeher für Mohsens Familie reserviert.«

»Das ist einfach verrückt!« konnte ich nur noch sagen.

Der nächste Abend war der letzte meines Aufenthalts im Iran. Ich arrangierte deshalb wieder eine Dinnerparty im »Evin Hotel« in Teheran. Meine Sachen waren schon gepackt. Onkel Hossein sollte mich noch am gleichen Abend direkt von der Party zum Flughafen bringen.

Mohsen war auch diesmal unpünktlich.

Genau wie vor zwei Jahren bedachte ein Hotelangestellter über die Mikrofonanlage die Frauen mit Ermahnungen, die Vorschriften des Hijab streng zu befolgen. Andauernd störte er mit seinen Durchsagen unsere Party.

Schließlich platzte mir der Kragen. Ich stürmte los, um den Plagegeist ausfindig zu machen. Meine Mutter rannte aufgeregt hinter mir her, sie hatte Angst, ich könnte dem Burschen etwas antun. Alsbald hatte ich ihn aufgespürt.

»Wenn ich diese islamische Leier noch einmal höre«, zischte ich ihn an, »dann sieht keiner von euch heute abend ein Trinkgeld! *Keiner!* Die Kellner nicht, der Koch nicht, der Portier nicht und der Geschäftsführer auch nicht!«

Die fürchterliche Drohung wirkte. Im weiteren Verlauf des Abends war von dem Angestellten kein Ton mehr zu hören. In der Nacht bestieg ich mein Flugzeug nach Frankfurt. Die Tür war kaum zu, da riß ich mir schon die islamische Tracht herunter. Es war ein großartiges Gefühl, wieder frei zu sein.

Hinter den Mauern der Depression

Nach den Berichten meiner Familie verschlechterte sich Homas trostloser Zustand in den folgenden fünf Monaten weiter. Sie konnte es nur schwer verkraften, daß sie ihren Beruf nicht mehr ausüben durfte. Die wöchentlichen Vorlesungen und der Kontakt zu den Studenten fehlten ihr sehr.

Ich überlegte, wie man es anstellen könnte, daß Homa in Behandlung kam. Das beste wäre, sie in die Vereinigten Staaten zu holen; hier hätte sie bestimmt gute Aussichten, bei entsprechender Betreuung wieder ihr seelisches Gleichgewicht zu finden.

Ich rief Homas Tochter Azita an. Ich wollte wissen, was sie davon hielt.

»Ach, Tante Parvin«, sagte sie, »was kümmert dich das? Misch dich da nicht ein.«

»Azita, ich *muß* mich darum kümmern. Deine Großmutter hat mich vor zwei Wochen angerufen und mir gesagt, daß es deiner Mutter schlecht geht. Sie bat mich, nach Teheran zu kommen, um zu sehen, ob ich ihr helfen kann!« Ich war über Azitas Reaktion irritiert. Etwas mehr Einfühlsamkeit hatte ich schon erwartet.

»Aber mein Vater sagt, daß ihr gar nichts fehlt. Er meint, sie würde sich bloß anstellen. Sie würde einfach nur deshalb nicht gesund, weil sie nicht gesund werden will.«

»Azita, eine Depression kann man nicht vortäuschen. Homa macht euch keineswegs bloß etwas vor!«

»Du kennst meine Mutter nicht. Die kann das sehr wohl!«

»Azita! Wie kannst du nur so etwas Scheußliches sagen! Deine Mutter braucht Hilfe. Wir sollten ihr die Hand entgegenstrecken.«

»Aber Tante Parvin, du weißt ja gar nicht, was wir im letzten Sommer mit ihr durchgemacht haben, als wir im Iran waren. Sie ist Tag und Nacht im Zimmer hin und her gerannt, und wenn sie nicht mehr konnte, dann fiel sie einfach um, wo sie gerade ging oder stand. Es war mir richtig unheimlich, so jemanden um mich zu haben.«

»Aber gerade deshalb müssen wir ihr doch helfen! Wir müssen es irgendwie schaffen, zu ihr durchzudringen. Sie braucht uns. Ich glaube, wir sollten sie zu uns holen. In den Vereinigten Staaten hat die Medizin, was die Behandlung von Depressionen angeht, unglaubliche Fortschritte gemacht.«

»Tante Parvin, sie hat doch gar keine Depressionen. Außerdem kann sie sowieso nicht herkommen. Ich kann sie nicht aufnehmen. Mein Mann und ich haben nur eine kleine Wohnung, und da ist kein Platz für sie. Meine Schwester kann sich auch nicht um sie kümmern, weil sie mitten im Studium steckt. Und du mußt doch auch arbeiten. Ich glaube nicht, daß du für sie die erforderliche Zeit aufbringen kannst.

Im Iran dagegen hat sie meinen Vater, der sich um sie kümmert, und die ganze übrige Familie ist auch noch da. Es ist viel vernünftiger, wenn sie dort bleibt.«

»Azita, wenn die Ursache von Homas Beschwerden psychischer Natur ist, dann kann die Hilfe ohnehin nicht von uns kommen. Dann muß sie in eine geeignete Klinik, wo sie rund um die Uhr betreut wird – und das kann man nun mal am besten hier arrangieren.«

»Aber wer soll das bezahlen? Hier in den USA ist die medizinische Versorgung zu teuer. Im Iran bekommt sie alles umsonst.«

»Deine Mutter hat genug Geld, um sich das leisten zu können, und dein Vater kann auch auf einiges zurückgreifen. Außerdem hat Homa das Geld im Nu wieder verdient, wenn sie sich erholt hat und wieder voll leistungsfähig ist.«

»Willst du damit etwa vorschlagen, wir sollen die paar tausend Dollar vergeuden, die meine Eltern gespart haben?«

»Wie kannst du nur so etwas sagen? Wie kannst du sagen, das Geld, das man ausgibt, um deiner Mutter zu helfen, wäre vergeudet? Wie redest du überhaupt!«

»Tante Parvin, ich kann nur noch mal wiederholen: Mein Vater sagt, daß meiner Mutter nichts fehlt. Okay, du bist anderer Meinung, und deine Mutter auch. Aber wem soll ich jetzt glauben – euch beiden oder einem ausgebildeten Arzt?«

»Ich glaube, wir haben uns in dieser Sache nichts mehr zu sagen.«

Unsere Mutter hielt mich telefonisch auf dem laufenden, wie es mit Homa weiterging. Sie unternahm mehrere Versuche, ihrer Tochter zu helfen, aber offenbar hatte nichts Erfolg. Jede Woche teilte sie mir neue Einzelheiten über Homas Gemütszustand mit; ihre Lage schien immer bedrohlicher zu werden.

Manchmal weinte Mutter nur am Telefon, andere Male flehte sie mich an, ich möchte ihr doch sagen, was sie tun solle.

Oft schritt Homa ruhelos im Flur ihrer dunklen Wohnung auf und ab und wußte vor lauter Nervosität nicht, was sie mit ihren Händen anfangen sollte. Sie murmelte dabei unablässig die immer gleichen Sätze vor sich hin: »Was soll ich bloß machen? Warum habe ich mein Leben nur so verpfuscht? Was soll bloß aus mir werden?«

Die Anrufe meiner Mutter verfehlten ihre Wirkung nicht. Ich entschloß mich, nach Teheran zu fliegen. Ich wollte mir selbst ein Bild machen, wußte ich doch, daß die Berichte meiner Mutter mit einer gewissen Vorsicht zu genießen waren.

Am Tage meiner Ankunft in Teheran, es war Mitte November, kamen Onkel Hossein, meine Mutter, meine Großmutter und ich im Hause von Tante Maryam zusammen, um gemeinsam zu Mittag zu essen. Auch Homa sollte kommen. Nicht allzu lang nach unserer Ankunft fuhr ein Funktaxi vor und setzte sie ab.

Während wir noch auf sie warteten, nahm mich Maryam beiseite, um mich auf das Treffen mit meiner Schwester vorzubereiten.

»Hör mal«, sagte sie, »ich möchte dich warnen – nicht daß du erschrickst, wenn du sie siehst. Es geht ihr schlechter als bei deinem letzten Besuch hier – sehr viel schlechter. Laß dich bitte bei ihrem Anblick nicht zu unbesonnenen Äußerungen hinreißen. Du mußt wissen, das kommt vor allem von den Medikamenten.«

Allein schon diese Warnung trieb mir den kalten Schweiß auf die Stirn. Dennoch hätte mich auch eine noch drastischere Ankündigung nicht ausreichend auf das vorbereiten können, was ich zu sehen bekam.

Maryams Wohnung lag in den nördlichen Stadtbezirken von Teheran. In der unteren Etage vereinigten sich Empfangszimmer, Eßzimmer und der gemütliche Wohnbereich zu einem großen L-förmigen Raum. Meine Mutter und ich nahmen im Empfangszimmer auf dem Sofa Platz, während Maryam und Aziz in der Küche das Mittagessen vorbereiteten. Wir unterhielten uns über dieses und jenes, aber eigentlich dachte ich nur an die bevorstehende Ankunft meiner Schwester.

Homa wurde von Maryam begrüßt und kam dann zu uns herein. Ich hätte sie beinahe nicht wiedererkannt. Sie war gewaltig in die Breite gegangen, und ihr ehedem so schlanker Körper wirkte jetzt geradezu stämmig. Ihr Gang war schleppend und betont vorsichtig, sie bewegte sich wie in Zeitlupe. Als sie endlich bei uns Platz genommen hatte, konnte sie ihre Hände keinen Augenblick still halten. Unentwegt zupfte sie an sich herum, um irgend etwas in Ordnung zu bringen.

Außerdem zitterte sie stark. Wenn sie sich bewegte, schüttelte es ihren ganzen Körper. Auch ihre Lippen bebten, und um sicher zu sein, daß man sie überhaupt verstand, sprach sie sehr bedächtig.

Mutter hatte eine Orange geschält und stellte sie vor Homa hin. Dann schälte sie einen Apfel. Homa aß brav die beiden Früchte und sah mich dabei unverwandt an. Ihr Gesicht war so ausdruckslos, daß ich mich fragte, ob sie überhaupt merkte, was sie aß.

Niemals hätte ich geglaubt, daß ich Homa jemals in einem so erbärmlichen Zustand würde sehen müssen. Die ganze Zeit, die wir zusammen waren, rannen mir die Tränen übers Gesicht.

Ich sprach sie an. »Homa«, sagte ich, »es gefällt mir überhaupt nicht, dich in einem solchen Zustand zu sehen. Komm doch mit mir nach Amerika, noch diese Woche. Ich sorge dafür, daß man sich dort um dich kümmert. Ich bringe dich ins ›John Hopkins Medical Center‹ in Maryland, wo sie dich behandeln werden. Oder, wenn du willst, kannst du auch ins ›Stanford Medical Center‹ gehen, sobald Reiner und ich nach Kalifornien ziehen. In jeder dieser Kliniken wird man feststellen können, was dir wirklich fehlt – da bin ich ganz sicher.«

Sie gab zunächst keine Antwort, und mir kamen schon Zweifel, ob sie mich überhaupt wahrgenommen hatte. »Parvin, mir fehlt nichts«, sagte sie dann. »Körperlich nicht und seelisch auch nicht. Es ist vollkommen egal, zu welchem Arzt oder in welche Klinik ich gehe, ich kann gar nicht gesund werden, weil ich nämlich nicht krank bin.«

»Was ist denn dann los? Warum kannst du nicht stillsitzen? Was ist denn auf einmal anders?«

Sie schlug die Augen nieder. »Ich habe mein Leben verpfuscht. Ich bin zu nichts mehr nütze. Ich bin nicht einmal mehr Ärztin.«

»Was soll das bedeuten? Wenn du wieder als Ärztin arbeiten willst, dann komm nach Amerika. Dort kannst du jederzeit praktizieren. Und sei nicht so pessimistisch. Du hast in deinem Leben schon viel geleistet, und es gibt für dich noch viel mehr zu tun. Und vergiß nicht, du hast zwei Töchter, und Azita wird dich bald zur Großmutter machen. Das weißt du doch alles, Homa. Wozu also – «

»Laß mich mit meinen Töchtern in Ruhe. Denen bin ich völlig gleichgültig. Die sind nur nett zu mir, wenn sie etwas von mir wollen.« Sie sprach ganz langsam, und ihre Stimme klang jetzt kalkig.

Sie saß einen Augenblick lang still und blickte mich an. »Diesmal ist es Azita. Sie möchte, daß ich ihr Vorhänge für ihre neue Wohnung nähe, aber ich habe keine Ahnung, wie man so etwas macht.« Ihre Augen wurden glasig, aber ihr Blick ließ mich nicht los.

»Was?« rief ich erstaunt.

»Sie möchte Vorhänge«, wiederholte sie, wobei sie die Arme fest um ihre Taille schlang.

»Sie will, daß du ihr *hier* Vorhänge nähst und sie dann nach Montreal schickst? Gibt es denn in Kanada keine Vorhänge?« fragte ich sarkastisch mit einem Seitenblick auf meine Mutter.

»Sie sagt, in Kanada wären sie viel teurer.«

»Dann gib ihr das Geld und sag ihr, sie soll sich die Vorhänge kaufen, die sie will. Das wäre für dich doch die einfachste Lösung.«

Noch während ich sprach, löste sich eine Träne aus Homas Auge, rollte über ihre Wange bis zum Kinn und tropfte von dort auf den Kragen. Sie wischte sich weder die Augen noch das Gesicht und tat so, als würde sie die Träne überhaupt nicht merken.

»Parvin, das verstehst du nicht. Kinder haben es gern, wenn die Mutter solche Dinge für sie macht.«

»Du bist aber schließlich kein Übermensch. Manche Erwartungen sind einfach übertrieben. Gib ihr doch das Geld, dann hast du dafür gesorgt, daß sie ihre Vorhänge bekommt, aber du mußt dir die Arbeit nicht machen.«

»Ich glaube nicht, daß das geht. Azita ist ohnehin schon zornig auf mich, weil ich im letzten Sommer keinen Hochzeitsempfang für sie gegeben habe.«

»Aber du hast doch in Ohio einen Empfang für sie gegeben!«

»Ja, aber sie hätte gern noch einen zweiten Empfang hier in Teheran gehabt, für all die Verwandten und Freunde, die nicht nach Amerika kommen konnten.«

»Das hätten doch die Schwiegereltern übernehmen können.«

Wieder rollte eine Träne herab.

»Das habe ich auch gesagt. Nachdem wir den Empfang in Ohio gegeben hatten, wäre es meiner Ansicht nach korrekt gewesen, wenn sie den Empfang in Teheran ausgerichtet hätten.«

»Und Azita war anderer Meinung?« fragte ich.

»Sie sagte, die Familie ihres Mannes könnte sich das nicht leisten«, antwortete sie und löste einen Arm aus ihrer Selbstumklammerung, um sich übers Haar zu streichen.

»Und wie kommt sie darauf, daß *du* es dir leisten kannst?« wollte ich wissen.

Unser Gespräch wurde durch Maryam unterbrochen, die mich in die Küche rief. Sie schien meine

Hilfe unverzüglich zu brauchen, und ich eilte zu ihr.

»Womit kann ich dir helfen, Tante Maryam?«

Sie schnitt gerade in einer großen Schüssel eine Aubergine durch. »Parvin«, sagte sie, »sprich Homa jetzt besser nicht auf Azita an. Es ist ein sehr ungünstiger Moment.«

»Warum?«

Sie sprach leise, aber mit allem Nachdruck. »Als Homa keinen zweiten Empfang für Azita geben wollte, kam es zwischen den beiden zu einem Riesenkrach. Am Schluß drohte Azita, sie würde von Mohsen verlangen, daß er sich von Homa scheiden läßt. Homa war vollkommen fertig. Ich glaube, das bestätigte die Befürchtung, die sie schon immer hegte, daß nämlich die Mädchen mehr an Mohsen hängen als an ihr.«

Mein Gott, dachte ich, wie kann eine Tochter ihrer Mutter gegenüber nur so gemein sein? Ich mußte daran denken, wie Homa ihre Töchter damals als »Havou« bezeichnet hatte und mir damit klarzumachen versuchte, daß die beiden Mädchen ihre Eltern für Geld gegeneinander ausspielen würden. Damals hatte ich Homa diesen Vergleich ausreden wollen, aber vielleicht lag sie doch gar nicht so falsch damit. Ich konnte mir jedenfalls Azitas Verhalten nicht erklären und ebensowenig ihren bissigen Kommentar, den sie bei unserem Telefonat vor meiner Reise zum Gesundheitszustand ihrer Mutter abgegeben hatte.

Mohsen war inzwischen eingetroffen und saß im Wohnzimmer bei Homa und unserer Mutter. Er machte dasselbe mißmutige Gesicht wie immer.

Ich ging zu ihm und begrüßte ihn, wobei ich versuchte, mir meine Vorbehalte nicht anmerken zu lassen. Wir setzten uns, tranken zusammen Tee und unterhielten uns eine Weile.

Nach einiger Zeit faßte ich mir ein Herz und sprach ihn auf seine Frau an. »Mohsen, ich würde Homa gerne mitnehmen. Ich möchte sehen, ob man ihr nicht in Amerika vielleicht helfen kann. Hättest du etwas dagegen, wenn sie mit mir käme?« fragte ich ihn.

»Das liegt bei Homa«, antwortete er sofort, ohne auch nur eine Sekunde lang nachzudenken. »Sie ist ein freier Mensch. Homa, was hältst du davon?« fragte er zu seiner Frau gewandt. »Möchtest du nach Amerika gehen?«

»Ich weiß nicht recht«, meinte sie.

»Wenn du willst, kannst du mitgehen. Es ist deine Entscheidung. Ich lege dir nichts in den Weg«, sagte Mohsen laut und in angestrengt neutralem Ton.

Maryam war mit dem Tischdecken fertig. Sie stellte ein überbackenes Reisgericht auf den Tisch und sah zu uns herüber. »Ich bin soweit, bitte kommt und setzt euch«, sagte sie.

Als wir alle zum Tisch hinübergingen, blickte Homa ihren Mann fragend an. »Soll ich? Was ist, wenn ich mitgehe?« Bedächtig tappte sie zu einem der Stühle am Tisch.

»Für mich klang das schon fast wie ein ja«, ermunterte ich sie.

»Homa, *du* triffst die Entscheidung«, meinte Mohsen streng.

»Aber Mohsen«, warf ich ein, »du weißt doch, wie

schwer sie sich mit Entscheidungen tut. Es ist nicht fair von dir, sie so unter Druck zu setzen. Sieh sie dir doch an, sieh dir nur ihr Gesicht an, ihre Augen. Es ist ihr ja schon peinlich, daß sie überhaupt hier ist. Da muß man doch nicht mehr lange fragen. Besorg ihr ein Ticket und ein Ausreisevisum, und wir sitzen nächste Woche im Flugzeug.«

Das war zuviel, und er explodierte.

»Wer zum Teufel bist du überhaupt?« herrschte er mich an. »Bist du etwa ein examinierter Arzt? Du hast doch gar keine Ahnung, was deine Schwester braucht! Sie ist meine Frau, und dies ist eine Islamische Republik. Sie hat einen Mann, zwei Töchter und einen Schwiegersohn, und solange die Dinge so bleiben, wie sie sind, entscheide *ich*, was sie tut und wohin sie geht!«

»Mohsen, bitte, laß gut sein!« unterbrach ihn meine Großmutter Aziz. »Parvin macht sich doch nur Sorgen um ihre Schwester.«

Seine Stimme wurde lauter. »Ich weiß, was für meine Frau gut ist, ich brauche euren Rat nicht! Ist das denn so schwer zu begreifen?«

»Mohsen, du bist abgespannt! Nun beruhige dich doch und iß mit uns«, flehte Maryam ihn an. »Wir können ja später darüber reden.«

»Nein!« sagte er stur. »Es gibt nichts zu reden. Ohne meine Erlaubnis kann sie nicht fortgehen, und diese Erlaubnis wird sie nicht bekommen. Damit müßt ihr euch abfinden.«

»Nun hör mir mal zu!« schrie ich ihn an. »Ich weiß selbst, daß ich keinen Doktortitel habe, aber genausowenig bist du ein Psychiater, sondern Hämatologe! Ich habe mich in Büchern über Depressionen informiert, und von daher weiß ich, daß Frauen in den Wechseljahren davon besonders betroffen sind. Und ich weiß auch, daß die USA moderner sind als der Iran und daß es dort Medikamente gibt, die hier nicht zu bekommen sind. Eines steht jedenfalls fest: Wenn sie mit mir kommt, wird sich ihr Zustand bessern, und sie wird wieder praktizieren können, ohne daß ihr jemand wegen einer lächerlichen Kleiderordnung das Recht streitig macht, ihren Beruf auszuüben!«

»Überhaupt nichts weißt du! Dein ganzes Leben lang hast du nur lauter Mist gemacht! Und deine schlauen Bücher sind einen Dreck wert! Homa ist *meine* Frau, und *ich* entscheide, was mit ihr geschehen wird. Homa, steh auf!«

Er riß sie an den Armen vom Stuhl hoch. »Laß uns hier verschwinden!«

Sie rappelte sich auf, griff hastig nach seiner Hand, und die beiden machten sich auf zur Tür.

»Bitte, Mohsen, setz dich wieder hin. Wir wollen doch essen!« rief ihm meine Großmutter bittend hinterher.

»Parvin wollte doch gar nichts Böses«, fügte meine Mutter hinzu. »Sie macht sich bloß Sorgen. Du solltest jetzt nicht weglaufen.«

Onkel Hossein schaltete sich ebenfalls ein. »Mohsen, bitte, es will dir doch keiner etwas am Zeug flicken!«

»Ich gebe mir schließlich alle Mühe, um meiner Frau das Leben so angenehm wie möglich zu machen!« stieß Mohsen erregt hervor.

»Und wie sieht deine Bemühung aus?« wollte ich wissen. »Was tust du denn für sie?«

Mohsen hielt auf dem Weg zur Tür inne. »Sie darf bei ihrer Mutter sein und bei allen, die ihr etwas bedeuten!« zischte er mich an.

»Aber wie wir alle wissen, ist ihre Mutter doch auch nicht gesund. Sie kann Homa nicht helfen. Wieso will das einfach nicht in deinen Schädel hinein? Homa braucht die Hilfe von Fachleuten!« gab ich zurück.

»Dann besorge ich ihr eben eine Krankenschwester. Sie braucht keinen von euch. *Ich* kümmere mich um sie, und eure ganze Sippschaft kann mich mal!« schrie er und blickte uns mit funkelnden Augen an.

»Du brauchst nicht ausfallend zu werden«, sagte ich. »Niemand hat dich beleidigt.«

»Ich sage, was ich will! Und jetzt will ich endlich hier raus!« Mit Homa im Schlepptau strebte er wieder der Tür zu.

In den folgenden Augenblicken war ich die einzige im Raum, die ruhig blieb. Meine Angehörigen schrien durcheinander, alle flehten sie gleichzeitig Mohsen an, er möge sich mäßigen. Doch sein Zorn wurde dadurch nur noch mehr angefacht. Vielleicht hielt er das Ganze für ein abgekartetes Spiel. Vielleicht dachte er, wir hätten ihn nur deshalb eingeladen, um ihn wegen seiner Frau zur Rede zu stellen.

»Laßt meine Frau und mich in Ruhe, ihr ›Madar Ghahbeh ha‹!« schrie er in den Raum, bevor er die Tür hinter sich zuknallte. Der Ausdruck, den er uns entgegenschleuderte, bedeutet schlichtweg »Hurenkinder«.

Das war nun auch für Onkel Hossein zuviel. Er rannte zur Tür, riß sie auf und setzte Mohsen nach. Aug in Aug standen sich die beiden gegenüber und brüllten sich an, aber bevor es zu Handgreiflichkeiten kommen konnte, warfen sich Aziz und meine Mutter dazwischen. Es war ein Moment allerhöchster Spannung, in dem alles mögliche hätte passieren können. Noch nie in meinem Leben hatte ich meinen Onkel so wütend erlebt.

Maryam hatte sich in einer Ecke schützend vor Homa gestellt. Meine Tante war in ein hemmungsloses Schluchzen ausgebrochen, Homa hingegen blieb völlig ungerührt. Sie machte einen Eindruck, als wäre sie während der ganzen Auseinandersetzung in einem anderen Raum gewesen. Eine solche Teilnahmslosigkeit hatte ich bei meiner Schwester noch nie beobachtet. Sie war völlig apathisch – was um so erstaunlicher war, als es dabei doch um ihre Zukunft ging.

Ich blieb am Tisch sitzen und betrachtete Maryam und Homa, die jetzt direkt neben der Eingangstür standen. Draußen vor dem Fenster sah ich die beiden Kampfhähne Mohsen und Hossein. Die Szene war wie ein Vorgeschmack auf die Hölle.

Und was hatte den Wutanfall meines Schwagers ausgelöst? Ich hatte lediglich gefragt, ob ich meine Schwester mit nach Amerika nehmen könnte. Mohsen hätte ja bloß nein zu sagen brauchen. Statt dessen hatte er Homa, die ohnehin zu kaum einer Entscheidung fähig war, nach Kräften manipuliert.

Er hatte wohl gehofft, daß er ihre Entschlußkraft völlig lahmlegen konnte, aber als dann ihre Reaktion nicht ganz genau nach seinem Wunsch ausfiel, hatte er die Nerven verloren. Er bekam es wohl mit der Angst zu tun, sie sei durchaus imstande, ihn ein zweites Mal zu verlassen.

Als Mohsen schließlich Homa um die Schulter gefaßt hatte und mit ihr fortging, begleitete Maryam die beiden. Wir anderen setzten uns wieder an den Tisch. Wir aßen eine Weile schweigend – noch ganz mitgenommen von dem, was sich eben hier ereignet hatte.

Mutter war die erste, die wieder zu sprechen begann.

»Parvin, hättest du mit diesem Thema nicht bis nach dem Essen warten können?«

»Moment mal, bin *ich* jetzt auf einmal an allem schuld?« wehrte ich mich.

»Parvin, du weißt doch, daß er viel um die Ohren hat – und dazu noch eine Frau in diesem Zustand! Du hättest vorsichtiger mit ihm reden sollen«, meinte sie.

»War es denn jemals möglich, mit Mohsen vernünftig zu reden, ohne daß er gleich aggressiv wurde?« entgegnete ich. »Immer besteht er darauf, daß er recht hat, und sonst keiner. Ich habe von dieser Haltung langsam genug.«

»Trotzdem müssen wir versuchen, Homa zu helfen«, warf Onkel Hossein ein.

»*Wir* können ihr nicht helfen«, sagte ich. »Sie braucht die Hilfe von Fachleuten, und die kann sie hier nicht bekommen, nicht von Ärzten, die einmal ihre Studenten waren! *Das* müssen wir ihrem Mann begreiflich machen. Das beste, was wir für Homa tun könnten, wäre eigentlich, Mohsen mit der Sorge um sie völlig allein zu lassen. Wenn wir damit aufhören würden, uns andauernd um sie zu kümmern, dann hätte er gar keine andere Wahl, als Hilfe für sie zu besorgen. Oder es wird ihm alles zuviel, und er überläßt die Verantwortung mir.«

»Nein«, sagte Mutter, »ich kann mich nicht zurückziehen. Sie ist meine Tochter. Sie braucht meine Hilfe beim Kochen und Putzen, und mittlerweile braucht sie mich auch tagsüber, damit jemand bei ihr ist.«

»Mutter, das, was sie braucht, ist eine ruhige und friedliche Umgebung. Sie muß an einen Ort, wo sie ein bißchen Frieden finden kann. Und wenn sie Gesellschaft benötigt, dann eine von Leuten, die mit ihr intellektuell auf einer Ebene stehen. Du kannst ihr weder das eine noch das andere bieten.«

»Ich weiß nicht recht. Ich kann doch nicht einfach damit aufhören, für sie dazusein. Nein, das mache ich nicht.«

Lustlos aßen wir weiter.

»Manchmal weiß ich wirklich nicht, was ich tun soll«, sagte Mutter nach einer Weile. »Ich kann sagen, was ich will, Mohsen will einfach nicht auf mich hören. Ich muß schon Theater machen, damit er Homa regelmäßig ihre Medikamente gibt.«

Ich wußte, daß meine Mutter der Überzeugung war, man könnte jeder Krankheit beikommen, wenn man nur genügend Pillen schluckt. Ihre Bemerkung machte mich hellhörig.

»Was für Medikamente?«

»Mohsen versucht mal dies, mal jenes«, sagte sie. »Einmal hat er sich aus den USA von seiner Schwester ›Prozac‹ schicken lassen, ein Medikament gegen Depressionen. Aber davon wurde es Homa übel, und man mußte es wieder absetzen.«

»Aber Mutter, das ist doch keine Therapie, sondern ein ziemlich blindes Ausprobieren! So etwas kann nicht funktionieren.«

»Wir können eben nichts machen. Es gibt kein Gesetz, das ihr Schutz bieten könnte. Sie ist sein Eigentum.« Mutter stieß einen tiefen Seufzer aus. »So wie die Dinge liegen«, fuhr sie fort, »kann sie das Land nicht ohne seine Erlaubnis verlassen. Wir haben ja erlebt, wie er dazu steht. Wenn ich sie hier herausbringen könnte, ich würde es glatt machen. Aber im Moment kann ich nichts anderes für sie tun, als für sie dazusein. Ich hoffe nur, daß dieser Zustand nicht ewig andauert. Ich wünsche mir so sehr, daß sie eines Morgens aufwacht, und es ist vorüber. Jeden Tag, wenn ich zu ihr komme, schaue ich sie an und frage mich: Ist es heute soweit?«

Nach dem Essen legten wir uns ein Weilchen hin. In dieser Zeit kam Maryam zurück. Als ich wieder wach war, erkundigte ich mich nach Homa.

»Wie geht's ihr?«

»Sie zitterte am ganzen Körper, aber sie hat kein Wort gesprochen«, berichtete Maryam. »Als wir bei ihr zu Hause waren, habe ich ein bißchen Hühnerfleisch für sie gegrillt und sie ins Bett gesteckt. Ich habe noch Tee gemacht und bin dann gegangen, weil ich weiß, daß sie heute abend bei Mohsens ältestem Bruder zum Essen eingeladen sind.«

»Weil heute Freitag ist?« fragte ich. »Bestimmt dieses Ritual immer noch ihren Wochenplan?«

»Du kannst froh sein, daß sie überhaupt heute mittag gekommen ist«, sagte sie.

»Und was ist nächsten Freitag? Spielen sie immer noch jedes zweite Wochenende den Gastgeber?«

»Oh ja. Homa ist jedesmal ab dem Donnerstagmorgen in Panik. Sie rennt in der Wohnung hin und her und weiß nicht, was sie kochen soll. Ich glaube, schlafen kann sie dann auch nicht.«

»Kann Mohsen diese Gesellschaften denn nicht absagen, solange seine Frau so schlecht dran ist?« wollte ich wissen.

»Das tut er nicht. Wir haben schon versucht, ihn dazu zu bewegen. Ich glaube, er ist der Meinung, für Homa sei es das beste, wenn sie viele Leute um sich herum hat. Er möchte nicht, daß sie sich noch mehr isoliert als ohnehin schon.«

»Aber man könnte doch in ein Restaurant gehen.«

»Sie würde trotzdem aufgeregt sein. Und Mohsen ist noch nie gerne in Restaurants gegangen.«

»Kann denn nicht wenigstens jemand anderes das Essen vorbereiten und zu Homa hinbringen, damit sie sich nicht selbst darum kümmern muß?«

»Das haben wir auch schon probiert. Mutter hat bei Mohsens Mutter angerufen und ihr vorgeschlagen, sie soll den Reis machen, und sie selbst bereite dann das Fleisch vor. Als Mohsen seine Mutter an jenem Abend abholte, bekam er wieder einen seiner Tobsuchtsanfälle. Als sie mit dem Topf daherkam, wollte er wissen, was sie da mitbringe. Sie sagte, sie würde den Reis beisteuern, damit Homa sich nicht so anzustrengen bräuchte für den Abend.«

»Und was passierte dann?«

»Er wurde wütend und schmiß seiner Mutter den Reis vor die Haustür. Parvin, wenn es um Homa geht, ist Mohsen einfach nicht ansprechbar.«

»Das darf doch alles nicht wahr sein! Noch nicht einmal in ihren eigenen vier Wänden wird sie in Ruhe gelassen«, rief ich aus.

»So ist es, sie ist in einer schrecklichen Situation. Sie tut mir so leid. Sie haßt sogar ihre eigene Wohnung; sie nennt sie selbst nur noch das ›Kellerloch‹.«

Ein armes, ein reiches Land

Am darauffolgenden Tag hatten Maryam und ich einen Termin bei Homas Arzt. Ich stellte mich vor und erläuterte mein Anliegen.

»Ich bin Dr. Homa Darabis einzige Schwester. Ich bin eigens von Amerika herübergekommen, um nach ihr zu sehen, und nach dem Eindruck, den ich jetzt gewonnen habe, hielte ich es für das beste, Homa würde mit mir in die Vereinigten Staaten kommen. Ihr Ehemann ist jedoch absolut dagegen, und ich möchte Sie bitten, ob Sie ihn nicht zum Einlenken bewegen könnten. Sie sind Arzt, und die Meinung eines Kollegen dürfte für ihn nicht ohne Belang sein.«

»Wenn Sie ihre Schwester nach Amerika mitnehmen wollen und auch können, so wäre das bestimmt eine gute Lösung. In Amerika stehen ihr bessere Medikamente zur Verfügung, und es gibt geeignetere therapeutische Einrichtungen. Hier können wir im Grunde nichts anderes tun, als für unsere Patienten zu beten. Medizinisch helfen können wir ihnen kaum.«

Der Arzt war ein sehr netter und freundlicher Herr. Er berichtete einiges über Homa, beratschlagte mit uns, was für sie getan werden könnte, und versprach, mit Mohsen zu reden.

»Ich werde ganz gewiß auf meinen Kollegen einzuwirken versuchen. Falls er ihr diese Chance vorenthält und es passiert ihr etwas, wird er unweigerlich die Verantwortung dafür zu tragen haben. Ich kann Ihnen allerdings nichts versprechen. Mein Kollege ist ein sehr eigensinniger Mann.«

Dem war nichts mehr hinzuzufügen.

Wir wissen nicht, ob es tatsächlich zu einem Gespräch von Homas Arzt mit Mohsen über eine eventuelle Behandlung Homas in den USA gekommen ist. Sollte es stattgefunden haben, nahm es ganz offensichtlich einen Ausgang, der letztlich nicht überraschend war: Natürlich ließ sich Mohsen auch durch einen Fachkollegen in seiner Haltung nicht beirren.

An den restlichen Tagen meines einwöchigen Aufenthalts im Iran besuchte mich Homa noch einige Male im Hause unserer Mutter. Sie kam gegen Mittag und blieb dann ein paar Stunden bei uns. Sie wirkte immer leicht abwesend, und ich hätte gerne versucht, etwas näher zu ihr vorzudringen, aber leider konnten wir uns kaum ungestört miteinander beschäftigen. Wenn Mutter in der Nähe war, hatten wir uns noch nie über persönliche Dinge unterhalten können, ohne daß sie sich einmischte.

An einem Nachmittag schlug ich Homa vor, einen

Spaziergang durch den »Park-e-Saii« zu machen. Wir verhüllten uns mit unseren islamischen Gewändern und Kopftüchern, verabschiedeten uns von unserer Mutter und zogen los.

Zum »Park-e-Saii« geht man vom Haus unserer Mutter nur etwa dreihundert Meter den Hügel hinunter. Es ist eine wunderschöne Anlage mit Bäumen, Blumenbeeten und Spazierwegen. Außerdem gibt es dort einen kleinen Zoo mit allerlei Vögeln und einigen anderen Tieren.

Wir spazierten bis zur Mitte des Parks und setzten uns auf eine Bank. Während wir den vorbeigehenden Leuten nachschauten, sprach ich Homa auf ihren Mann an.

»Homa, warum bittest du ihn nicht darum, daß er dich nach Amerika reisen läßt?«

Sie saß aufrecht mit dem Rücken gegen die Lehne der Bank, die Augen geradeaus in den Park gerichtet.

»Ich weiß nicht. Ich glaube, ich hätte nichts davon, wenn ich mitkommen würde.« Sie holte tief Luft. »Ich kann nicht in Amerika leben. Dies hier ist mein Land«, sagte sie und holte mit ihrer linken Hand weit aus, »hier bin ich geboren. Weißt du, unser Vater, sein Vater und auch der Vater von dessen Vater sind hier begraben. Ich möchte auch hier sein, wenn ich einmal sterbe.« Sie blickte sich um. »Hast du heute früh die schneebedeckten Gipfel des Elburs-Gebirges gesehen? Solche Dinge verleihen mir Kraft. Das kann ich nicht aufgeben.«

»Aber Homa, warum solltest du nicht in Amerika leben können? Ich habe meine letzten 28 Jahre dort verbracht, und das Land ist mir ans Herz gewachsen.

Wenn ich von dort weg bin, fehlt es mir schon nach wenigen Tagen. Dir wird es genauso gehen. Man kann doch lernen, eine zweite Heimat zu lieben.«

»Bei mir ist das anders«, beharrte sie. »Du bist aus dem Iran weggegangen, bevor du hier richtig verwurzelt warst. Du warst noch so jung. Du hast sogar die fremde Sprache so gut gelernt, daß dir deine Muttersprache inzwischen Schwierigkeiten bereitet.«

Sie hielt einen Moment inne. Ich sah sie überrascht an. Die Teilnahmslosigkeit, die in der letzten Zeit von ihrer Person völlig Besitz ergriffen hatte, schien verflogen. Homa hatte sich beinahe ereifert.

»Du wolltest so weit weg wie nur möglich. Das war schon immer dein Traum. Mein Traum aber war, hierzubleiben und zu kämpfen. Ich wollte mich dafür einsetzen, daß sich in diesem Land die Verhältnisse für die Menschen, die hier leben, bessern. Demokratie, Gleichheit für alle und Glück wollte ich unserem Volke bringen. Ich habe versagt, aber deswegen kann ich mich jetzt doch nicht davonstehlen.«

»Wie kommst du darauf, daß du versagt hast?«

»Ich habe bei allem versagt, was ich angepackt habe. Es fing damit an, daß ich aus der Universität hinausgeworfen wurde. Damals stand ich plötzlich vor dem Nichts, mit dem Beruf hatte man mir auch meinen Lebensinhalt genommen. Außerdem habe ich in meiner Ehe versagt, und ich war eine schlechte Mutter. Was bleibt da noch?«

»Du bist einer der besten Ärzte in diesem Land. Selbst jetzt noch müssen sie das zugeben. Du stammst aus einer armen Familie, und wo stehst du jetzt? Was du erreicht hast, ist doch unglaublich!«

»Ich habe mich auf das falsche Fach spezialisiert.«

Ich bekam Zweifel, ob sie mir überhaupt zugehört hatte.

»Es wäre besser gewesen, wenn ich Kinderärztin geblieben wäre. Diese Leute hier begreifen nicht, was ein Psychiater eigentlich tut. Meine Fähigkeiten werden mißbraucht.«

»Homa, aber du hast ihnen doch gezeigt, wie es ist, wenn du deine Fähigkeiten richtig einsetzen kannst. Du bist ein Pionier der hiesigen Psychiatrie geworden.«

Wieder wechselte sie unvermittelt das Thema.

»Man glaubt es kaum, aber wir sind ein reiches Land. Nicht nur wegen des Öls, auch kulturell und historisch gesehen. Heute noch stehen Baudenkmäler, die im vierten oder fünften Jahrhundert vor Christus zur Zeit der Hakhamaniden errichtet worden sind. Wenn du nach Persepolis fährst und ins Museum gehst, dann findest du dort Stücke aus dem fünften und sechsten Jahrtausend vor unserer Zeit. Unsere Vorfahren haben all das für uns aufbewahrt, und wir sollten diese Schätze an die zukünftigen Generationen weitergeben, denn nur mit der eigenen Geschichte vor Augen kann man auch wissen, wer man ist. Hier weiß ich es, aber wenn ich durch die Straßen von New York laufe, komme ich mir vor wie eine Fremde.«

»Wem geht das nicht so?« warf ich ein, die Ironie kam jedoch bei ihr nicht an.

»In den Straßen und Koochehs des Iran habe ich das Gefühl, daß ich zu Hause bin. Hier sind die Orte und Landschaften, die mir sagen, wo ich hingehöre, seien es der Berg Damavand bei Teheran, die Grabstätten des Sadi und des Hafis in Schiras, die Wüste von Systan, die Ölquellen von Khosestan oder die Teegärten von Gilan.

Weißt du noch, was Vater uns über die vier Säulen einer Nation gesagt hat? Es sind die Kultur, die Sprache, die Rasse und die Religion. Im Iran habe ich alle vier Säulen, auf die ich mich stützen kann. Und was hätte ich in Amerika?«

Auf diese Frage wußte ich keine Antwort. »Homa, du bist zu idealistisch«, wandte ich jedoch ein. »Sieh dich doch einmal um. Schau dir uns beide an: Vermummt wie brave moslemische Weiber sitzen wir bei diesem heißen Wetter hier herum. Und erinnere dich, wie dieses Land mit dir umgesprungen ist. Dein höchstes Lebensziel hat man dir geraubt. Das mit den vier Säulen ist zwar richtig, aber in diesem Land hat doch die Religion die anderen drei Säulen zum Einsturz gebracht. Das ist nicht mehr unsere Kultur. Diese Religion stammt aus Arabien und nicht aus Persien.«

»Ja, du hast recht«, räumte sie ein. »Aber das ist nur eine Übergangsphase. Unsere Kultur hat Jahrtausende überdauert. Zweieinhalbtausend Jahre lang haben wir unter dem Joch von Monarchen gelitten. Aber die Perser sind Überlebenskünstler. Sie werden auch das überstehen.«

»Aber zu welchem Preis?« fragte ich. »Vor dem Islam gab es fünf große Reiche auf dieser Welt: das persische, das ägyptische, das chinesische, das griechische und das römische. Wirf heute einen Blick auf diese Regionen. Persien und Ägypten sind in ihrer

Entwicklung weit hinter den anderen zurückgeblieben. Der islamischen Welt hängt der religiöse Fundamentalismus wie ein Klotz am Bein. Seit dem siebten Jahrhundert, als der Islam in unser Land kam, ist der Iran ein Krüppel. Und jetzt, mit der Revolution und mit Khomeini, sind wir wieder in diese Zeit zurückgekehrt.«

»Wir haben einen großen Fehler gemacht!«

»Aber es ist nicht deine Schuld! Du warst nur eine von Millionen, die den sogenannten Imam unterstützt haben.«

»Ich hätte es aber besser wissen müssen. Ich gehörte nicht zu der ungebildeten Masse«, brachte Homa mit gepreßter Stimme hervor.

»Das macht doch keinen Unterschied«, entgegnete ich.

»Ich habe damit ein Verbrechen begangen. Ich habe zerstört, was mir das Liebste war.«

»Jetzt hör aber auf! Es war nicht deine Schuld.«

»Wessen Schuld denn dann?«

»Wie ist es mit den 98 Prozent der Bevölkerung, die der Islamischen Republik mit ihrem Stimmzettel zur Macht verholfen haben?«

»So war es ja gar nicht.«

»Was soll das heißen? Ich erinnere mich noch genau an jenen 1. April 1979, den ersten Tag der Regierung Gottes – in Amerika ist das nämlich der Tag, an dem man Aprilscherze macht.«

»Es war nicht so, wie du denkst. Die Regierung kündigte an, für die Volksabstimmung zwei verschiedene Stimmzettel auszugeben, einen grünen und einen roten. Mit dem roten konnte man gegen, mit dem grünen für die vorgeschlagene Republik stimmen. Die roten Stimmzettel blieben allerdings so gut wie unauffindbar. Die Revolutionsgarden hielten sie ganz einfach unter Verschluß.«

»Ist das wahr?« fragte ich ungläubig.

Als sie mein Erstaunen wahrnahm, wurde sie etwas ausführlicher. »Das Abstimmungsergebnis war in gewisser Weise trotzdem nicht falsch: Es gab dezidiert der Sehnsucht der Bevölkerung nach dem Ende des Pahlevi-Regimes Ausdruck. Wenn man 1979 die Leute fragte, ob sie den Schah wollten oder die Republik, dann wollten sie natürlich die Republik.

Außerdem darf man nicht vergessen, daß die meisten Befürworter der Monarchie den Iran verließen, als der Schah geflohen war, und von denen, die blieben, wurden die meisten umgebracht. Im Jahr 1979 haben innerhalb von drei Monaten hunderttausend Iraner das Land verlassen. Es war eine Massenflucht.«

»Was bis heute in der iranischen Gesellschaft vorgeht, ist eine Schande«, sagte ich.

»Gemessen an der Zahl der Ayatollahs, die hier herumlaufen, sind wir jetzt ein reiches Land. Aber Professoren haben wir so gut wie keine. Der Ayatollah Kani hat einmal gesagt: ›Um unser Volk zu erneuern, müssen wir es reinigen.‹ Also bringt man unschuldige Menschen um.« Homas Tonfall verriet, daß die Grausamkeiten der Regierung sie keineswegs überraschten. Sie wußte nur zu gut, wozu ein repressives Regime in der Lage war.

»Weißt du, Homa, eines habe ich nie verstanden: Wie hat es die Revolutionsregierung geschafft, die gebildeten und berufstätigen Frauen im Iran dazu zu bringen, das Verschleierungsgebot des Hijab zu akzeptieren? Will denn die Mehrheit tatsächlich von Kopf bis Fuß vermummt herumlaufen?«

»Das glaube ich nicht. Am Anfang war das eher ein symbolischer Akt. Wenn man sich verschleierte, bezog man damit Stellung gegen Imperialismus und Korruption. Es war wie eine Art Uniform. Man trug sie, um zu zeigen, daß man das pro-westliche Schah-Regime ablehnte.«

»Die Frauen haben es wirklich freiwillig gemacht?« fragte ich ungläubig.

»Ja, es fing damit an, daß sich die Studentinnen an den Universitäten Kopftücher umbanden. Dann, im Jahre 1980, kam ein Erlaß von Khomeini, daß in den öffentlichen Verwaltungen die weiblichen Angestellten nicht mehr ›unbekleidet‹ geduldet werden könnten. Sie müßten fortan in islamischer Kleidung erscheinen.«

»Und die Frauen haben das einfach so akzeptiert?«

»Natürlich nicht! In den größeren Städten gab es öffentlichen Widerstand, und Khomeini mußte klein beigeben. Aber ein Jahr später wurde das islamische Verschleierungsgebot für Frauen im öffentlichen Dienst erneut verfügt. Wiederum gab es Proteste, aber diesmal hatten sie keinen Erfolg, weil die Islamische Republik inzwischen etabliert war und die Medien voll unter ihre Kontrolle gebracht hatte.«

»Dann waren die Medien also auf der Seite des Regimes?«

»Ja, und außerdem gab es natürlich den Revolutionsrat. Frauen, die sich dem Hijab nicht fügten, wurde mit Entlassung gedroht. Das Erziehungsministerium erließ eine Verordnung, die festlegte, wie die Kleidung für die weibliche Schüler- und Studentenschaft auszusehen hatte: ausschließlich schwarze Gewänder, die den Körper von Kopf bis Fuß verhüllen. Diese Regelung gilt für Mädchen vom sechsten Lebensjahr an.«

»Wie haben sich eigentlich die Männer verhalten? Gab es auch Protest von ihrer Seite?«

»Von einigen. Den meisten war es allerdings egal. Wie fast überall auf der Welt versprachen sie sich bessere Beschäftigungsmöglichkeiten, wenn die Frauen aus dem Arbeitsmarkt verdrängt würden.«

»Aber Homa, das sind doch Gedanken von ungebildeten Männern, die keine Ahnung haben. Was war denn mit den fortschrittlich gesinnten?«

»Die progressiven Männer, die noch nicht vergessen hatten, wie weit es der Iran zuvor schon gebracht hatte, setzten sich für die Frauen ein. Ihnen paßten solche Verhältnisse ja auch nicht. Aber die meisten von ihnen mußten in andere Länder fliehen.«

»Und Leute wie Mohsen?«

Sie zögerte einen Moment, bevor sie antwortete. »Ich glaube nicht, daß er sich daran stört. Für ihn bietet die Situation ja auch Vorteile. Er mag die Männerwirtschaft, die im Iran herrscht.«

»Trotzdem, ich begreife nicht, wie man sich so etwas gefallen lassen kann.«

»Was blieb uns denn übrig? Außerdem konnte doch damals kaum einer voraussehen, was für Zustände wir heute im Iran haben. Kein Mensch konnte ahnen, daß einmal eine Staatsaktion daraus gemacht werden würde, ob und wie eine Frau ein Kopftuch trägt. Damals war noch keine Rede von Auspeitschungen, Prügelstrafe und Steinigung. Die harten Unterdrückungsmaßnahmen kamen erst später.«

»Und Khomeini hat in seiner lebenslangen Fehde mit Resa Pahlevi schließlich die Oberhand behalten.«

»So ist es. Der Schah hat den Schleier mit Gewalt abgeschafft, und Khomeini hat ihn wieder gewaltsam eingeführt.«

»Homa, ich weiß ja, wie sehr dich das alles bedrückt, aber du mußt irgendwann einmal auch an dich selbst denken. Wie soll es mit dir weitergehen? Du hast doch ein besseres Leben verdient.«

»Nein, ich habe mein Leben damit vergeudet, einer Lüge hinterherzulaufen«, sagte sie mit einem kleinen schiefen Lächeln.

»Ich möchte, daß du mit mir kommst. Du kannst einen neuen Anfang machen.«

»Das kann ich nicht.« Ihr Blick schweifte über den Park hinweg in die Ferne. »Vor langer Zeit hat man mir die Flügel gebrochen. Für mich ist es zu spät, es noch einmal mit dem Fliegen zu versuchen.« Sie setzte wieder ihr schiefes Lächeln auf und hob die Arme ein wenig in die Höhe. »Mit diesen schwachen Gliedern könnte sich noch nicht einmal ein Schmetterling in die Luft erheben. Sie sind nutzlos geworden. *Ich* bin nutzlos geworden.«

Wir saßen ein Weilchen schweigsam beieinander und sahen den Familien zu, die vorbeispazierten. Es war ein friedlicher Morgen, im Park war von dem tosenden Verkehr der großen Stadt nichts zu hören.

»Homa, sieh mal, wer da ist!« Unser Onkel kam auf uns zugelaufen. »Hossein, was führt dich her? Komm, setz dich zu uns!« sagte ich.

»Ich habe Homa gesucht.« Er blieb vor uns stehen und machte keinerlei Anstalten, sich zu setzen.

»Worum geht es?« erkundigte sich Homa.

»Man hat Azar, die jüngste Tochter von Herrn Homayoun, verhaftet, weil sie gegen die Regeln des Hijab verstoßen hat. Sie wird 150 Peitschenhiebe bekommen, wenn Homa nicht vor Gericht aussagt, daß das Mädchen unzurechnungsfähig ist. Wir müssen ihr helfen!«

»Was hat sie denn gemacht?« fragte ich ungläubig. Herr Homayoun war mit Onkel Hossein befreundet.

»Gar nichts!« Mein Onkel sah mich an, als hätte ich eine besonders dumme Frage gestellt. Dann fiel ihm wohl wieder ein, daß ich in den USA lebte. »Sie ist sechzehn und hat sich ein bißchen Make-up ins Gesicht getan. Die Revolutionsgarden haben sie deswegen festgenommen.«

»150 Peitschenhiebe für ein bißchen Lippenstift! Das ist ja unfaßbar!«

Er ließ sich durch meine Bemerkung nicht ablenken. »Homa, du mußt ihr helfen.«

»Du weißt, daß ich das nur sehr ungern tue«, sagte sie. »Es wäre besser für sie, sie würde die Strafe auf sich nehmen, als für den Rest ihres Lebens als Verrückte zu gelten. Die Striemen werden verheilen.«

»Homa, bitte, es handelt sich um meine Freunde!«

»Ich halte es trotzdem nicht für richtig.«

»Ihre Eltern sind völlig verzweifelt. Sie wollen auf keinen Fall, daß das Mädchen ausgepeitscht wird. Sie haben große Angst, daß das Kind die Schmerzen nicht aushält und dabei stirbt!« Er war jetzt in höchster Aufregung. »Homa, du darfst uns nicht im Stich lassen!«

Homa saß einen Moment lang regungslos da, dann ließ sie den Kopf sinken. »Gut«, murmelte sie. »Gehen wir.«

Sie machten sich zusammen auf den Weg. Ich ging den Hügel hinauf zurück zum Haus meiner Mutter. Nun hatte ich begriffen, warum Homa über ihren Beruf unglücklich war. Als Kinderärztin hätte sie sich solchen qualvollen Entscheidungen nicht aussetzen müssen.

Das junge Mädchen befand sich in einer praktisch ausweglosen Situation. Es war in der Tat nicht ausgeschlossen, daß die brutale Strafe über ihre Kräfte gehen und sie das Leben kosten würde. Aber als unzurechnungsfähig abgestempelt zu sein hätte ebenfalls schreckliche Folgen. Ihr ganzes Leben lang würde das Mädchen keine befriedigende Arbeit finden können. Sie würde keinen Mann haben und auch keine Familie, und die gesellschaftliche Ächtung wäre ihr gewiß.

Homa war häufig mit solchen Fällen konfrontiert. Viele Eltern kamen mit ihren Kindern, die in ähnlichen Zwangslagen steckten, in ihre private Praxis. Sie wußten, daß Homa ihnen aus Mitgefühl die Hilfe nicht verweigern würde, aber Homa litt stets Qualen, wenn sie die Kinder für unzurechnungsfähig erklärte. Sie fühlte sich für deren zukünftiges Geschick verantwortlich und trug sehr schwer an dieser Last.

Die Türen schließen sich

Sechs Tage, nachdem ich angekommen war, verließ ich den Iran wieder – mit Maryam, aber ohne Homa. In Maryland half mir Maryam, unsere Habseligkeiten für den Umzug zurück nach Kalifornien einzupacken.

Wir beschlossen, zu zweit mit dem Auto quer durch Amerika zu fahren und uns das Land ein bißchen anzusehen. In Oklahoma, kurz vor der texanischen Grenze, kam ein Schneesturm auf. Wir waren gezwungen, uns in einem kleinen Ort ein Nachtquartier zu suchen.

Während der Fahrt hatten wir die meiste Zeit über Homa gesprochen und gemeinsam überlegt, was wir eventuell für meine Schwester tun könnten. An diesem Abend erzählte mir Maryam, daß Mohsen unlängst eine eigene chemotherapeutische Klinik für Krebspatienten eröffnet hatte.

»Mohsen hat die Klinik aufgemacht, ohne Homa auch nur einmal um ihre Meinung zu fragen. Sie hat sich furchtbar aufgeregt, weil sie der Ansicht ist, daß er ohnehin schon viel zu viel am Hals hat. Und sie hatte recht.«

»Inwiefern?«

»In der Klinik muß immer ein Bereitschaftsarzt anwesend sein. Nun ist Mohsens Terminplan sowieso schon voll, und deshalb muß Homa jetzt jeden Morgen, während er im Krankenhaus seine Visite macht, den Bereitschaftsdienst in der Klinik übernehmen. Ich habe sie immer morgens um acht dorthin gebracht und bin dann bei ihr geblieben.«

»Was habt ihr denn da den ganzen Tag gemacht?«

»Nichts. Ein bißchen gequatscht. Ich habe für Homa Äpfel und Apfelsinen geschält, und die Krankenschwestern haben uns Tee gebracht. Die meiste Zeit hat Homa nur still dagesessen und die Wände angestarrt. Sie fühlte sich hundeelend.«

»Es trieb sie ständig die Angst um, daß ein Inspekteur vom Gesundheitsministerium kommen und die Klinik schließen könnte«, fuhr Maryam fort. »Und der Anblick der Krebspatienten, die zur Therapie dorthin kommen, macht sie noch zusätzlich fertig.«

»Es muß auch furchtbar sein, jeden Tag all diese so gut wie hoffnungslosen Fälle zu sehen.«

»Sie leidet nach wie vor sehr darunter. Und daß sie keinem helfen kann, macht es für sie noch schlimmer. Sie ist ja keine Fachärztin auf diesem Gebiet. Es kostet sie schon sehr viel Kraft.«

»Sie macht also am Vormittag in Mohsens Klinik Dienst, und am Abend geht sie in ihre eigene Praxis?« erkundigte ich mich.

»Das nicht mehr«, gab Maryam zurück. »Sie hat ihre Praxis im letzten Sommer zugemacht.«

»Was?« Manchmal hatte ich den Eindruck, daß ich immer als letzte erfuhr, was in meiner Familie vorging. »Wieso denn das?«

»Sie bekam Schwierigkeiten mit den Revolutionsgarden.«

»Weshalb?«

»Diese Leute ließen sich ab und zu für ihre Kinder bei ihr Termine geben. Bei der Konsultation machten sie ihr dann erst mal endlose Vorhaltungen, daß sie sich nicht streng genug an die Vorschriften des Hijab halten würde. Sie würde nicht die angemessene Kleidung tragen und ihr Haar nicht vollständig bedecken und so weiter.«

»Ach, wie scheußlich.«

»Und hinterher beschwerten sie sich über die Honorarabrechnung und behaupteten, Homa würde mehr verlangen, als vom Staat erlaubt ist.«

»Das verstehe ich nicht ganz.«

»Das staatlich festgesetzte Honorar für Homa beträgt 300 Tuman für eine halbe Stunde. Diese Leute vergeudeten aber immer zuerst eine halbe Stunde mit Belehrungen über korrekte Kleidung und wollten dann die Zeit nicht bezahlen. Sie glaubten, die halbe Stunde Meckern wäre gratis.«

»Es ist nicht zu fassen!« Ich konnte mir lebhaft vorstellen, wie sehr das meiner Schwester gegen den Strich gegangen sein mußte. Im übrigen bekommt man für 300 Tuman im Iran noch nicht einmal eine anständige Mahlzeit.

»Eines Tages zeigte sie jemand an, und ihre Praxis wurde vorübergehend geschlossen. Man hängte sogar ein Schild an ihre Tür, auf dem es hieß, die Praxis sei geschlossen worden, weil die Ärztin die Vorschriften des Hijab nicht beachtet hätte. Das war natürlich schädlicher für sie als alles andere. Die Leute hatten jetzt Angst, zu ihr zu kommen. Die Einnahmen gingen zurück, und bald schon konnte sie ihre Unkosten nicht mehr decken. Als immer mehr Patienten wegblieben, hatte Homa nur noch an drei Tagen in der Woche Sprechstunde, dann waren es zwei Tage, und schließlich machte sie die Praxis ganz zu.«

Im weiteren Verlauf unserer Reise erzählte mir Maryam von einem anderen schlimmen Fall. »Weißt du«, sagte sie, »es tut mir in der Seele weh, daß ich Homa ausgerechnet in einer solchen Situation allein lassen muß, aber ich habe nur einen einzigen Sohn, und ich möchte mich jetzt ein bißchen um ihn kümmern.«

»Was ist denn mit Hamid?« fragte ich. »Ich dachte, er hätte im Iran eine gute Stellung. Hossein hat mir erzählt, daß sein Chef mit ihm mehr als zufrieden sei. Hat er das denn alles aufgegeben?«

Maryam fing an zu weinen. »Seine Firma hatte eine Produktpräsentation arrangiert, und Hamid wurde als einer der Firmenvertreter zu der Vorführung geschickt. Eine Frau sprach ihn dort auf die Präsentation an. Ich weiß nicht, ob sie sich für die Produkte interessierte oder mehr für ihn. Wie auch immer, er gab ihr eine Visitenkarte der Firma und sagte, sie sollte anrufen, falls sie weitere Informationen benötigte. Es war eine neutrale Visitenkarte«, schluchzte sie, »noch nicht einmal sein Name stand drauf.

Ich vermute, daß der Ehemann der Frau sah, wie sie die Karte an sich nahm. Er glaubte wohl, Hamid wollte etwas mit seiner Frau anfangen, und rief die Revolutionsgarden. Die kamen daraufhin hereingestürmt und prügelten auf Hamid ein, während der Präsentation! Sie schlugen ihn erst dort zusammen, und dann nahmen sie ihn in ihr Büro mit, wo sie ihn weiter mißhandelten. Am Abend ließen sie ihn laufen. Als er nach Hause kam, war sein Gesicht so geschwollen und voll blauer Flecken, daß ich ihn zuerst gar nicht erkannt habe. Damit war er im Iran erledigt, er konnte nicht mehr bleiben. Er verließ das Land, kaum daß er wieder richtig auf den Beinen war.«

»Das hat er mir nie erzählt«, sagte ich. »Man kann nur Gott danken, daß sie ihn nicht umgebracht haben.«

»Es ist schon merkwürdig, egal, was unserer Familie im Iran zustößt, wir müssen jedesmal Gott danken, daß es nicht noch schlimmer gekommen ist«, entgegnete sie.

Wir hatten mittlerweile Texas durchquert und näherten uns Albuquerque in New Mexico. Auf der Strecke vor uns tobte ein weiterer Schneesturm, und wir mußten uns wieder ein Motel suchen. Wegen des starken Schneefalls hatte die Verkehrsbehörde die Straße ganz sperren lassen.

Maryam und ich aßen in der Cafeteria des Motels zu Abend und gingen dann an die Bar, um uns noch einen Drink zu genehmigen. Ich hatte lange am Steuer gesessen und war müde. Auch Maryam wirkte erschöpft. Trotzdem genossen wir den Abend zu zweit. In meiner Mädchenzeit war sie für Homa und mich eine zweite Mutter gewesen; später entwickelte sich mit den Jahren zwischen uns eine tiefe Freundschaft.

Wir setzten uns noch für eine kurze Zeit in den Aufenthaltsraum des Motels. Während sie schräg nach oben auf den Fernseher schaute, der hinter mir in einer Wandhalterung hing – es wurde gerade ein Eishockeyspiel übertragen –, hatte ich Gelegenheit, Maryams Gesicht zu betrachten. Ihre Augen waren von einem unbeschreiblichen Grün. Um ihre Mundwinkel hatten sich tiefe Furchen eingegraben, die davon zeugten, was für ein langes Leben schon hinter ihr lag. Es mußte ihr merkwürdig vorkommen, daß sie sich jetzt in Amerika befand.

Nach einer Weile sah sie mich an und sagte: »Ich wünschte, Homa wäre mit uns gekommen.«

»Wir hätten bestimmt sehr viel Spaß miteinander gehabt«, stimmte ich ihr zu.

Am nächsten Morgen wurde die Straße erst um elf Uhr wieder freigegeben. Wir waren noch keine fünf Meilen gefahren, als Maryam wieder auf Homa zu sprechen kam.

»Parvin, mir bleibt jedesmal fast das Herz stehen, wenn ich an die Schocktherapie denke, die Homa über sich ergehen lassen muß.«

»Eine Schocktherapie?« Ich hatte nichts davon gewußt.

»Der Arzt hat es ihr verordnet. Homa war entschieden dagegen, sie würde es nicht brauchen. Sie schrie immer, ihr würde überhaupt nichts fehlen, sie habe nur ihr Leben verpfuscht. Aber ich mußte sie zu den Behandlungen bringen, ich hatte doch keine andere Wahl.«

»Und wie lief das ab? War die Behandlung schmerzhaft? Hat es ihr wenigstens geholfen?«

»Es hat nicht geholfen, aber es war auch nicht schmerzhaft – hoffe ich jedenfalls.«

Eine Weile sagte keine von uns ein Wort. Ich fragte mich voller Sorge, ob die Schocktherapie das Gedächtnis meiner Schwester beeinträchtigen könnte. Ihre geistigen Fähigkeiten waren für Homa überaus kostbar.

Ich erinnerte mich, wie wir einmal in Teheran einen kleinen Autounfall hatten. Wir waren gemeinsam auf dem Weg zu einer Party und befanden uns kurz vor einer Kreuzung, als ein Fahrer von der linken Spur herüberwechselte und uns schnitt, um noch nach rechts abzubiegen.

Wir stießen zusammen, aber niemand kam dabei zu Schaden, weil beide Fahrzeuge sehr langsam fuhren. Homa stieg aus und ging zu dem anderen Fahrer.

»Wie kommen Sie dazu, direkt von der linken Spur nach rechts abzubiegen?« stellte sie ihn zur Rede.

»Es tut mir leid«, antwortete er. »Ich dachte, ich komme noch an Ihnen vorbei, aber offensichtlich war ich zu langsam.«

Als wir weiterfuhren, sagte Homa etwas Merkwürdiges zu mir. »Ich bin ja so froh, daß das glimpflich abgegangen ist«, sagte sie. »Stell dir einmal vor, was das für eine Verschwendung wäre, wenn ich bei einem Verkehrsunfall ums Leben käme. Die ganzen Jahre des Studiums, in denen ich mir soviel Wissen über den Menschen und seinen Körper angeeignet habe, wären vergeudet.«

Während ich an diese Szene dachte, fiel mir ein, daß ich meine Schwester so gut wie nie ohne ein Buch in der Hand angetroffen hatte. Sie war immer begierig darauf, Neues zu lernen und ihre Kenntnisse zu erweitern.

»Ich nehme an, Homa hat sich nie träumen lassen, daß ihr gesamtes Wissen einmal nutzlos werden könnte, nur weil ein Mullah an ihrem Haar und an ihren schönen Augen Anstoß nimmt.«

»Gewiß nicht.« Maryam fuhr mit ihrem Bericht über die Schocktherapie fort. »Der Arzt setzte die Behandlungstermine immer für neun Uhr abends an, direkt im Anschluß an die offizielle Sprechstunde. Er führte die Behandlungen selbst durch. Mohsen holte sie anschließend ab. Am nächsten Morgen um acht sollte sie dann wieder in seiner Privatklinik zum Bereitschaftsdienst erscheinen.«

»Wie konnte er nur soviel von ihr verlangen?«

»Das habe ich mich auch oft gefragt. Ich habe oft weinen müssen, wenn ich daran dachte, wie Homa sich für ihren Mann aufopfert und wie gleichgültig er sich ihr gegenüber verhält.«

»Sie hat ihn immer geliebt.«

»Ich weiß! Nach der traurigen Erfahrung mit Keyvan war Mohsen der einzige Mann in ihrem Leben.«

»Ich frage mich nur, ob sie auch die einzige Frau in seinem Leben ist«, bemerkte ich.

Fluchtversuch

Im Sommer 1993 schickte ich meinen Sohn Romin in den Iran, damit er seinen beruflichen Horizont erweitern konnte; er arbeitete dort in der Firma eines

Geschäftspartners. In jenem Sommer ging es mit Homa rapide bergab.

Eines Morgens, Reiner und ich waren schon in unserem Büro, rief Romin von meiner Mutter in Teheran aus bei uns an.

Ich nahm den Hörer ab. »Hallo?«

»Hallo Mama, ich bin's, Romin. Ich habe leider schlechte Nachrichten.«

»Was ist los?«

»Also, ich möchte euch nicht erschrecken, aber es ist gerade etwas Schlimmes passiert. Deine Schwester ist im Krankenhaus. Sie liegt im Koma, aber man hat uns gesagt, daß sie sich in ein paar Tagen wieder einigermaßen erholt haben wird.«

»Mein Gott! Was ist passiert?« Das Herz schlug mir bis zum Hals.

»Es sieht so aus, als hätte sie einen Selbstmordversuch unternommen«, sagte er.

Ich brachte kein Wort mehr heraus und heulte nur ins Telefon. Als ich mich wieder ein bißchen gefaßt hatte, überschüttete ich ihn schluchzend mit einer ganzen Flut von Fragen. »Wie ist das passiert? Wo bist du jetzt? Wo ist deine Großmutter?«

»Sie ist gerade im Krankenhaus. Offensichtlich hat sich Homa Beruhigungstabletten gekauft und sie heute nachmittag eingenommen. Ihr Dienstmädchen Khadijeh, die zu der Zeit bei ihr in der Wohnung war, sagte, Homa wäre sehr unruhig gewesen, ständig wäre sie in den Zimmern hin- und hergelaufen. Zur Beruhigung hätte Homa dann die Pillen genommen. Ich vermute, daß sie einen ganzen Haufen auf einmal geschluckt hat, weil sie kurz darauf zusammengebrochen ist. Khadijeh sagte, sie hätte Homa noch aus einem der Zimmer rufen hören, aber bis sie bei ihr war, hatte Homa schon das Bewußtsein verloren.

Ich war zu der Zeit hier bei deiner Mutter. Wir unterhielten uns gerade im Eßzimmer, da klingelte das Telefon. Offenbar war Khadijeh dran. Deine Mutter wurde ganz panisch, und ich bekam schon Angst, sie würde einen Nervenzusammenbruch kriegen. Sie rief wirres Zeug, von dem ich das meiste gar nicht verstand, und wollte dann den Arzt von Tante Homa anrufen. Aber sie kriegte zuerst die Nummer gar nicht richtig zusammen, und als sie wählen wollte, zitterte ihre Hand zu sehr. Sie schrie die Ziffern vor sich hin, aber ihre Finger machten einfach nicht mit. Es war schrecklich.

Das ist alles, was ich im Moment weiß. Wenn's was Neues gibt, rufe ich wieder an«, sagte er.

Nach dem Anruf saß ich wie gelähmt in meinem Büro. Ich konnte nichts für Homa tun, nur zu Gott beten, daß sie wieder aufwacht. Ich konnte erst den Monat darauf in den Iran reisen, und ich betete, meine Schwester möge noch bis zu meiner Ankunft durchhalten. Dann gäbe es vielleicht doch noch eine Chance, Homa dazu zu bewegen, mit mir in die Vereinigten Staaten zu kommen und sich hier in Behandlung zu begeben.

Im August flog ich zusammen mit meinem Mann Reiner in den Iran. Nach unserer Ankunft fuhren wir noch am selben Vormittag mit meinem Sohn zu Homa ins Krankenhaus. Ich wußte nur, daß sie nach drei Tagen wieder aus dem Koma erwacht war, Genaueres über ihren Zustand hatte ich noch nicht erfahren.

Ich ließ mir auf der Taxifahrt von Romin berichten, was in den letzten drei Wochen geschehen war.

»Als sie noch im Koma lag, haben wir jeden Tag nach ihr gesehen. Nach der Arbeit ging ich mit Hossein ins Krankenhaus und wartete an ihrem Bett darauf, daß sie aufwacht. Ich habe ihre Hand genommen und ihr lebloses Gesicht betrachtet und gedacht, jetzt müßten doch gleich ihre Augenlider zucken, oder ich würde eine Bewegung ihrer Hand spüren, aber nichts dergleichen ist passiert.«

»Kam sonst noch jemand?« fragte ich.

»Ja«, sagte er, »es waren immer Leute da, und jeder ging mit der Situation ganz anders um. Manche saßen neben Homas Bett und weinten fassungslos, andere standen mit gesenktem Blick einen halben Meter daneben – als würden sie eine Tote betrauern. Ich gehörte zu den wenigen, die näheren Kontakt zu ihr gesucht und sie angefaßt haben.

Ich war auch bei ihr, als die Ärzte Schläuche durch eine Öffnung, die man an ihrem Hals gemacht hatte, in die Lunge einführten; es hatte sich dort Flüssigkeit angesammelt, die abgesaugt werden mußte. Von dem Schmerzreflex hat sich ihr ganzer Körper aufgebäumt. Ich sehe es noch vor mir, wie ihr Gesicht plötzlich schmerzverzerrt und ganz rot wurde – als ob ihr jemand einen fürchterlichen Hieb versetzt hätte.«

Die Tränen liefen mir über das Gesicht, während ich meinem Sohn zuhörte.

»Es war eine riesige Erleichterung für uns alle, als sie wieder zu sich kam. Sie konnte natürlich noch nicht sprechen. Ich weiß nicht mehr, woran ich es gemerkt habe, aber offensichtlich war ihr nicht klar, wo sie sich befand und wie sie dorthin gekommen war. Ich machte mir Sorgen, daß sie wieder in ihre Verzweiflung fällt, wenn sie in ein paar Tagen richtig begriffen hat, was los ist.

Jetzt mußte man mit ihr reden und versuchen, sie etwas aufzubauen. Ich machte ihr Vorhaltungen, wollte ihr begreiflich machen, daß da Menschen wären, die sie noch brauchen würden. Ich hatte aber wenig Erfolg. Tante Homa lebt in einer ständigen Seelenpein, und die ist so groß, daß sie zu allem bereit ist, nur um dieser Qual zu entrinnen. Was könnte *ich* ihr da schon Tröstliches sagen?«

»Gar nichts«, versicherte ich ihm. »Du kannst überhaupt nichts sagen. Auch ich kann ihr nicht helfen. Sie braucht die Hilfe von Fachärzten.«

»Die nächsten Tage waren sehr hart für sie. Sie hatte kaum noch Kraft, und man ließ sie nichts essen. Neun Tage lang hing sie am Tropf und mußte von Zuckerlösung leben. Ich glaube, manchmal bekam sie auch durch eine Kanüle in ihrer Nase etwas Flüssignahrung verabreicht, aber das war auch schon alles.«

Wir fuhren jetzt durch die Innenstadt. Draußen brauste der Verkehr, und ich dachte an den Lärm, der das Krankenhaus umbranden mußte, zu dem wir gerade hinfuhren.

»Bleibt sie die ganze Zeit in der Klinik?« erkundigte ich mich.

»Wir haben sie einmal freitags zu Karims Villa mitgenommen.« Er warf mir einen vielsagenden Blick zu, bevor er fortfuhr. »Männer und Frauen saßen in zwei verschiedene Lager getrennt draußen auf dem Balkon. Homa saß bei zwei Damen, die beide verschleiert waren. Ich konnte Homa ansehen, wie trist alles für sie war. Es gab überhaupt nichts, was sie hätte anregen können. Ihr Mann saß stundenlang mit seinen Brüdern zusammen und redete. Ich glaube fast, Mohsen war es völlig egal, daß seine Frau viel lieber alleine gewesen wäre und daß sie die ganze Zeit nur nervös auf ihrem Stuhl herumrutschte und wartete, bis sie endlich wieder gehen konnte.«

»Hat sie wirklich nur stumm herumgesessen?«

»Nein, dazu ließ ich es nicht kommen. Ich habe mich den ganzen Tag an sie gehängt und mit ihr geredet, obwohl sie wirklich nicht sehr gesprächig war.«

»Gut.«

»Auch am Tag davor haben wir dafür gesorgt, daß sie mal rauskommt. Ihre Krankenschwester und ich sind mit ihr in einen Park gegangen. Wir wollten, daß sie ein bißchen spazierengeht, aber von Spazierengehen kann keine Rede sein; sie rennt immer nur hin und her. Schon im Krankenhaus war es nicht anders. Als wir auf die Schwester warteten, lief sie stocksteif im Flur auf und ab. Ich habe sie schließlich am Arm gepackt und gesagt, sie möchte sich doch etwas lockern, ich konnte gar nicht begreifen, wie sich jemand so steif machen konnte.

›Ich bin so aufgeregt‹, flüsterte sie mir dann zu – richtig normal sprechen konnte sie noch nicht.

›Warum bist du denn aufgeregt?‹ habe ich sie gefragt.

Darauf sie: ›Wärst du nicht aufgeregt, wenn du an meiner Stelle wärst?‹

Ich glaube, es war ihr peinlich, daß die Verwandten und Bekannten alle kamen und sie in diesem Zustand sahen.«

In einer Parkzone gegenüber dem Krankenhaus hielten wir an. Ich atmete tief durch und wischte mir die Tränen aus dem Gesicht, während wir die Treppe zum Haupteingang der Klinik hinaufstiegen.

Ich versuchte ruhig und gefaßt zu sein, als wir zu meiner Schwester ins Zimmer traten. Sie war blaß und konnte immer noch nicht richtig sprechen. Man hatte ihr ein Einzelzimmer gegeben; ihr Mann war immerhin einer der einflußreichsten Ärzte an diesem Krankenhaus. Das Zimmer war nicht groß, lediglich ein Bett und ein Sofa als Sitzgelegenheit für die Besucher paßten hinein. Überall standen Blumen, die Freunde und Verwandte mitgebracht hatten. Einen Strauß von ihrem Mann suchte man vergebens. Sie wurde von drei Schwestern, die sich im Schichtdienst abwechselten, rund um die Uhr versorgt, so daß sie ständig jemanden bei sich hatte.

Eine Unterhaltung wollte in dieser Atmosphäre nicht so recht in Gang kommen; das Sprechen bereitete Homa noch große Mühe, und außerdem drückten die Umstände auf ihre Stimmung.

Eines Nachmittags, als wir gerade bei ihr zu Besuch waren, kam ein Ehepaar an die Tür von Homas Krankenzimmer und erkundigte sich, ob sie zu sprechen wäre. Die Leute sagten, sie wären mit ihrem kranken Sohn extra von Ahvaz, einer Stadt tief im Südwesten des Iran, hierhergekommen, um sie um Rat zu fragen. Ihr dortiger Arzt konnte nicht feststellen, was dem Jungen fehlte. Er hatte die Leute nach Teheran geschickt und gesagt, sie sollten zu Frau Dr. Homa Darabi gehen, sie wäre die einzige Person im ganzen Iran, die in der Lage sei, dem Kind eine korrekte Diagnose zu stellen.

Die Eltern waren zunächst zu Homas Praxis in Teheran gegangen. Als sie dort nur noch leere Räume vorfanden, hatten sie sich durchgefragt und Homa schließlich hier aufgespürt. Homa war bereit, sich den Jungen einmal anzuschauen, und es lief schließlich darauf hinaus, daß sie ganze zwei Stunden mit den Leuten verbrachte – in ihrem Krankenzimmer.

Sie untersuchte den Jungen und fand heraus, daß seine Beschwerden eine körperliche Ursache hatten. Sie verwies die Familie an einen ihrer Kollegen, und sie war zuversichtlich, daß man dem Jungen dort würde helfen können.

Die Eltern waren außer sich vor Freude. Um sich erkenntlich zu zeigen, wollten sie Homa alles Geld geben, das sie bei sich hatten, aber Homa weigerte sich, irgend etwas anzunehmen. Sie sagte zu den Eltern, sie hätte sich verpflichtet gefühlt, dem Jungen zu helfen, weil sie beide für ihr Kind einen so weiten Weg auf sich genommen hätten. Das stimmte natürlich nur zum Teil.

Es war faszinierend, das Verhalten meiner Schwester zu beobachten, als diese Familie in ihrem Krankenzimmer erschien. Als ich am Morgen kam, war

Homa in einer schrecklichen seelischen Verfassung. Sie lag jammernd im Bett und wiederholte unablässig, wie schlecht es ihr doch ging.

In dem Moment jedoch, als sie sich mit der Familie befaßte, die ihren Rat und ihre Hilfe suchte, ging eine erstaunliche Veränderung in ihr vor. Es war, als hätte man einen Schalter umgelegt, und plötzlich war sie wieder die Ärztin, wie wir sie von früher kannten. Sie wirkte zielstrebig und professionell, geradezu beflügelt. Wenn man ihr beim Umgang mit ihrem Patienten zusah, glaubte man eine Künstlerin vor sich zu haben, die wieder zu ihrer Staffelei zurückfindet.

Aber kaum war die Familie gegangen, verfiel Homa wieder in Apathie und sprach nur noch von ihrer Nutzlosigkeit und ihrer Misere.

Ein paar Tage später wurde sie entlassen und durfte heimgehen. Mohsen brachte sie nun vormittags zu unserer Mutter, damit sie den Tag bei uns verbringen konnte. Am Abend kam er wieder vorbei und nahm sie mit nach Hause.

Als ich an einem Nachmittag von einigen geschäftlichen Terminen in der Innenstadt zurückkam – Reiner war noch dortgeblieben und versuchte, eine Verlängerung seines Visums zu erreichen –, zeigte sich Homa unerwartet interessiert und erkundigte sich nach dem Zweck unserer geschäftlichen Gespräche im Iran.

»Parvin, was hast du heute eigentlich gemacht?« wollte sie wissen.

»Heute früh hatten wir einen Termin mit ein paar Vertretern der zivilen Luftfahrtbehörde«, sagte ich.

»Und wozu?«

»Wir haben die Pläne für den neuen Flughafen erörtert, der in Teheran gebaut werden soll.«

»Wie war die Besprechung?«

»Es ist gut gelaufen«, sagte ich. »Willst du eine lustige Geschichte hören?«

»Klar!« erwiderte sie.

»Also, mit dem Bau dieses Flughafens wurde schon während des Schah-Regimes begonnen, aber durch die Revolution kamen die Arbeiten zum Erliegen. Der Behördenvertreter, mit dem wir verabredet waren, gab zu Beginn für unsere Gruppe eine kleine Einführung. Mitten in seinem Vortrag sagt er: ›Die Pläne für dieses Bauvorhaben wurden ursprünglich noch unter dem vorherigen Regime entwickelt. Unglücklicherweise begann … äh, Entschuldigung … Glücklicherweise begann die Revolution, und die Arbeiten mußten fünfzehn Jahre lang unterbrochen werden.‹

Wir haben uns alle gegenseitig angesehen und wußten nicht, was für ein Gesicht wir machen sollten. Als ob es ein Glück wäre, daß die Arbeiten fünfzehn Jahre liegengeblieben sind!«

Homa schmunzelte übers ganze Gesicht.

»Du liebe Zeit, Homa, es war schon kurios. Wir saßen da, inmitten all der offiziellen Vertreter der Behörde, und versuchten, uns das Lachen zu verbeißen. Der arme Referent war völlig aus dem Konzept und stotterte für den Rest seines Vortrags nur noch herum, denn er wußte ja ganz genau, wie peinlich der Schnitzer war, den er sich da vor seinen Vorgesetzten geleistet hatte.«

»Dabei hatte er gar nicht mal so unrecht«, sagte Homa. »Fast alle unsere technischen Errungenschaften stammen aus der Zeit vor der Revolution. Seither ist so gut wie nichts mehr geschehen. Zum Teil ist natürlich auch der Krieg daran schuld, der so lange gedauert hat.«

»Acht Jahre«, pflichtete ich ihr bei.

»Unter diesem Krieg hat das Land in jeder Hinsicht schwer gelitten. Junge Leute kamen zurück mit Verwundungen, an denen sie ihr Leben lang zu tragen haben werden. Die chemische Kriegführung hat uns Millionen von Versehrten beschert, und es ging letzten Endes um nichts anderes als um eine persönliche Fehde zwischen Khomeini und Saddam Hussein.«

Homa begann sich zu ereifern. »Khomeini hat Kinder an die Front geschickt. Sie bekamen einen Schlüssel aus Plastik um den Hals gehängt, und man sagte ihnen: ›Das ist euer Schlüssel zum Himmelreich. Wenn ihr sterben werdet, dann dürft ihr ihn benutzen.‹ Ich glaube, ich werde uns nie verzeihen können, daß wir einem solchen Führer nachgelaufen sind.«

»Homa, du mußt endlich aufhören, dir immer nur selbst die Schuld zu geben. Schließlich war es Saddam Hussein, der den Iran angegriffen hat, und die Armee war gezwungen, das Land zu verteidigen. Du kannst dich doch nicht über die Tatsachen hinwegsetzen.«

»Aber wenn die Revolution nicht gewesen wäre, dann hätte es auch keine Fehde zwischen diesen beiden und keinen Angriff gegeben.«

»Das kannst du doch nicht wissen!«

»Du hast ja keine Ahnung davon, welche Opfer dieser Krieg der iranischen Bevölkerung abverlangt hat. Ich habe so viele junge Leute gesehen, die diesen Krieg mit ihrer geistigen Gesundheit bezahlt haben. In Teheran haben die Menschen unter der ständigen Bedrohung durch Luftangriffe leben müssen. Die ganze Bevölkerung nahm praktisch zwangsweise an einem Lotteriespiel um ihr Leben teil. Wir konnten nur noch beten.«

»Sicher hast du recht, daß ich mir das kaum vorstellen kann. Aber wie hast du das denn überstanden?«

»Wir hatten zum Glück unsere Dakhmeh, das Kellerloch. Dort war man fast so gut geschützt wie in einem Bunker, zwei Etagen unter der Erde konnten wir uns relativ sicher fühlen. Damals haben viele unserer Verwandten so manche Nacht bei uns verbracht.«

»Und es konnte jederzeit losgehen«, fuhr sie fort. »Wir saßen etwa beim Abendessen, als in der Stadt das Sirenengeheul für den Luftalarm ertönte. Natürlich ging auch das Licht aus. Wir verzogen uns dann alle in eines der Schlafzimmer und warteten, bis der Alarm vorüber war. Wir hatten ziemlich viel Angst, denn die Detonationen in der Stadt waren gut zu hören. Aber wir hatten eben Glück, im Gegensatz zu vielen anderen. Es war ein furchtbarer Krieg. Er hat unser Volk verkrüppelt.«

»Der Krieg ist vorbei. Man versucht doch jetzt, die Entwicklung des Landes wieder anzukurbeln.«

»Aber es verbessert sich nichts. Die Leute haben immer noch nicht genügend Geld zum Leben. Die

Wirtschaft ist in einem desolaten Zustand, und es fehlt jeglicher Anreiz für die Bevölkerung, sich anzustrengen. Aber jedesmal, wenn Kritik an den Zuständen laut wird, fällt der Regierung nichts anderes ein, als willkürlich ein paar Frauen zu verhaften, die angeblich gegen irgendwelche religiösen Vorschriften verstoßen haben. Man will die Massen von den wirklichen Problemen ablenken. Es ist gräßlich, allein darüber nachzudenken.«

»Homa, warum kommst du denn nicht mit uns nach Amerika? Wir fliegen nächsten Dienstag um ein Uhr dreißig in der Frühe. Homa, bitte, komm doch mit!«

»Ich kann nicht. Ich habe in Amerika nichts verloren. Ich habe kein Geld, keine Möglichkeit, dorthin zu kommen, und außerdem habe ich nichts zum Anziehen.«

»Das sind doch alles keine Hindernisse. Wir besorgen dir ein Ticket, und sobald wir in San Francisco sind, machen wir zwei zuerst einmal einen Einkaufsbummel.«

»Ich habe aber nichts, was ich für den Flug anziehen könnte.«

»Wie bitte?« fragte ich erstaunt. »Was stört dich denn an dem, was du gerade anhast?« Sie trug einen dunkelblauen Jogginganzug.

»Nein, damit kann ich mich nicht sehen lassen.«

Es war schon etwas befremdlich für mich, sie in diesem Sportanzug zu sehen. Ich konnte mich nicht erinnern, daß Homa jemals von sich aus dunkle Farben getragen hätte, sie liebte immer starke, helle Farben. Für die war jedoch im gegenwärtigen Iran kaum

Platz. Die meisten Iranerinnen tragen bei fast allen Gelegenheiten Schwarz. Rot sieht man fast nur an Kindern.

»Nein, ich kann nicht nach Amerika«, beharrte sie. »Ich will davon nichts mehr hören. Ich muß hierbleiben.«

»Homa, bitte, komm mit uns. Hier in diesem Land weiß man Leute wie dich nicht zu schätzen. Denk doch an deine Gesundheit. Wir wollen dich nicht länger in diesem Zustand erleben!«

»Ich habe dir doch gesagt, daß ich nichts anzuziehen habe.«

»Aber daran kann es doch nicht scheitern! Was ist mit deinem Enkel, Azitas kleinem Jungen. Möchtest du ihn denn nicht sehen?«

»So, wie ich jetzt herumlaufe, kann ich meinen Enkel nicht besuchen. Ich brauche bessere Sachen.«

»Homa, nun ist es aber gut. Wir kaufen dir alles, was du brauchst. Wir nehmen uns einen ganzen Tag zum Einkaufen am Union Square in San Francisco, dann gehen wir zu einem Friseur, und du läßt dir die Haare richten. Anschließend fliegst du für eine Woche nach Montreal und besuchst dort deine Tochter und ihre Familie. Du brauchst nur mitzukommen!« drängte ich sie.

Bevor sie etwas erwidern konnte, kam Reiner ins Zimmer. Er war gerade aus der Stadt zurückgekehrt und sichtlich verärgert. Homa wandte sich zu ihm.

»Reiner, was ist?«

»Man will mein Visum nicht verlängern. Jetzt muß ich den Iran am Montag bis Mitternacht verlassen haben.«

»Wirklich? Das ist aber schade«, sagte sie mit kalkiger Stimme. Sie war froh über die Gelegenheit, das Thema zu wechseln.

»Dann müssen wir wohl morgen los und uns um deinen Rückflug kümmern«, sagte ich zu Reiner.

Am Abend seiner Abreise arrangierten wir im Haus unserer Mutter eine kleine Zusammenkunft im engeren Familienkreis. Wie die ganze Woche schon, war Homa auch an diesem Vormittag zu uns gekommen und hatte den Tag mit uns verbracht. Kurz bevor die Gäste eintreffen sollten, verabschiedete sie sich wieder.

Ich wollte sie zum Dableiben bewegen, aber sie sträubte sich. Sie wollte nicht, daß jemand anderes aus der Verwandtschaft sie zu Gesicht bekam.

Am Abgrund

Im November 1993 sah ich meine Schwester zum letzten Mal. Ich war zu einer Luftfahrtschau nach Dubai geflogen und hatte es so eingerichtet, daß ich jeweils vor und nach meinem viertägigen Aufenthalt in Dubai zwei Tage im Iran verbringen konnte. Von Teheran machte ich mich dann wieder auf den Rückweg nach Kalifornien.

Ich wollte die Abstecher in mein Heimatland für einen weiteren Versuch nutzen, Homa zum Verlassen des Irans zu bewegen. Sehr optimistisch war ich nach den Erfahrungen des letzten Jahres allerdings nicht.

Wir trafen uns in der Wohnung unserer Mutter und verbrachten dort gemeinsam den Nachmittag.

Als ich Homa sah, war ich sofort alarmiert. In den vergangenen drei Monaten hatte sich ihr Zustand weiter dramatisch verschlechtert.

Wieder trug sie lediglich einen dunklen Jogginganzug, den sie jetzt offenbar ständig anhatte. Wenn sie sich auf die Straße begab, zog sie einen Mantel über und band sich ein Kopftuch um. Ihr Gesicht war sehr blaß, bestimmt war sie schon lange nicht mehr an der Sonne gewesen. Make-up trug sie auch nicht. Ihr Gesicht hatte einen Ausdruck kalter Gleichgültigkeit, der einen erschauern ließ, und ihr Blick war starr und leer.

Nachdem ich den ersten Schrecken überwunden hatte, bemühte ich mich ein weiteres Mal, ihre Teilnahmslosigkeit aufzubrechen.

»Homa, Reiner und ich leben jetzt in Truckee in Kalifornien. Es ist ein wunderschöner Ort in den Bergen, in der Nähe vom Lake Tahoe. Wir haben dort Platz für dich. In dieser Gegend gibt es nur Ruhe und nochmals Ruhe.«

Wieder lehnte sie den Vorschlag ab. »Ich gehöre hierher. Amerika ist nicht der richtige Ort für mich.«

»Überleg es dir doch noch einmal«, sagte ich. »Morgen muß ich nach Dubai, aber ich bin in fünf Tagen wieder zurück, und dann können wir uns zusammen auf die Reise machen.«

»Ich habe nichts anzuziehen.«

»Dann komm doch mit nach Dubai. Dort kaufe ich dir alles, was du dir wünschst. Ich verspreche es dir.«

»Das ist ja gar nicht das Problem. Mir paßt einfach nichts mehr. Mohsen hat mir vor einiger Zeit ein paar Kleider aus Frankfurt mitgebracht, aber da gehe ich überall zweimal hinein. Außerdem sahen sie scheußlich aus, er hat nur Mist gekauft.«

»Sie hätten eher mir gepaßt als ihr«, kam die Stimme unsere Mutter aus der Küche.

»Homa, bitte.«

»Ich überleg's mir.«

Fünf Tage später war ich wieder zurück. Homa und ich verbrachten einen gemeinsamen Abend bei unserer Mutter. Kurz nachdem Homa gekommen war, meinte Mutter, ich sollte mich zusammen mit meiner Schwester ins Wohnzimmer setzen, in der Zeit würde sie sich in der Küche ums Essen kümmern. Ihr Vorschlag beunruhigte mich: Es war das erste Mal, daß sie meiner Schwester und mir von sich aus die Gelegenheit gab, ungestört miteinander zu reden.

»Mutter, was ist mit dir los?« fragte ich.

»Parvin, sprich du mit ihr. Du mußt sie herumkriegen. Ihr amerikanischer Paß ist verlängert worden, sie kann jetzt ohne weiteres in die USA einreisen.«

»Aber was ist mit ihrem Mann?« fragte ich. »Wird er sie denn gehen lassen?«

»Er hat gesagt, sie könnte machen, was sie will.«

»Hast du das auch schriftlich?«

»Nein, aber er sagt –«

»Es ist ganz egal, was er sagt. Er meint es doch sowieso nie wirklich ernst. Du mußt es schwarz auf weiß von ihm haben. Als ich im August hier war, habe ich mich von einem Anwalt beraten lassen, und der sagte mir, wir können überhaupt nichts machen, solange wir nicht die schriftliche Einwilligung des Ehemanns haben.«

Und eine Möglichkeit, Mohsen doch noch seine Zustimmung zu entlocken, sah ich im Moment nicht. Da aber jegliches Bemühen in dieser Richtung ohnehin so lange sinnlos war, wie Homa selbst nicht bereit war mitzukommen, setzte ich meine Versuche fort, ihr die Reise schmackhaft zu machen.

»Homa, weshalb willst du denn hierbleiben?«

»Was sollte ich denn in Amerika tun? Parvin, ich kann doch überhaupt nichts.«

»Was willst du damit sagen? Du bist doch Ärztin, Fachärztin für Kinderpsychiatrie.«

»Nein, das war einmal. Ich habe meinen Job verloren und meine Praxis, und jetzt bin ich einfach raus aus dem Beruf.«

»Man kann doch seinen Beruf nicht verlernen! Das ist wie mit dem Radfahren: Wenn man es erst einmal kann, dann verlernt man es nie wieder. Ich habe dich bei der Arbeit beobachtet, ich weiß doch, was du kannst. Ich bin sicher, du würdest eine der besten Fachärztinnen für Kinderpsychiatrie von ganz Amerika werden!«

»Mit diesem Beruf ist es für mich vorbei.«

»Und was soll jetzt werden?«

»Ich bin einfach vollkommen hilflos, nichts kann ich mehr. Ich tue den ganzen Tag nichts anderes als dasitzen und essen, was man vor mich hinstellt. Meine Situation ist hoffnungslos. Geld habe ich auch nicht.«

Allmählich verließ mich der Mut. Während sie so sprach, war mir, als müßte ich mit ansehen, wie das Leben langsam aus ihr heraustroff und auf dem Boden eine Lache bildete. Ich wechselte das Thema.

»Habt ihr jetzt nicht eine neue Wohnung? Ihr seid doch aus eurem Kellerloch ausgezogen.«

»Ja, Mohsen hat von seinem Bruder ein Haus in den Bergen gekauft.«

»Habt ihr es schon eingerichtet? Das wäre doch eine schöne Aufgabe für dich; du könntest dich um die Möbel kümmern und um all das andere, was in einem neuen Haus zu tun ist.«

»Es ist nicht mein Haus. Ich konnte es mir nicht aussuchen. Er hat es einfach gekauft, ohne mich zu fragen. Mit den Möbeln wird er es genauso machen. Wenn ich versuchen würde, mich einzumischen, würde er sowieso nicht auf mich hören – schon gar nicht in dem Zustand, in dem ich mich jetzt befinde. Ich bin ihm ausgeliefert.«

»Warum läßt du ihn dann nicht einfach sitzen, kommst mit nach Amerika und fängst ein neues Leben an?«

»Ich habe dir doch gesagt, daß ich das nicht kann.«

Aber für den Dickkopf reicht es noch allemal, dachte ich.

»Das beste wäre, ich würde sterben.« Homa saß regungslos auf dem Sofa und starrte auf den Boden.

»Wie bitte?«

»Ich möchte nicht mehr leben. Das einzige, was ich noch mache, ist essen und Kleider abnutzen. Ich bin allen lang genug zur Last gefallen.«

»So darfst du nicht reden«, bestürmte ich sie.

»Setz dich zur Wehr! Du leidest an einer Krankheit. Komm mit mir, dann können wir gemeinsam dagegen ankämpfen!«

»Ich kann hier nicht weg. Ich liebe dieses Land, und hier will ich sterben. Ich bin völlig gesund, mir fehlt nichts, außer daß ich mein Leben verpfuscht habe. Jetzt geht es eben nirgendwo mehr weiter.«

Unsere Mutter kam aus der Küche. »Mohsen ist hier, um Homa abzuholen«, verkündete sie.

Ich sah zu, wie Homa langsam aus dem Sessel aufstand und ihren zitternden Körper in ihren langen Mantel hüllte. Sie verabschiedete sich von mir und versprach, am nächsten Abend vor meinem Abflug noch einmal vorbeizuschauen.

Als sie gegangen war, sprach ich mit Mutter. »Ich mache mir allergrößte Sorgen. Mutter, man muß ihr helfen, wir müssen etwas unternehmen.«

»Aber ich weiß doch auch nicht, was wir tun sollen. Ich mache mir genauso viele Sorgen. Wenn nur ihr Mann oder wenigstens ihre Kinder etwas tun würden! Aber das ist ja nicht der Fall, von denen hat sie keine Hilfe zu erwarten.«

»Sprich doch mit Mohsen. Bitte ihn, Homa wenigstens in ein Krankenhaus zu bringen. Sie muß unter Beobachtung kommen!«

»Ihr Arzt hat ihr noch mal dreißig Elektroschocks verordnet. Die Behandlungen fangen morgen abend wieder an.«

»Das hilft doch nicht! Laß uns lieber mit ihren Kindern reden. Es muß doch einen Weg geben, ihnen begreiflich zu machen, was mit ihrer Mutter los ist.«

»Mohsen würde einen Riesenaufstand machen. Er will auf keinen Fall, daß die Töchter wegen ihrer Mutter behelligt werden. Außerdem, wie soll man jemandem begreiflich machen, daß ausgerechnet eine Ärztin verrückt geworden ist?«

»Sie ist doch nicht verrückt geworden! Sie leidet an einer Depression, und das ist eine Krankheit. Wir müssen endlich etwas unternehmen, damit sie in eine geeignete Behandlung kommt!«

»Dazu müßten wir Mohsen gewinnen, aber das ist aussichtslos. Er kommt ja noch nicht einmal mit, wenn ich Homa zur Elektroschockbehandlung bringe.«

Am folgenden Abend kam Homa wie angekündigt noch einmal vorbei. Wir setzten uns zusammen, aber ein richtiges Gespräch wollte nicht aufkommen. Wir vermieden es, Dinge zu erwähnen, über die wir uns nicht einig waren, und ich unternahm auch keinen Versuch mehr, sie zum Mitkommen zu überreden. Den größten Teil der Zeit saßen wir wortlos beisammen.

Um neun Uhr kam Onkel Hossein, um Homa abzuholen und zu ihrem Arzt zu bringen. Er wollte anschließend wieder herkommen und mich zum Flughafen fahren.

Ich schloß meine Schwester fest in die Arme und küßte sie auf die Wange. Tränen strömten mir über das Gesicht. Ich wußte, daß ihr ein hartes Jahr bevorstand, und ich würde nicht bei ihr sein können, um sie zu stützen.

Dabei fühlte ich mich in diesem Moment selbst so

hilflos wie niemals sonst in meinem Leben. Es gab nichts, aber auch gar nichts, was ich hätte tun können, um sie aus ihrer Düsternis herauszuholen.

Sie ging, und bekümmert wartete ich auf Onkel Hosseins Rückkehr. Als er mich zum Flughafen fuhr, fragte ich ihn, wie Homas Behandlungsstunde verlaufen sei.

»Es war zum Jammern«, berichtete er. »Mohsen kam zu spät, und der Arzt führte die Behandlung ohne ihn durch.«

»Das überrascht mich überhaupt nicht«, bemerkte ich.

»Weißt du, sie braucht ihn«, erwiderte er. »Mohsen ist der einzige in der Familie, mit dem sie ein anspruchsvolles Gespräch führen könnte. Aber er nimmt sich eben viel zu wenig Zeit für sie.«

Der Schub der Triebwerke preßte mich in meinen Sitz, während das Flugzeug über die Startbahn raste. Als ich zum Fenster hinausblickte, breitete sich das Lichtermeer der Stadt unter mir aus. Ich wußte, daß viel Zeit vergehen würde, bis ich wieder hierher zurückkehren konnte.

»Hallo Homa, hier spricht Parvin! Ich rufe von San Francisco aus an. Wir sind in der Stadt, um Romins Geburtstag zu feiern.« Es war der 12. Februar 1994, mein Sohn wurde heute einundzwanzig.

»Oh, das ist aber schön«, sagte sie mit ihrer brüchigen Stimme, die sie seit etwa zwei Jahren hatte. »Wir haben gestern bei ihm angerufen, um ihm zu gratulieren, aber er war nicht zu Hause.«

Ich gab den Hörer an Romin weiter, und er unterhielt sich ein paar Minuten mit ihr. Als er mir den Hörer zurückreichte, war meine Mutter am anderen Ende der Leitung.

»Parvin, du wirst es mir nicht glauben, wenn ich dir jetzt erzähle, was deine Schwester gemacht hat«, sagte sie.

»Was denn?«

»Sie hat sämtliche medizinischen Bücher, die ihr gehörten – und das waren Hunderte –, aus dem Bücherschrank geräumt.«

»Was?«

»Ja, sie hat sie alle in den Müll geschmissen! Sie sagt, sie würde sie nicht mehr brauchen.«

»Oh, mein Gott!«

»Als Mohsen es gemerkt hat, waren die Mülltonnen schon geleert.«

»Das kann nur bedeuten, daß es sehr, sehr schlimm um sie steht.«

»Ich weiß«, gab sie zurück. »Hast du schon mit ihren Töchtern geredet?«

»Ich glaube, die sind nicht besonders scharf auf einen Anruf von mir, aber ich habe Azita einen Brief geschrieben und per Einschreiben nach Kanada geschickt. Auf die Antwort warte ich noch.«

»Was hast du ihr denn geschrieben?«

»Ich habe geschrieben, daß mich ihre Beziehung zu ihrer Mutter zwar grundsätzlich nichts anginge, aber es nun mal so sei, daß Homa dringend Hilfe bräuchte. Ich bat sie, mit ihrer Schwester nach Teheran zu fliegen und Homa herüberzuholen. Ich habe ihr auch geschrieben, daß sie sich um das Finanzielle keine Sorgen machen sollte: Wir würden dein Haus verkaufen – wie das ja zwischen uns abgesprochen ist – und für alles aufkommen.«

»Ich glaube, von dem Brief habe ich schon gehört. Azita hat vor einiger Zeit bei Mohsen angerufen, und er meinte zu seiner Tochter, du wüßtest ja nicht, wovon du redest. Seiner Meinung nach fehle Homa gar nichts, und sie sollte sich keine Sorgen machen.«

»Warum hast nicht wenigstens *du* den Mund aufgemacht? Du hättest ihnen doch auch mal sagen können, was wirklich los ist!«

»Ich bin sicher, daß das keiner von denen hören will.«

»Na ja, es hat wohl wirklich keinen Sinn! – Wo ist Homa jetzt?«

»Nebenan. Ich hole sie ans Telefon.«

Ich hörte, wie Homa den Hörer in die Hand nahm. »Homa, komm doch im Juni zur Abschlußfeier von Romin nach Kalifornien!« schlug ich ihr vor.

»Ich kann nicht. Ich habe nichts zum Anziehen.«

»Fängst du schon wieder damit an? Wir wollen nicht deine Kleider, wir wollen *dich* bei uns haben! Denk daran, zum Abschlußfest deiner Tochter bin ich auch gekommen. Ich finde, jetzt bist du bei deinem Neffen dran. Er bekommt seinen Magister verliehen.«

»Ich weiß nicht recht. Laß mir Zeit, darüber nachzudenken.«

»Was gibt's da nachzudenken?«

»Ich muß es mir eben noch überlegen. Jetzt wird das Gespräch aber zu teuer. Sag Romin, daß ich ihm alles Gute wünsche, und richte deinem Mann einen schönen Gruß aus.«

Ich hängte ein und teilte meinem Mann den Verlauf des Gespräches mit.

»Hast du deiner Mutter gesagt, was du in dem Brief geschrieben hast?«

»Ja, aber nicht alles. Daß ich geschrieben habe, man müßte damit rechnen, daß Homa sich das Leben nimmt, wenn sie in Teheran bleibt, habe ich ihr nicht gesagt.«

»Das war auch besser so. Es ist schon eigenartig, heutzutage scheinen die Kinder nichts mehr mit ihren Eltern zu tun haben zu wollen, wenn sie erst einmal finanziell unabhängig geworden sind.«

Ich achtete nicht weiter auf Reiners Worte, denn ich war mit meinen Gedanken ganz woanders. »Reiner«, sagte ich, »das bedeutet nichts Gutes. Wenn sie ihre Bücher weggeworfen hat, heißt das, daß sie mit irgend etwas abgeschlossen hat.«

In dieser Nacht fand ich keinen Schlaf.

Als Onkel Hossein am Morgen des 20. Februar 1994 in sein Büro kam, fand er ein Fax vor, das ich ihm in der Nacht geschickt hatte:

Lieber Onkel Hossein,

bitte besorge zwei Lufthansa-Tickets für dich und Homa und sag ihr, daß du sie zu einem Einkaufstrip nach San Francisco mitnehmen willst. Setz sie ins Flugzeug und bring sie her!

In Liebe, Parvin.

Zwei Tage danach weckte mich das Telefon. Mein Onkel rief mich an. Tief getroffen berichtete er mir von Homas tragischem Ende.

In Tränen aufgelöst, verbrachte ich den Vormittag in unserem Haus. Mein Mann blieb bei mir. Als ich mich etwas gefaßt hatte, rief ich bei der iranischen Zeitung »Khavaran« in San Jose an und bat den Herausgeber, in der nächsten Ausgabe eine Meldung über den Tod meiner Schwester abzudrucken. Auf seine Frage, wie sie gestorben sei, antwortete ich, er solle nur schreiben: »unerwartet«.

Das Vermächtnis

Stationen des Abschieds

In Los Angeles gibt es einen Fernsehsender mit der Bezeichnung »MA«, der ein iranisches Programm ausstrahlt. Vier Tage, nachdem ich vom Tode Homas benachrichtigt worden war, bat mich dieser Sender, ich möge mich für ein Interview zur Verfügung stellen. Man wollte mehr über meine Schwester erfahren, da man der Ansicht war, daß diese Geschichte für das iranische Publikum von Interesse sei.

In der Regel ist es leider so, daß die Menschen, die man aus seiner persönlichen Umgebung kennt, sich Ereignissen dieser Art nicht gerne stellen. Trauer und Leid machen den Leuten angst. Man wird gemieden. Einer der Gründe dafür ist wohl, daß man ständig in Tränen aufgelöst ist. Ich gehörte nie zu den Leuten, die mit jedermann leicht ins Gespräch kommen, und in den Tagen nach dem Tode meiner Schwester verlor ich zusehends den Kontakt zu den Menschen meiner Umgebung.

Bei den Medien ist das ganz anders. Wenn das Leben eine unglückliche Wendung nimmt, werden sie erst richtig interessiert. Tragische Ereignisse sind ihr Lebenselixier. Es kostete mich keine Überwindung, für das Interview zuzusagen, denn ich wollte etwas mitteilen und brauchte jemanden, der auch wirklich zuhörte. Es war mir natürlich klar, daß man die Geschichte für die Zwecke des Senders aufbereiten würde, aber zuerst und vor allem würde man mir zuhören.

Nach der islamischen Revolution von 1979 haben Menschen aus dem Iran in Ländern wie den Vereinigten Staaten, Deutschland und Frankreich einen sicheren Zufluchtsort gefunden. Im Iran selbst war der Kampf gegen die islamische Revolution völlig aussichtslos. Deshalb gingen – vielmehr flohen – diese Menschen außer Landes und begannen im Exil mit einem leisen, unspektakulären Kampf gegen die Ideen der Islamischen Republik.

In den Vereinigten Staaten sind den Iranern alle Möglichkeiten gegeben, sich öffentlich über ihr Schicksal zu äußern und sich mit anderen Betroffenen zusammenzuschließen. So wurden im ganzen Land zahlreiche Organisationen gegründet, die sich mit dem Thema Iran beschäftigen. Natürlich hat jede dieser Organisationen ihre eigene Ausrichtung und ihre ganz speziellen Interessen, wenn sie mit Material an die Öffentlichkeit tritt, das die Regierung ihres Heimatlandes belastet.

Eine dieser Organisationen betreibt den Sender »MA«. Ich wußte, daß »MA« an den politischen Aspekten des Todes meiner Schwester weit mehr interessiert war als an meinem persönlichen Kummer. Dennoch hatte ich das Gefühl, ich sollte nach dem, was geschehen war, nicht stumm bleiben, und gab meine Einwilligung zu dem Interview.

Als ich in Los Angeles ankam, wurde ich von der Geschäftsführerin des Senders am Flughafen abgeholt.

Sie fuhr mit mir sofort in ein Fernsehstudio in Orange County, wo das Gespräch über die Umstände des Todes meiner Schwester aufgezeichnet werden sollte. Ebenfalls anwesend war eine bekannte Psychologin, die früher an der Universität von Teheran gelehrt hatte und Homa von dort kannte.

Im Studio nahmen wir zu dritt an einem Tisch Platz. Die Mehrzahl der Fragen wurde von unserer Moderatorin gestellt. Die Aufgabe der Psychologin war es, die Geschehnisse aus fachlicher Sicht zu kommentieren.

Die Fragen, die man mir über meine Schwester vorlegte, betrafen ihre Selbstverbrennung, ihren Bildungsgang, ihre Kinder, ihren Ehemann und ihr sonstiges Leben. Ich erläuterte alles, so gut ich konnte, aber bei manchen Fragen war das schon recht schwierig.

»Warum hat sie nicht, wie so viele andere, den Iran verlassen?«

Auf solche Fragen suchte ich ja selbst seit Jahren eine Antwort. Eines jedenfalls stand für mich fest: Der Hauptverantwortliche für ihr furchtbares Schicksal war ihr Ehemann. Er hatte seine Frau wie einen Gegenstand behandelt, über den er frei verfügen konnte.

Das Interview war sehr schmerzhaft für mich. Mehrmals mußte ich meine Ausführungen unterbrechen, weil mir die Tränen kamen. In mir brannte eine ohnmächtige Wut. Ich wollte Vergeltung, aber ich wußte, wie wenig Aussicht es gibt, daß sich die Verhältnisse ändern.

Als wir fertig waren, nahm mich die Direktorin des Senders mit zu sich nach Hause, wo ich auch übernachtete. Früh am nächsten Morgen flog ich weiter nach San Jose.

Im Flugzeug hatte ich das Glück, einen einzelnen Platz am Fenster zu bekommen. Während wir an Höhe gewannen, schaute ich auf die weite Stadtlandschaft von Los Angeles, die unter dem Flugzeug dahinzog. Ich betrachtete die Wohn- und Geschäftsviertel und die Parks, die allmählich immer winziger wurden. Dann war plötzlich nichts mehr zu sehen. Das Flugzeug wurde von Wolken verschluckt, und weiße Nebelschleier zogen an den Fenstern der Maschine vorbei.

Als wir die Wolkendecke unter uns ließen, war mit einemmal mein Blick auf die Welt um mich herum ein anderer. Das Flugzeug schien stillzustehen. Das Geräusch der Triebwerke klang dumpf und unwirklich und schien von weither zu kommen. Der Himmel über uns hatte ein tiefes Blau angenommen. Mein Blick ruhte auf der geschlossenen Wolkendecke, die unter uns lag.

Hier oben in der Luft fühlte ich mich getrennt von der übrigen Welt, und es erfüllte mich eine unendliche Trauer über das, was meiner Schwester widerfahren war. Auch bedrückte mich die Sorge um das weitere Los unserer Familie. Angesichts des Leids sollte eine Familie zusammenrücken und einen neuen Anfang machen, aber war das bei dieser Familie denkbar?

Solange es jemanden gibt, mit dem man zusammen aufgewachsen ist, fällt das Älterwerden nicht ganz so schwer – kann man doch jederzeit mit dem anderen den Weg in die gemeinsam verbrachte Kindheit und Jugend zurückfinden. Wenn er aber stirbt, verliert man mehr als nur die geliebte Person. Nicht anders war es jetzt mit Homa: Ihr Tod hat auch mir ein Stück meines Lebens entrissen.

Manche Schläge verkraftet man nie. Ich wußte, daß für mich nichts mehr so sein würde wie früher. Von jetzt ab würde alles in einem düstereren Licht erscheinen. Selbst als ich die zarte weiße Wolkenbank betrachtete, sah ich Schmerz und Trauer in ihr. Ich wollte springen, hinaus aus dem Flugzeug und eintauchen in die weiße Wand unter mir.

In diesem Augenblick dachte ich daran aufzugeben: Laß das Leben hinter dir, wie deine Schwester!

Aber die Versuchung währte nur kurz. Ich verbot mir solche Gedanken und sagte mir, daß auch Homa nicht einfach aufgegeben hatte, so war es gewiß nicht. Sie hatte uns mit ihrem Schritt ein Vermächtnis hinterlassen, und die Familie mußte nun sehen, daß sie damit zurechtkam. Wir durften uns nicht weiter bei dem Gedanken aufhalten, wieviel einfacher es doch wäre, wenn sie einen Verkehrsunfall oder einen Herzinfarkt gehabt hätte. Das wäre zwar immer noch ein schwerer Schlag für uns gewesen – aber keine Ohrfeige. Wir würden zusammenstehen, uns gegenseitig helfen und Hilfe und Mitgefühl von anderen erhalten.

Aber es ist anders gekommen. Die Familie fiel auseinander, Hilfe von außen gab es kaum, und Homas Person ist Anlaß zum Streit geworden. Manche sehen in ihr eine unbeugsame Kämpferin des Widerstands, für andere war sie nur eine schwache Frau, die sich nicht durchsetzen konnte und deren einzige eigene Entscheidung der schimpfliche Freitod war.

Das war wohl auch die Einstellung ihres Ehemannes, der sich noch nicht einmal dazu herbeigelassen hat, während der letzten Stunden von Homas Leben an ihrem Bett zu sitzen. Aber ich wollte meine Gedanken nicht an ihn verschwenden.

In San Jose erwartete mich eine neue Aufgabe. Die schiitischen Trauerzeremonien sind langwierig und aufwendig. Sie beginnen am ersten Tage nach dem Tod mit der religiösen Begräbnisfeier am Grabe des Verstorbenen. Die Totentrauer dauert dann vierzig Tage. Am dritten, siebten und vierzigsten Tag finden weitere Gedenkfeiern statt. Danach wird jährlich am Tag der ersten Trauerfeier des Toten gedacht.

Ich wollte versuchen, wenigstens einen Teil dieses Trauerrituals gemeinsam mit den zahlreichen Freunden und Verwandten, die meine Schwester in den Vereinigten Staaten hatte, zu begehen. Ich hätte mir nie träumen lassen, daß ich je eine solche Gedenkfeier würde organisieren müssen, und ich hatte keine Ahnung, wie ich das bewerkstelligen sollte. Vor allem ging es darum, einen geeigneten Ort zu finden, wo wir uns versammeln konnten.

Ich wandte mich an die in San Jose erscheinende iranische Zeitung »Khavaran«, in der vor wenigen Tagen schon die Todesanzeige veröffentlicht worden war. Unter Mithilfe dieser Zeitung arrangierte ich für den 28. Februar, den siebten Tag des Trauerrituals, einen Gedenkgottesdienst in San Jose.

Die eindrucksvolle Feier fand an der »San Jose State University« statt. Ungefähr zweihundert Personen waren gekommen, um ihr Beileid zu bekunden. Die Leitung der Gedenkfeier hatte der Herausgeber der Zeitung übernommen. Mehrere Redner, darunter auch ich, sprachen zu den Versammelten.

Der erste Redner sprach über die Unterdrückung, der die Frauen im Iran ausgesetzt sind. Er beschäftigte sich insbesondere mit den seelischen Problemen, die das Leben im Iran gebildeten Frauen wie meiner Schwester aufbürdete. Es war eine sehr gute Rede.

Dennoch spürte ich, daß im Saal eine gewisse Ratlosigkeit herrschte. Der Großteil des Publikums bestand aus iranischen Studenten und Studentinnen der hiesigen Universität. Was mochten diese jungen Leute über eine Frau denken, die ihr Leben so sehr verabscheute, daß sie ihm selbst ein Ende setzte? Die wenigsten Anwesenden hatten meine Schwester persönlich gekannt. Für manchen lag vielleicht nahe, sie als eine labile, verwirrte Person abzutun, die nicht davor zurückschreckte, auf makaberste Weise die allgemeine Aufmerksamkeit auf sich zu lenken.

Um allen vorschnellen Urteilen entgegenzutreten, befaßte ich mich in meiner Ansprache vor allem mit Homas beruflichen Leistungen. Ich gab eine Übersicht über ihre ärztliche Laufbahn, wobei ich sowohl auf ihre Arbeit in den Vereinigten Staaten als auch im Iran einging. Ich wollte deutlich machen, daß sie eine außerordentlich qualifizierte Fachärztin war und zu den bedeutendsten Psychiaterinnen im Iran zählte.

Vor den vielen Menschen im Saal fiel es mir nicht leicht, eine solche Rede zu halten. Eine plausible Erklärung für das Geschehene vermochte ich ja auch nicht zu liefern; ich konnte lediglich versuchen, Verständnis zu wecken für eine Frau, die trotz vieler widriger Umstände konsequent ihren Weg gegangen ist und die an ihrem Scheitern keineswegs selbst die Schuld trägt.

Zum Ende meiner Ansprache folgte ich einer Anregung, die ich einem iranischen Journalisten verdankte, von dem am Beginn der Feier ein Grußwort verlesen worden war. Ich bat die Anwesenden, sich von den Plätzen zu erheben. Es sollte dann aber nicht, wie üblich, die Schweigeminute zu Ehren der Seele der Verstorbenen folgen, vielmehr sollten alle mit lautem Klatschen die letzten Rufe meiner Schwester wiederholen:

Nieder mit der Unterdrückung!
Lang lebe die Freiheit!
Lang lebe der Iran!

Es war ein ergreifender Augenblick. Die Menschen begannen tatsächlich laut zu klatschen und zu schreien, und ich spürte, wie ein alle verbindendes Gefühl von Trauer und Empörung durch die Reihen der Anwesenden flutete. Angesichts dieser Demonstration der Gemeinsamkeit konnte ich meine Tränen nicht mehr zurückhalten. Ich bedankte mich leise und begab mich schnell an meinen Platz zurück.

Es war ein Trost, jetzt nicht alleine sein zu müssen. Mein Sohn war gekommen und einige meiner besten Freundinnen und Freunde ebenso. Nach der Feier fuhren wir gemeinsam mit einigen Trauergästen, die Homa gekannt hatten, zur Wohnung einer Freundin in Sunnyvale, wo wir noch im kleinen Kreise zusammensaßen.

Die Leute erzählten von Homa und tauschten Erinnerungen an sie aus. Man sprach vom Iran, von dem, was man früher dort erlebt hatte, von der Sehnsucht nach dem Heimatland, und viele erklärten, wann und warum man das Land verlassen hatte. Und jeder äußerte sich zur aktuellen politischen Situation des Landes. Etliche gaben zu, sie würden sich schämen, daß so etwas hatte geschehen können und daß sie nichts oder nicht genug dagegen unternommen hatten.

Als ich nach der Gedenkfeier tief in der Nacht nach Hause kam, war ich allein; mein Mann befand sich auf Geschäftsreise in Übersee. Das Haus wirkte jetzt ganz besonders leer, und ich fühlte mich so einsam wie noch nie zuvor.

Meine Schwester war für mich immer ein Teil meiner selbst gewesen. Ich war nicht darauf angewiesen, daß sie in der Nähe war, um sie täglich in meinem Herzen zu spüren. Dieser Mensch, mit dem ich zusammen aufgewachsen war und der mich durch mein Leben begleitet hatte, war nun für immer fort.

Ich blieb hinter der Eingangstür stehen und blickte in das leere Wohnzimmer. Der Mond schien durch die Fensterfront und überzog die Möbel mit seinem samtblauen Schimmer. Die Stille war ohrenbetäubend.

Ein überwältigendes Echo

Als am nächsten Morgen das Telefon klingelte, dauerte es eine Zeitlang, ehe das Läuten bis in mein Bewußtsein gedrungen war. Erst beim dritten Klingelzeichen begriff ich, daß ich jetzt aufstehen und abheben mußte. Als ich mich meldete, gelang mir nur ein heiseres »Hallo?«.

Der Anruf kam aus Paris. Am Apparat war ein Mann, der mit iranischem Akzent sprach und Näheres über meine Schwester und ihren Tod erfahren wollte. Außerdem interessierte ihn, ob ich etwas zur gegenwärtigen Lage der Frauenrechte im Iran sagen könnte.

In der letzten Zeit hatte ich mit den verschiedensten Leuten über meine Schwester gesprochen, und es war mir immer gelungen, die Gespräche mit dem erforderlichen diplomatischen Takt zu führen und mir bei politischen Stellungnahmen Zügel anzulegen.

Aber an diesem Morgen hatte ich kaum das Telefon in der Hand, als mich auch schon der Zorn packte. Vielleicht lag es ja daran, daß ich mich, so plötzlich aus dem Schlaf gerissen, noch nicht ganz unter Kontrolle hatte. Ich begann heftig über die Führung des Iran zu schimpfen.

»Die Mullahs erzählen ihren Schülern doch immer, das irdische Leben sei lediglich die Vorbereitung für das Leben nach dem Tode, nicht wahr? Warum bringen sie sich dann nicht selbst um und lassen uns in Frieden leben?

Man braucht sie sich doch nur anzusehen. Sie haben soviel Angst vor dem Leben, daß sie einem fast schon leid tun. Wenn ihre Lehren so gottgefällig sind, warum haben sie es dann nötig, sie allen mit vorgehaltener Pistole aufzuzwingen? Sie haben ein ganzes Volk als Geiseln genommen!

Und was noch schlimmer ist: Sie haben nicht die leiseste Ahnung, wie man ein Land regiert. Sie haben meiner Schwester jegliche Möglichkeit genommen, ihren Arztberuf auszuüben. In einem Land mit weniger als einem Arzt auf tausend Einwohner haben sie es fertiggebracht, eine Ärztin nur deshalb rauszuschmeißen, weil sie ihr Haar nicht vorschriftsmäßig bedeckt hielt! Wo bleibt denn da der gesunde Menschenverstand?«

Das Telefonat mit Paris dauerte fast eine halbe Stunde. Ich glaube, während der ganzen Zeit kam der gute Mann am anderen Ende allenfalls dazu, drei Fragen zu stellen. Ich war zum ersten Mal seit einer ganzen Woche wieder einigermaßen ausgeschlafen, und es gab vieles, was ich unbedingt loswerden mußte. Am Ende des Gesprächs schlug mir der Anrufer vor, ich solle zu einem Treffen mit seiner Organisation nach Frankreich kommen. Ich sagte zu.

Nach dem Telefonat ging ich nach unten, um mir einen Kaffee aufzubrühen. Ich war noch nicht dazu gekommen, mir eine Tasse einzugießen, als das Telefon schon wieder klingelte. Diesmal war es eine iranische Gruppe in Kanada. Sie wollten mir lediglich ihr Beileid ausdrücken und mir sagen, daß auch sie unter ähnlichen Umständen Angehörige verloren hatten. An diesem Tag bekam ich bestimmt hundert Anrufe von Menschen aus aller Welt, die mir von

Greueltaten gegen Familienangehörige berichteten, die von der Islamischen Republik im Namen Gottes verübt worden waren.

Das Telefon stand den ganzen Tag nicht still. Ich weiß nicht einmal mehr, ob ich die Zeit gefunden habe, zu frühstücken oder zu Mittag zu essen.

Am Abend versiegte die Flut der Anrufe für eine Weile, und ich fand endlich ein wenig Zeit, um mich etwas zu entspannen. Die pausenlosen Gespräche über traurige Ereignisse hatten mich psychisch und emotional enorm gefordert. Oft waren mir die Tränen gekommen.

Ich schenkte mir ein Glas Rotwein ein, setzte mich ins Wohnzimmer und versuchte, wieder zur Ruhe zu kommen. An diesem Abend fühlte ich mich nicht mehr so allein und verlassen. Ich spürte, daß mich die Gedanken all jener Menschen begleiteten, die angerufen hatten, um an meinem Schmerz Anteil zu nehmen und um mir von ihrem eigenen Kummer zu berichten. Ich ahnte, daß dem Tod von Homa eine größere Bedeutung zukam, eine Bedeutung, die weit über ihre Person und ihr eigenes Schicksal hinauswies.

Ich fuhr zusammen, als das Telefon erneut klingelte. Mir kam es einen Moment lang so vor, als hätte ich etwas von dem Rotwein verschüttet, aber das Glas ruhte noch sicher auf meinem Schoß. Eine männliche Stimme meldete sich. Es war der Betreiber des iranischen Radiosenders in Los Angeles.

»Frau Dr. Darabi, mein Name ist Morovati. Sie haben vor ein paar Tagen unserem Sender ein Interview gegeben, und ich möchte Ihnen zuerst einmal dafür danken. Ihre Ausführungen haben mich sehr beeindruckt.«

»Vielen Dank!« Ich war überrascht, daß der Chef des Senders persönlich bei mir anrief. Ich hatte ihn bisher noch nicht kennengelernt.

»Wir möchten eine Gedenkfeier zu Ehren Ihrer verstorbenen Schwester abhalten. Die Geschichte ihres Kampfes und ihre letzten Worte haben uns alle sehr betroffen gemacht. Wir möchten das unsrige tun, damit auch andere davon erfahren. Wir werden uns am Sonntag, dem 6. März, zu dieser Feier versammeln. Könnten Sie es einrichten, ebenfalls zu kommen? Ihre Anwesenheit würde uns viel bedeuten.«

Ich nahm sein Ersuchen dankbar an. »Natürlich. Ich werde gerne zu Ihnen kommen!«

»Würde es Ihnen etwas ausmachen, eine kleine Ansprache vorzubereiten? Unser Publikum würde es bestimmt zu schätzen wissen, wenn Sie ein paar Worte – «

»Aber selbstverständlich. Das werde ich gerne tun!«

»Wenn es Ihnen recht ist, werden wir Sie am Flughafen abholen. Vielleicht können wir am Vormittag auch noch ein weiteres Interview mit Ihnen aufnehmen. Ach, da ist noch etwas, worum ich Sie bitten möchte.«

»Ja, um was geht es?«

»Könnten Sie uns ein größeres Bild Ihrer Schwester zur Verfügung stellen? Wir würden es bei der Feier zu einem Blumengebinde stellen.«

»Oh, gewiß, das wird kein Problem sein. Ich werde ein Bild anfertigen lassen. Sobald ich eine Flugverbindung herausgesucht habe, werde ich Ihnen meine Ankunftszeit mitteilen.«

»Sehr gut. Ich erwarte dann Ihren Rückruf.«

In den nächsten Tagen kamen weitere Anrufe von Leuten, die mir ihr Beileid bekunden und mich zu allerlei Gedenkfeiern einladen wollten. Ich stellte schließlich nachts das Telefon ab, um ungestört schlafen zu können. Tagsüber allerdings verbrachte ich die meiste Zeit am Hörer.

Ich hatte bisher nicht gewußt, wie viele Menschen auf der ganzen Welt sich für die Rechte der Frauen einsetzen. Und ich war völlig verblüfft über die Auswirkungen, die der Tod meiner Schwester hatte.

Manches von dem, was mir über das Telefon angetragen wurde, war allerdings weniger erfreulich. Etliche der Gruppen, die bei mir anriefen und ihr Beileid bekundeten, schienen vor allem, wie sich bald herausstellte, daran interessiert, meine Unterstützung für ihre eigene Sache zu gewinnen. Es wurde zusehends zu einem echten Problem, diese Leute abzuwimmeln.

Nachdem ich meine Zusage für Los Angeles gegeben hatte, nahm ich ein paar Tage darauf eine weitere Einladung zu einer ähnlichen Veranstaltung in Portland im Bundesstaat Oregon an. Ein gewisser Mr. Zar hatte mich gebeten, dort auf einer Versammlung zu sprechen. Zuvor allerdings wollte ich an der Feier mit Mr. Morovati und an einer weiteren Veranstaltung in Washington teilnehmen, die von einer

Gruppe namens »National Council of Women for a Democratic Iran« durchgeführt werden sollte.

Einige Tage vor meiner Abreise nach Los Angeles erhielt ich einen Anruf von einem Iraner, der offensichtlich über meine Reisepläne informiert war.

»Ich möchte bitte Mrs. Darabi sprechen.«

»Am Apparat«, sagte ich.

»Guten Tag, Mrs. Darabi. Ich rufe von Oregon aus an. Ich möchte Ihnen sagen, wie sehr ich den Verlust bedaure, den sie unlängst erlitten haben.«

»Vielen Dank, sehr aufmerksam von Ihnen. Entschuldigen Sie, wie war doch bitte Ihr Name? Ich habe in den vergangenen Tagen mit so vielen Leuten gesprochen, daß mir Ihr Name leider entgangen ist.«

»Wie ich höre«, antwortete er eilig, »werden Sie am 13. März auf einer Gedenkfeier hier in Oregon sprechen, die von Mr. Zar veranstaltet wird. Bin ich da richtig informiert?«

Diese Frage überraschte mich. »Nun ja, ich habe die Absicht, dort zu sprechen. Wollen Sie auch hinkommen?«

»Offen gestanden, frage ich mich, ob Sie eigentlich wissen, wer dieser Mr. Zar ist?«

»Wie meinen Sie das?«

»Er ist ein Mann, der sich für eine wichtige Persönlichkeit hält, in Wirklichkeit aber ist er eher unbedeutend. Seine Anhängerschaft ist nur klein, und er möchte Ihre Schwester und deren Geschichte lediglich dazu benutzen, seinen Einfluß in der Gemeinde zu vergrößern.«

»Nun, das ist eine interessante Unterstellung. Sie

würde aber erst dann etwas glaubwürdiger, wenn Sie mir sagten, wer *Sie* sind.«

»Das ist nicht nötig, ich habe an der ganzen Sache nichts zu gewinnen. Ich möchte Ihnen lediglich empfehlen, sich nicht mit Mr. Zar einzulassen. Seine Gefolgschaft ist zu unbedeutend. Eine Frau Ihres Formats hat Besseres verdient.«

Die großspurige Art des Anrufers ging mir langsam auf die Nerven. »Ich muß Ihnen erstens sagen, daß ich Mr. Zar dankbar dafür bin, daß er sich die Mühe macht, zu Ehren meiner Schwester eine Feier zu veranstalten. Und zweitens: Wenn Sie nicht bereit sind, ihren Namen preiszugeben, dann können Sie von mir auch nicht erwarten, daß ich Ihren Behauptungen Glauben schenke. Ich habe noch viel zu tun, und ich verspüre keinerlei Lust, diese Unterhaltung fortzusetzen. Vielen Dank und guten Tag!«

Ich legte auf und schüttelte befremdet den Kopf. Was für ein merkwürdiger Kerl! Er glaubte offenbar, mich wie einen Bauern in einer Schachpartie hin- und herschieben zu können.

Am nächsten Tag erhielt ich einen ähnlichen Anruf von einem Mann aus Süd-Kalifornien. Dieser Herr war besorgt wegen meines Auftritts in Los Angeles.

»Mrs. Darabi, mein Name ist Jamshid. Ich möchte Ihnen zuallererst sagen, wie sehr ich bedaure, daß Ihre Schwester soviel in ihrem Leben durchmachen mußte. Die Nachricht von ihrem Tod hat mich sehr berührt. Es ist furchtbar, was in unserem Heimatland geschieht.«

»Haben Sie vielen Dank. Es ist mir ein Trost zu

wissen, daß es Menschen gibt, die meine Schwester und ihren Kampf unterstützen.«

»Ich habe gehört, daß Sie beabsichtigen, bei der von Mr. Morovati veranstalteten Gedenkfeier zu sprechen. Ich möchte Sie ersuchen, dies nicht zu tun.«

»Darf ich fragen, was Sie dazu veranlaßt?«

»Mr. Morovati und seine Anhänger sind Befürworter des Schah-Regimes. Ein neuer Monarch wäre jedoch für unser Land kein großer Gewinn. Wir sollten uns von dieser rückständigen Regierungsform lösen und eine demokratischere Verfassung anstreben.«

»Aber Mr. Jamshid, ich bin weder selbst Politikerin, noch unterstütze ich irgendeine politische Bewegung im Iran. Meine Schwester ist am Tage ihres Todes für die Menschenrechte eingetreten, und das ist das einzige, wofür auch ich eintreten möchte. Ich werde das in meiner Rede zum Ausdruck bringen.«

»Aber begreifen Sie denn nicht? Ihr Auftritt soll doch dazu dienen, die Popularität dieser politischen Bewegung zu steigern. Hier geht es ausschließlich um Politik. Man will Sie ausnutzen.« Er machte eine kleine Pause.

»Mr. Morovati hat mich sehr nett eingeladen, und ich habe nicht vor, ihm abzusagen. Ich trete nicht als Förderer seiner Bewegung auf, und ich werde dafür sorgen, daß das verstanden wird.«

»Was halten Sie davon, wenn ich für Sie eine Veranstaltung organisiere? Ich besitze einige Restaurants in Los Angeles, und ich kann ohne Schwierigkeiten tausend Menschen und mehr beköstigen. Dann hätten Sie alles selbst in der Hand, und niemand könnte Sie oder Ihre verstorbene Schwester für seine Zwecke mißbrauchen.«

Endlich begriff ich, worauf er hinauswollte.

»Mein Herr, ich muß Sie leider enttäuschen. Ich habe nicht die Absicht, irgend jemanden zu bewirten! Wir werden uns zwar am Tage vor der Gedächtnisfeier in kleinem Kreise im Haus meiner Tante in Los Angeles treffen, aber von einer Dinnerveranstaltung kann keine Rede sein – und schon gar nicht mit tausend Besuchern! Das könnte ich mir auch sowieso nicht leisten.«

Sein Tonfall veränderte sich, er konnte seine Enttäuschung nur schlecht verbergen. »Nun«, sagte er, »meine Kollegen und ich würden Sie auf alle Fälle gerne treffen. Lassen Sie uns doch bitte wissen, wann Sie in unsere Stadt kommen, damit wir jemanden zum Flughafen schicken, der Sie dort abholt. Es wäre uns eine Ehre, für Ihre Unterkunft zu sorgen.«

»Das ist sehr freundlich von Ihnen. Ich werde Sie benachrichtigen, sobald meine Pläne entsprechend gediehen sind.«

Ich rief den Mann am nächsten Tag an und teilte ihm meine Ankunftszeit mit. Er erwiderte, bevor er irgendwelche Zusagen machen könnte, müßte er sich zuerst mit seinen Kollegen absprechen. Ich habe nie wieder etwas von ihm gehört.

Er hatte wohl angenommen, meine Schwester und ich würden aus besseren Kreisen stammen und ich wäre daran interessiert, teure Dinner in seinen Restaurants zu veranstalten. Als er merkte, daß ich nichts dergleichen vorhatte, war sein Interesse schlagartig erloschen.

Ich nahm wie geplant an den Gedenkfeiern in Los Angeles und Portland teil. Beide Veranstaltungen nahmen einen ungetrübten Verlauf.

Hoffnungen, Enttäuschungen

Frauen, erhebt euch!
Und kämpft gegen jene, die Unzucht wittern,
wenn eine Strähne eures Haars hervorschaut.
Ihr seid nicht sündig, und das Gesicht zu
verbergen habt ihr keinen Grund!
Ihr seid keine Frevlerinnen und gehört nicht
in Ketten!
Frauen, bleibt standhaft!
Und beugt euch nicht denen,
für die ihr nur taugt
als Weidegrund gieriger Träume.

Der Vortrag dieses Gedichts bildete den Abschluß einer Gedenkfeier für meine Schwester, die in Paris stattfand. Das Gedicht stammt aus der Feder von Françoise D'Eaubonne und wurde von einer der Organisatorinnen der Feier in die persische Landessprache Farsi übersetzt.

Ich kam in Paris gegen zwei Uhr nachmittags an. Eine der Veranstalterinnen nahm mich am Flughafen in Empfang und brachte mich in ihre Wohnung, wo ich mich duschen und umziehen konnte. Wir mußten uns allerdings beeilen, denn die Feier fand bereits am

Abend des gleichen Tages statt, und zuvor war ein Treffen mit den Organisatorinnen geplant.

Das Publikum fand sich erst eine halbe Stunde nach dem offiziellen Beginn ein, und die Feier begann schließlich mit einer Stunde Verspätung. Dennoch war es eine gelungene Veranstaltung.

Zwei weitere Rednerinnen, eine Dolmetscherin und ich saßen dem Publikum auf einem leicht erhöhten Podium gegenüber. Ungefähr zweihundert Menschen hörten mir zu, als ich über das Leben meiner Schwester sprach; die Dolmetscherin übersetzte meine Rede absatzweise ins Französische.

Die Veranstaltung war gut organisiert und alles lief reibungslos. Was mir von dieser Feier in Paris jedoch am meisten im Gedächtnis haften geblieben ist, sind die Menschen, die anschließend zu mir kamen und mit mir sprechen wollten. Eine Algerierin berichtete mir, daß sie mit ihren Kindern aus ihrem Heimatland nach Frankreich geflohen war, weil auch in Algerien die Frauen von den islamischen Fundamentalisten erniedrigt und gequält werden.

Auch ein Iraner sprach mich an, der sich als Mitglied der Paniranischen Partei zu erkennen gab. Offensichtlich hatten ihm meine Äußerungen über den Parteichef Dariush-e-Frouhar nicht gefallen.

»Wissen Sie, Sie sollten vor den Leuten nicht behaupten, daß Ihre Schwester nicht mehr Mitglied unserer Partei war, als sie starb«, meinte er.

»Mein Herr, ich wiederhole lediglich, was ich von meiner Schwester erfahren habe. Sie sagte mir, nach der Revolution sei Dariush auf einmal pro-islamisch geworden und habe sich eine zweite Ehefrau zugelegt. Als Konsequenz ist meine Schwester danach aus der Partei ausgetreten.«

Der Herr hielt mir einen Zeitungsausschnitt hin. »Dann sehen Sie sich doch das einmal an. Dies ist eine Beileidsanzeige, die anläßlich des Todes meines Vaters von der Kollegenschaft Ihrer Schwester aufgegeben wurde. Der Name Ihrer Schwester steht hier, direkt neben dem Namen ihres Mannes.« Er deutete auf eine Zeile der Anzeige. »Sehen Sie, hier: Dr. Homa Darabi. Sie muß also noch Mitglied der Partei gewesen sein.«

Ich sah mir den Ausschnitt genauer an. Homas Namen war in der Tat dort abgedruckt.

»Entschuldigen Sie, aber wann ist Ihr Vater gestorben?« fragte ich.

»Unlängst erst, vor ungefähr einem Monat«, sagte der Mann leise.

»Der Tod Ihres Vaters tut mir sehr leid. In Anbetracht des Zustandes, in dem sich meine Schwester vor einem Monat befand, ist allerdings anzunehmen, daß sie noch nicht einmal, wenn ich gestorben wäre, in der Lage gewesen wäre, eine Beileidserklärung abzugeben. Vermutlich hat ihr Ehemann ihren Namen hinzugesetzt. Im übrigen geht aus dieser Anzeige nirgendwo hervor, daß die Unterzeichner Mitglieder der von Mr. Frouhar geführten Partei sind! Ich kenne meine Schwester gut genug, um zu wissen, daß sie niemals einem Mann Gefolgschaft geleistet hätte, der sich mit zwei Ehefrauen schmückt.«

Damit hatte ich wohl bei dem Herrn einen wunden Punkt berührt.

»Wissen Sie«, brauste er auf, »diese Sache wird

viel zu sehr hochgespielt. Wir sind uns ja alle einig, daß Dariush einen Fehler gemacht hat, als er eine zweite Frau heiratete. Aber er hätte dies doch nicht ohne die Einwilligung seiner ersten Frau Parvaneh tun können. Sie ist eine wunderbare Frau, und wenn *sie* nichts dagegen hat, daß er sich eine zweite Frau nimmt, wieso sollte dann irgend jemand anderes daran Anstoß nehmen? Schließlich geht es doch um *ihren* Ehemann.«

Das konnte ich unmöglich so stehen lassen. Ich war fassungslos angesichts der Unverfrorenheit dieses Herrn.

»Einen Moment! Wollen Sie damit etwa sagen, daß es sich hier nur um eine Lappalie handelt? Folgen Sie Dariush blind, ganz gleich, was er tut?«

»Ich bin der Meinung, daß er ein guter Führer für unser Land wäre.«

»Natürlich sind *Sie* dieser Meinung«, sagte ich. »Sie sind ein Mann! Aber was ist mit der anderen Hälfte der Bevölkerung unseres Landes? Wenn Dariush eine andere Frau wollte, hätte er sich ja auch zuerst von seiner ersten Frau scheiden lassen können! Dann hätte er sie allerdings auch mit dem versorgen müssen, was ihr nach dem Gesetz zusteht, und er hätte ihr außerdem zubilligen müssen, selbst zu entscheiden, ob sie allein bleiben oder sich wieder verheiraten möchte. Ich kann nicht begreifen, wie man einen Mann unterstützen kann, der Menschen, die ihm nahestehen, so behandelt. Wofür halten Sie die Frauen eigentlich? Sind sie für die Männer in Ihrer Partei nicht mehr wert als ein Paar Schuhe? Ist das der Grund, daß Ihnen eine davon nicht genügt?«

Ich sah zu, daß diese Unterhaltung zu einem Ende kam. Es war spät geworden, und ich war ziemlich erschöpft von der langen Reise.

Von Paris flog ich zu einer weiteren Veranstaltung nach Deutschland.

Wie zuvor in Paris wurde auch in Hamburg meine Rede von einem neben mir sitzenden Dolmetscher Abschnitt für Abschnitt übersetzt. Die Versammlung fand in einem viel zu kleinen Saal statt, in dem sich etwa siebzig Menschen drängten.

Ich benutzte bei allen meinen Vorträgen das gleiche Manuskript. Darin stand natürlich auch, daß meine Schwester anfänglich eine Kritikerin des Schah-Regimes war, was die Zuhörer oftmals nur widerstrebend zur Kenntnis nahmen. Viele, die nach der Revolution aus dem Iran hatten fliehen müssen, waren entschiedene Anhänger der Pahlevi-Dynastie.

Etlichen meiner Zuhörer dürfte das Los meiner Schwester wie eine einzige Ironie des Schicksals erschienen sein: Sie war gegen die Herrschaft der Pahlevis zu Felde gezogen und mußte anschließend ein Regime erdulden, das die Frauen viel schlimmer unterdrückte, als der Schah und dessen Vater es je getan hatten.

Das war offenbar auch die Sichtweise des Redners, der nach mir zu Wort kam. Es war ein alter Herr, der sich in seiner Ansprache vorwiegend mit den Regierungen von Resa Schah und dessen Sohn befaßte.

»Resa Schah war ein begnadeter Herrscher. Sein Ziel war der Aufbau eines neuen Iran. Er brachte unserem zurückgebliebenen Land Fortschritt und Wohlstand und übertrug dann die Königswürde auf seinen Sohn, Mohammed Resa Schah. Menschen wie Homa Darabi konnten nur deshalb Ärzte, Techniker oder Wissenschaftler werden, weil Resa Schah Universitäten gegründet hat, an denen sie studieren konnten.

Aber im Laufe der Zeit wandten sich diese Studenten gegen die Führung ihres Landes. Sie wußten die Möglichkeiten, die man ihnen schenkte, nicht zu schätzen und begannen gegen die Regierung zu kämpfen. Als der Aufruhr losbrach, riß er unser Land in den Abgrund. Jetzt herrscht dort ein Gottesstaat, der alles unterdrückt, was sich nicht den Gesetzen seiner Religion fügt.

Wir sollten nicht vergessen, daß wir es den Bemühungen von Resa Schah und seinem Sohn zu verdanken haben, daß es gut ausgebildete Fachkräfte wie Homa Darabi überhaupt geben konnte. Wir sollten kein vorschnelles Urteil über jene Dynastie fällen, die unserem Lande einen so großen Fortschritt beschert hat.«

Ich wurde wütend, während ich ihm zuhörte. Auch er redete wie jemand, der blind seinem Führer folgt. Er war allen Ernstes der Auffassung, Kritik an den Fehlern des Schah-Regimes sei schon deshalb unangebracht, weil die Dynastie der Pahlevis auch Positives geleistet hatte.

Die Veranstaltung in Hamburg war reine Zeitverschwendung. Enttäuscht flog ich nach Hause.

Am frühen Vormittag klingelte das Telefon. Ich saß in meinem Büro in Truckee in Kalifornien und arbeitete.

»Hallo«, sagte eine jugendliche Frauenstimme, »ich möchte Frau Parvin Darabi sprechen.«

»Am Apparat. Was kann ich für Sie tun?«

»Hier ist das Sekretariat von Resa Schah II. Bitte bleiben Sie am Apparat, Seine Majestät möchte mit Ihnen sprechen.«

»Ja, natürlich.«

Ich war überrascht. Wieso sollte ausgerechnet der Sohn des Schah mich sprechen wollen? Mit dem Hörer in der Hand wartete ich einige Augenblicke. Dann meldete sich eine Männerstimme.

»Mrs. Darabi?«

»Ja.«

»Ich möchte Ihnen und Ihrer Familie mein tief empfundenes Mitgefühl ausdrücken für das, was gewiß auch für Sie eine schwere Prüfung gewesen ist. Ich habe während meines Aufenthaltes in Paris vom Tode Ihrer Schwester gehört. Ich hätte Sie gerne schon von dort aus angerufen, aber leider war es mir aus Termingründen nicht möglich. Nachdem ich nun wieder in meinem Büro in Washington bin, möchte ich die erste Gelegenheit wahrnehmen, um Sie anzurufen. Ich will Ihnen sagen, wie sehr ich mit Ihnen fühle.«

»Vielen Dank, das ist sehr liebenswürdig von Ihnen.«

»Mrs. Darabi, ich möchte Sie bitten, meinem Sekretariat Bescheid zu geben, wann Sie das nächste Mal in Washington sind. Es würde mich freuen, wenn wir ein Treffen vereinbaren könnten.«

»Das werde ich gerne tun. Ich bin ziemlich oft in Washington. Haben Sie noch einmal vielen Dank dafür, daß Sie meiner toten Schwester gedenken. Ihre Freundlichkeit ist mir eine Ehre.«

Nach dem Telefongespräch saß ich nachdenklich in meinem Büro. Dieser Mann hatte das Format, sich wegen des Verlusts meiner Schwester um mich zu bemühen, ohne an ihren Ansichten in irgendeiner Weise Anstoß zu nehmen. Er zeigte mehr Charakter als so mancher seiner Anhänger, die ich in den vergangenen Wochen erlebt hatte. Dennoch konnte ich nicht einfach davon absehen, daß meine Schwester für die Herrscherdynastie, zu der er gehörte, nur Verachtung übrig hatte. War es Verrat an ihr, wenn ich mit ihm sprach?

Am Nachmittag rief eine Frau aus Maryland an. Sie machte einen verzweifelten Eindruck.

»Mrs. Darabi, ich habe soeben erfahren, was mit Ihrer Schwester geschehen ist. Ich möchte Ihnen mein Beileid aussprechen.«

Sie begann zu weinen. Mit stockender Stimme erzählte sie mir, was ihre Familie nach der Revolution hatte durchmachen müssen. Die Frau war unter dem Schah die Leiterin der Zollbehörde gewesen. Nach dem Umsturz hatte sie aus dem Iran fliehen müssen, um der Verfolgung durch die Revolutionsgarden zu entgehen. Sie war buchstäblich um ihr Leben gerannt. Einige Mitglieder ihrer Familie waren von den Schergen der Islamischen Republik bereits hingerichtet worden.

Die Frau war in Tränen aufgelöst. Für eine Weile

vergaß ich meinen eigenen Schmerz und versuchte, sie zu trösten und zu beruhigen.

Telefongespräche dieser Art währten endlos. Am selben Abend sprach ich mit einer Mutter, deren neunjährige Tochter sich über die Vorschriften des Hijab beklagt hatte. Das Mädchen hatte etwas geschrieben, das man als Staatszersetzung wertete, und das Kind wurde hingerichtet.

Die Mutter erzählte mir, daß Khomeini auf die Frage des Staatsanwaltes, ob eine Hinrichtung des Mädchens statthaft sei, die Antwort gab: »Das Mädchen ist neun Jahre alt. Sie gilt als erwachsen. Sie kann heiraten, sie kann beten und sie kann im heiligen Monat Ramadan fasten. Also ist sie auch alt genug, um für ihr Verbrechen zu sühnen.«

Diese Geschichte bedrückte mich ganz besonders. Am Ende war ich so mitgenommen, daß ich mich zu weiteren Gesprächen nicht mehr in der Lage fühlte und das Telefon abstellte. Ich begab mich nach unten ins Wohnzimmer, um den Kamin anzuzünden.

Im Kamin steckte ich einen Bausch Zeitungspapier an und legte Anfeuerholz darüber. Während ich weiteres Papier nachschob, sah ich zu, wie die Flammen aufzüngelten und wieder in sich zusammenfielen, sobald das Papier verbrannt war. Das Holz kohlte zwar etwas an, aber es wollte einfach nicht brennen. Ich gab noch mehr Papier aufs Rost und beschloß, anderes Holz nachzulegen. Als ich ein Scheit in die Mitte der Feuerstelle placierte, geriet mein Mittelfinger in die Flammen.

Mein Arm zuckte jäh zurück, und der heftige Schmerz, der mich durchfuhr, ließ mich aufspringen.

Der Finger war angesengt; während ich meine Hand gegen die Brust preßte, kämpfte ich mit den Tränen.

Plötzlich mußte ich an meine Schwester denken. Die Flammen hatten ihren ganzen Körper eingehüllt. Als ich mir vorstellte, welche Schmerzen sie dabei ausgestanden haben mußte, wurde mir übel.

Mein Magen krampfte sich zusammen. Nach einer Weile trat ich vom Kamin zurück und setzte mich auf das Sofa. Ich war allein.

Das Feuer war nun in Gang gekommen und flakkerte hell und stark. Die Wärme, die zu mir herüberkroch, ließ mich an den »Korsi« denken. In unserer Kindheit hatten Homa und ich die kalten Winterabende in seiner behaglichen Wärme verbracht und darauf gewartet, daß unser Vater nach Hause kam und uns Geschichten vorlas.

Ich glaube, ich würde alles dafür geben, wenn Homa und ich nur noch ein einziges Mal seinen Geschichten zuhören könnten.

Danksagung

Die Autoren möchten sich bei Helmut Feller bedanken, der dieses Buch mit seinem fachlichen Rat begleitet hat. Ebenso danken wir Gustav Lübbe, Anja Kleinlein und Peter Molden, ohne deren Ermutigung dieses Projekt nicht zu verwirklichen gewesen wäre. Unser Dank gebührt auch Betty Mahmoody und unseren Freunden und Verwandten sowie meinem Mann, Reiner D. Meier, für ihre Unterstützung sowie all jenen, die uns gestattet haben, mit unseren Fragen ihre Erinnerung aufzuwühlen.

Unserer Mutter und Großmutter möchten wir aufrichtig unseren Respekt erweisen und ihr versichern, daß wir tiefes Verständnis für ihren Lebensweg und dessen Begleitumstände haben. Wir teilen mit ihr den Schmerz um Homas allzu frühen Tod.